高 等 学 校 教 学 用 书

测 量 学

（第四版）

合肥工业大学
重庆建筑大学
天 津 大 学 合编
哈尔滨建筑大学

中国建筑工业出版社

图书在版编目（CIP）数据

测量学/合肥工业大学等合编. —4 版. —北京：中国建
筑工业出版社，2005（2024.2重印）

高等学校教学用书

ISBN 978-7-112-02435-3

Ⅰ. 测… Ⅱ. 合… Ⅲ. 测量学-高等学校-教材 Ⅳ. P2

中国版本图书馆 CIP 数据核字（2005）第 026381 号

　　本书共分四部分：第一部分（一～五章），主要介绍测量学的基本知识、误差基本知识、测量仪器的构造、使用和检校；第二部分（六～九章），主要介绍小地区控制测量、大比例尺地形图和地籍图的基本知识，大比例尺地形图、地籍图的测绘和应用；第三部分（十～十二章）为施工测量，阐述了测设的基本工作和圆曲线测设，工业与民用建筑中的施工测量和管道工程测量；第四部分（十三章）为测量新技术，介绍了 GPS 全球定位测量的基本理论和应用。有关光电技术在工程测量中的应用，分别纳入相应的章节中介绍。附录为测量实验与实习，供学生平时测量实验及测量教学实习之用。

　　本书系大学工业与民用建筑、给排水、城市规划、城镇建设、建筑学等专业的教材，也可供工程测量人员学习参考。

高等学校教学用书

测　量　学

（第四版）

合 肥 工 业 大 学
重 庆 建 筑 大 学 合编
天 　津　 大 学
哈 尔 滨 建 筑 大 学

*

中国建筑工业出版社出版、发行（北京西郊百万庄）
各地新华书店、建筑书店经销
北京红光制版公司制版
建工社（河北）印刷有限公司印刷

*

开本：787×1092毫米　1/16　印张：17　字数：415千字
1995年6月第四版　　2024年 2 月第五十九次印刷
定价：**31.00**元
ISBN 978-7-112-02435-3
(20981)

第 四 版 前 言

近年来，随着全国改革开放形势的发展，测绘技术的发展也是日新月异。为使教材紧密结合实际，为新形势下的经济建设服务，特对《测量学》重新修订，出版第四版。

此次修订，仍保持第三版的教材体系。即加强测量学的基本知识、基本理论和基本概念，以及地形图应用和施工测量，相对地减弱控制测量及地形测绘。在内容上，删除了地下建筑工程测量及相对陈旧的视距测量计算表、激光定位仪器基本知识等，增加了地籍测量和复杂民用建筑物施工放样等内容。测量新技术方面，在原有光电测距、电子经纬仪和激光定位仪器的基础上，又介绍了全站型速测仪和 GPS 全球定位测量，以拓宽学生的知识面。误差理论仍引进概率知识，以求概念清晰，并运用误差理论对各种测量工作进行了误差分析。为了便于教学，书后附有习题、实验及测量教学实习。

本书由合肥工业大学、重庆建筑大学、天津大学和哈尔滨建筑大学合编，刘肇光、宗封仪主编。执笔人为刘肇光（第一、四、七章）、宗封仪（第五、九章）、陈荣臻（第二章）、李国燮（第三章）、陈福山（第六章）、苏辉岳（第八章）、郭传镇（第十、十一章）、陈荣林（第十二章）、高飞（第十三章）、解树寰（测量实验与实习）。

在修订过程中，参考了国内外有关教材及参考书。全书由西南交通大学傅晓村教授和同济大学都彩生副教授主审，并得到了建设部教育司和建筑工程学科专业指导委员会的指导和帮助，在此一并致谢。由于编者水平所限，书中难免存在缺点和错误，敬请读者指正。

第 一 版 前 言

本书是根据在合肥召开的建筑类测量学教材编写会议拟定的编写大纲编写而成的，适用于工业与民用建筑、建筑学、给水排水、地下建筑、城市规划、农村建筑等专业。全书共分十四章，第一至第五章介绍测量学的基本知识、基本理论及测量仪器的构造和使用；第六至第九章介绍控制测量以及大比例尺地形图的测绘和应用；第十至第十三章为施工测量部分，着重介绍了工业与民用建筑工程、管道工程以及地下建筑工程中的测量工作，各专业可根据专业需要选用；第十四章是光电技术在工程测量中的应用，介绍了光电测距仪、激光脉冲式测距仪、激光经纬仪、激光水准仪及台式测地专用计算机的原理、构造和使用。为满足教学的需要，每章之后附有思考题和习题。

本书由合肥工业大学、重庆建筑工程学院、天津大学、哈尔滨建筑工程学院、清华大学等五院校的测量教研室合编，并由合肥工业大学测量教研室主编。执笔人是刘肇光（第一、四、七章）、王佽（第二章）、谭福薰（第三章）、宗封仪（第五章）、陈福山（第六章）、宛梅华（第八章）、邵士珍（第九章）、龙启涛（第十、十一章）、陈荣林（第十二章）、李德成（第十三章）和杨德骥、王佽、何文吉（第十四章）。

本书于1978年在长沙和杭州分别召开了审稿和定稿会议，由湖南大学范杏琪、浙江大学张勇升、同济大学都彩生主审。参加审稿会的还有刘翰生、王秉礼、丁惟坚、傅晓村、林则政、羌荣林等。

在本书编写过程中，还得到了北京建筑工程学院、武汉建筑材料工业学院、西安冶金建筑学院、郑州工学院、江西工学院、华东交通大学等兄弟院校的帮助，在此一并致谢。

由于编者的水平所限，书中可能存在不少缺点和错误，谨请读者批评指正。

编　者

1979 年 3 月

目　　录

第一章 绪 论

1-1 测量学的任务及其在建筑工程中的作用

测量学是研究地球的形状和大小以及确定地面（包含空中、地下和海底）点位的科学。它的内容包括测定和测设两个部分。测定是指使用测量仪器和工具，通过测量和计算，得到一系列测量数据，或把地球表面的地形缩绘成地形图，供经济建设、规划设计、科学研究和国防建设使用。测设是指把图纸上规划设计好的建筑物、构筑物的位置在地面上标定出来，作为施工的依据。

测量学按照研究范围和对象的不同，产生了许多分支科学。例如，研究整个地球的形状和大小，解决大地区控制测量和地球重力场问题的，属于大地测量学的范畴。近年来，因人造地球卫星的发射和科学技术的发展，大地测量学又分为常规大地测量学和卫星大地测量学。测量小范围地球表面形状时，不顾及地球曲率的影响，把地球局部表面当作平面看待所进行的测量工作，属于普通测量学的范畴。利用摄影相片来测定物体的形状、大小和空间位置的工作，属于摄影测量学的范畴。由于获得相片的方式不同，摄影测量学又可分为地面摄影测量学、航空摄影测量学、水下摄影测量学和航天摄影测量学等。特别是由于遥感技术的发展，摄影方式和研究对象日趋多样，不仅是固体的、静态的对象，即使是液体、气体以及随时间而变化的动态对象，都可应用摄影测量方法进行研究。以海洋和陆地水域为对象所进行的测量和海图编制工作，属于海洋测绘学的范畴。研究工程建设中所进行的各种测量工作，属于工程测量学的范畴。利用测量所得的成果资料，研究如何投影编绘和制印各种地图的工作，属于制图学的范畴。本教材主要介绍普通测量学及部分工程测量学的内容。

测绘科学应用很广：在国民经济和社会发展规划中，测绘信息是最重要的基础信息之一，各种规划及地籍管理，首先要有地形图和地籍图。另外，在各项工农业基本建设中，从勘测设计阶段到施工、竣工阶段，都需要进行大量的测绘工作。在国防建设中，军事测量和军用地图是现代大规模的诸兵种协同作战不可缺少的重要保障。至于远程导弹、空间武器、人造卫星或航天器的发射，要保证它精确入轨，随时校正轨道和命中目标，除了应测算出发射点和目标点的精确坐标、方位、距离外，还必须掌握地球形状、大小的精确数据和有关地域的重力场资料。在科学实验方面，诸如空间科学技术的研究，地壳的形变、地震预报以及地极周期性运动的研究等，都要应用测绘资料。即使在国家的各级管理工作中，测量和地图资料也是不可缺少的重要工具。

测绘科学在建筑类各专业的工作中有着广泛的应用。例如：在勘测设计的各个阶段，要求有各种比例尺的地形图，供城镇规划、选择厂址、管道及交通线路选线以及总平面图设计和竖向设计之用。在施工阶段，要将设计的建筑物、构筑物的平面位置和高程测设于实地，以便进行施工。施工结束后，还要进行竣工测量，绘制竣工图，供日后扩建和维修之用。即使是竣工以后，对某些大型及重要的建筑物和构筑物还要进行变形观测，以保证建筑物的安全使用。

工民建、给排水等专业的学生，学习本课程之后，要求达到掌握普通测量学的基本知识和基础理论；能正确使用工程水准仪、工程经纬仪等仪器和工具；了解大比例尺地形图的成图原理和方法；在工程设计和施工中，具有正确应用地形图和有关测量资料的能力和进行一般工程施工测设的能力，以便能灵活应用所学的测量知识为其专业工作服务。

1-2　我国测量学发展概况

我国是世界文明古国，由于生活和生产的需要，测量工作开始得很早。在测时方面，为了不误农时，远在颛顼高阳氏时就已开始观测日、月、五星，定一年的长短。春秋战国时编制了四分历，一年为 $365\frac{1}{4}$ 日，与罗马人采用的儒略历相同，但比其早四、五百年。南北朝时祖冲之所测的朔望月为 29.530588 日，与现今采用的数值只差 0.3 秒。宋代杨忠辅编制的《统天历》，一年为 365.2425 日，与现代值相比，只有 26 秒误差。之所以能取得这样准确数据，在于公元前四世纪就已创制了浑天仪，用它来测定天体的坐标入宿度和去极度（相当于现代赤道坐标系统的赤经差和 90°—赤纬）。汉代张衡改进了浑天仪，并著有《浑天仪图注》。元代郭守敬改进浑天仪为简仪。用于天文观测的仪器还有圭、表和复矩。用以计时的仪器有漏壶和日晷等。在地图测绘方面，由于行军作战的需要，历代帝皇都很重视。目前见于记载最早的古地图是西周初年的洛邑城址附近的地形图。周代地图使用很普遍，管理地图的官员分工很细。例如："大司徒之职掌建邦之土地之图与其人民之数"，"小司徒之职掌建邦之法，……地讼，以图正之"，"土训，掌道地图，以诏地事"，"职方氏掌天下之图以掌天下之地"，"北人，掌金玉锡石之地而为之历禁以守之，若以时取之，则物其地图而授之"。战国时管仲著有《管子》一书，书内第十卷（地图第二十七）专门论述了地图的内容和重要用途。可是秦代以前的古地图都已失传，现在能见到的最早的古地图是长沙马王堆三号墓出土的公元前 168 年陪葬的古长沙国地图和驻军图，图上有山脉、河流、居民地、道路和军事要素。西晋时裴秀编制了《禹贡地域图》和《方丈图》，并创立了地图编制理论——《制图六体》。此后历代都编制过多种地图，其中比较著名的有：南北朝时谢庄创制的《木方丈图》；唐代贾耽编制的《关中陇右及山南九州等图》及《海内华夷图》；北宋时的《淳化天下图》；南宋时石刻的《华夷图》和《禹迹图》（现保存在西安碑林）；元代朱思本绘制的《舆地图》；明代罗洪先绘制的《广舆图》（相当于现代分幅绘制的地图集）；明代郑和下西洋绘制的《郑和航海图》；清代康熙年间绘制的《皇舆全览图》；1934 年，上海申报馆出版的《中华民国新地图》等。我国历代能绘制出较高水平的地图，是与测量技术的发展有关联的。我国古代测量长度的工具有丈杆、测绳（常见的有地簪、云簪、和均高）、步车和记里鼓车；测量高程的仪器工具有矩和水平（水准仪）；测量方向的仪器有望筒和指南针（战国时期利用天然磁石制成指南工具——司南，宋代出现人工磁铁制成的指南针）。测量技术的发展与数理知识紧密关联。公元前问世的《周髀算经》和《九章算术》都有利用相似三角形进行测量的记载。三国时魏人刘徽所著的《海岛算经》，介绍利用丈杆进行两次、三次甚至四次测量（称重差术），求解山高、河宽的实例，大大促进了测量技术的发展。我国古代的测绘成就，除编制历法和测绘地图外，还有：唐代在僧一行的主持下，实量了从河南白马，经过浚仪、扶沟到上蔡的距离和北极高度，得出子午线一度的弧长为 132.31km，为人类正确认识地球作出了贡献。北宋时沈括在《梦溪笔谈》中记载了磁偏角的发现。元代郭守敬在测绘黄河流域地形图时，"以海面较京师至汴梁地形高下之差"，是历史上最早使用"海拔"观念的人。清代为统一尺度，规定二百里合地球上经线 1° 的弧长，即每尺合经线上百分之一秒，一尺等于 0.317m。

中华人民共和国成立后，我国测绘事业有了很大的发展。建立和统一了全国坐标系统和高程系统；建立了遍及全国的大地控制网、国家水准网、基本重力网和卫星多普勒网；完成了国家大地网和水准网的整体平差；完成了国家基本图的测绘工作；完成了珠穆朗玛峰和南极长城站的地理位置和高程的测量；配合国民经济建设进行了大量的测绘工作，例如进行了南京长江大桥、葛洲坝水电站、宝山钢铁厂、北京正负电子对撞机等工程的精确放样和设备安装测量。出版发行了地图 1600 多种，发行量超过 11 亿册。在测绘仪器制造方面，从无到有，现在不仅能生产系列的光学测量仪器，还研制成功各种测程的光电测距仪、卫星激光测距仪和解析测图仪等先进仪器。测绘人才培养方面，已培养出各类测绘技术人员数万名，大大提高了我国测绘科技水平。特别是近年来，我国测绘科技发展更快，例如 GPS 全球定位系统已得到广泛应用，全国 GPS 大地网即将完成；地理信息系统方面，我国第一套实用电子地图系统（全称为国务院国情地理信息系统）已在国务院常务会议室建成并投入使用；这说明我国目前的测绘科技水平，虽与国际先进水平相比，还有一定的差距，但只要发愤图强，励精图治，是能迅速赶上和超过国际测绘科技水平的。

1-3 地面点位的确定

一、地球的形状和大小

测量工作是在地球表面进行的，而地球自然表面很不规则，有高山、丘陵、平原和海洋。其中最高的珠穆朗玛峰高出海水面达 8848.13m，最低的马里亚纳海沟低于海水面达11022m。但是这样的高低起伏，相对于地球半径 6371km 来说还是很小的。再顾及到海洋约占整个地球表面的 71%，因此，人们把海水面所包围的地球形体看作地球的形状。

由于地球的自转运动，地球上任一点都要受到离心力和地球引力的双重作用，这两个力的合力称为重力，重力的方向线称为铅垂线。铅垂线是测量工作的基准线。静止的水面称为水准面，水准面是受地球重力影响而形成的，是一个处处与重力方向垂直的连续曲面，并且是一个重力场的等位面。与水准面相切的平面称为水平面。水面可高可低，因此符合上述特点的水准面有无数多个，其中与平均海水面吻合并向大陆、岛屿内延伸而形成的闭合曲面，称为大地水准面。大地水准面是测量工作的基准面。由大地水准面所包围的地球形体，称为大地体。

用大地体表示地球体形是恰当的，但由于地球内部质量分布不均匀，引起铅垂线的方向产生不规则的变化，致使大地水准面成为一个复杂的曲面（图 1-1a），无法在这曲面上进行测量数据处理。为了使用方便，通常用一个非常接近于大地水准面，并可用数学式表示的几何形体（即地球椭球）来代替地球的形状（如图 1-1b）作为测量计算工作的基准面。地球椭球是一个椭圆绕其短轴旋转而成的形体，故地球椭球又称旋转椭球。如图 1-2，旋转椭球体由长半径 a（或短半径 b）和扁率 α 所决定。我国目前采用的元素值为

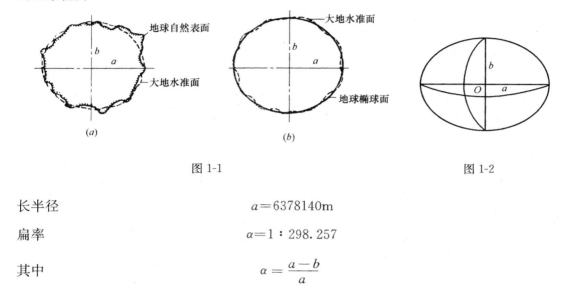

图 1-1   图 1-2

长半径 $a=6378140\text{m}$

扁率 $\alpha=1：298.257$

其中 $\alpha=\dfrac{a-b}{a}$

并选择陕西泾阳县永乐镇某点为大地原点，进行了大地定位。由此而建立起来全国统一坐标系，这就是现在使用的"1980 年国家大地坐标系"。

由于地球椭球的扁率很小，因此当测区范围不大时，可近似地把地球椭球作为圆球，其半径为 6371km。

二、确定地面点位的方法

测量工作的基本任务是确定地面点的位置，确定地面点的空间位置需用三个量。在测量工作中，是将地面点 A、B、C、D、E（图 1-3）沿铅垂线方向投影到大地水准面上，得到 a、b、c、d、e 等投影位置。地面点 A、B、C、D、E 的空间位置，就可用 a、b、c、d、e 等投影位置在大地水准面上的坐标及其到 A、B、C、D、E 的铅垂距离 H_A、H_B、……来表示。

1. 地面点的高程

地面点到大地水准面的铅垂距离，称为该点的绝对高程，或称海拔。图 1-4 中的 H_A 和 H_C 即为 A 点和 C 点的绝对高程。海水受潮汐和风浪的影响，是个动态的曲面。我国在青岛设立验潮站，长期观察和记录黄海海水面的高低变化，取其平均值作为大地水准面的位置（其高程为零），并在青岛建立了水准原点。目前，我国采用"1985 年高程基准"，青岛水准原点的高程为 72.260m[1]，全国各地的高程都以它为基准进行测算。但 1987 年以前使用的是 1956 年高程基准，利用旧的高程测量成果时，要注意高程基准的统一和换算。

---

[1] 1956 年高程基准和青岛原水准原点高程为 72.289m，已由国测发〔1987〕198 号文件通告废止。

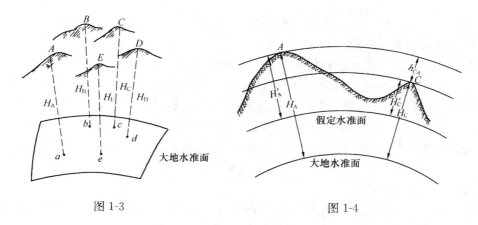

图 1-3   图 1-4

当个别地区引用绝对高程有困难时，可采用假定高程系统，即采用任意假定的水准面为起算高程的基准面。图 1-4 中地面点到某一假定水准面的铅垂距离，称为假定高程。例如，A 点的假定高程为 H'_A，C 点的假定高程为 H'_C。

两个地面点之间的高程差称为高差。地面点 A 与 C 之间的高差 h_{CA} 为

$$h_{CA} = H_A - H_C = H'_A - H'_C$$

由此可见两点间的高差与高程起算面无关。

2. 地面点在投影面上的坐标

地面点在地球椭球面上的坐标一般用球面坐标经度 L 和纬度 B 表示，为了实用方便起见，常采用平面直角坐标系来表示地面点位，下面是常用的两种平面直角坐标系统。

（1）独立平面直角坐标系

大地水准面虽是曲面，但当测量区域（如半径不大于 10km 的范围）较小时，可以用测区中心点 a 的切平面来代替曲面（图 1-5），地面点在投影面上的位置就可以用平面直角坐标来确定。测量工作中采用的平面直角坐标如图 1-6 所示。规定南北方向为纵轴，并记为 x 轴，x 轴向北为正，向南为负；以东西方向为横轴，并记为 y 轴，y 轴向东为正，向西为负。地面上某点 P 的位置可用 x_P 和 y_P 来表示。平面直角坐标系中象限按顺时针方向编号，x 轴与 y 轴互换，这与数学上的规定是不同的，其目的是为了定向方便，将数学中的公式直接应用到测量计算中，不需作任何变更。原点 O 一般选在测区的西南角（见图 1-5），使测区内各点的坐标均为正值。

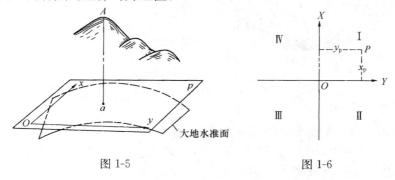

图 1-5   图 1-6

（2）高斯平面直角坐标系

当测区范围较大，就不能把水准面当作水平面。把地球椭球面上的图形展绘到平面上

来，必然产生变形，为使其变形小于测量误差，必须采用适当的方法来解决这个问题，测量工作中通常采用高斯投影方法。

高斯投影的方法是将地球划分成若干带，然后将每带投影到平面上。如图 1-7，投影带是从首子午线（通过英国格林尼治天文台的子午线）起，每经差 6° 划一带（称为六度带），自西向东将整个地球划分成经差相等的 60 个带。带号从首子午线起自西向东编，用阿拉伯数字 1、2、3、…60 表示。位于各带中央的子午线，称为该带的中央子午线。第一个六度带的中央子午线的经度为 3°，任意带的中央子午线经度 L_0，可按下式计算

$$L_0 = 6N - 3 \tag{1-1}$$

式中　N——投影带的号数。

如图 1-8a，高斯投影是设想用一个平面卷成一个空心椭圆柱，把它横着套在地球椭球外面，使椭圆柱的中心轴线位于赤道面内并且通过球心，使地球椭球上某六度带的中央子午线与椭圆柱面相切，在椭球面上的图形与椭圆柱面上的图形保持等角的条件下，将整个六度带投影到椭圆柱面上。然后将椭圆柱沿着通过南北极的母线切开并展成平面，便得到六度带在平面上的影象（图 1-8b）。中央子午线经投影展开后是一条直线，以此直线作为纵轴，即 x 轴；赤道是一条与中央子午线相垂直的直线，将它作为横轴，即 y 轴；两直线的交点作为原点，则组成高斯平面直角坐标系统。纬圈 AB 和 CD 投影在高斯平面直角坐标系统内仍为曲线（$A'B'$ 和 $C'D'$）。将投影后具有高斯平面直角坐标系的六度带一个个拼接起来，便得到图 1-9 所示的图形。

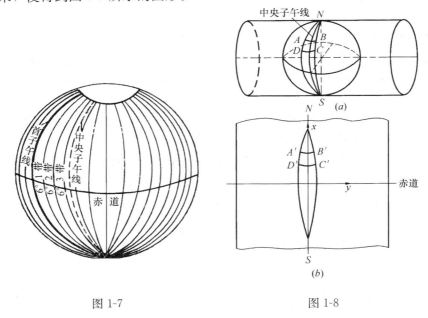

图 1-7　　　　　　　　　　　　　　　　图 1-8

我国位于北半球，x 坐标均为正值，而 y 坐标值有正有负。如图 1-10a，设 $y_A = +137680\text{m}$，$y_B = -274240\text{m}$。为避免横坐标出现负值，故规定把坐标纵轴向西平移 500km。坐标纵轴西移后（图 1-10b），$y_A = 500000 + 137680 = 637680\text{m}$；$y_B = 500000 - 274240 = 225760\text{m}$。

为了根据横坐标能确定该点位于哪一个六度带内，还应在横坐标值前冠以带号。例

如，A 点位于第 20 带内，则其横坐标 y_A 为 20637680m。

高斯投影中，离中央子午线近的部分变形小，离中央子午线愈远变形愈大，两侧对称。当测绘大比例尺图要求投影变形更小时，可采用三度分带投影法。它是从东经 $1°30'$ 起，每经差 $3°$ 划分一带，将整个地球划分为 120 个带（图 1-11），每带中央子午线的经度 L_0' 可按下式计算

$$L_0' = 3n \tag{1-2}$$

式中　n——三度带的号数。

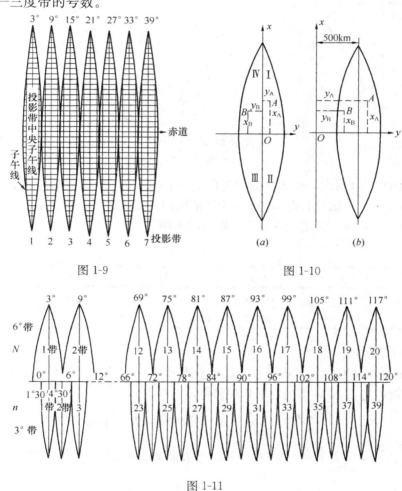

图 1-9　　　　　　　　　　图 1-10

图 1-11

1-4　用水平面代替水准面的限度

用水平面来代替水准面，使测量和绘图工作大为简化，下面来讨论由此引起的影响。

一、对距离的影响

如图 1-12，A、B、C 是地面点，它们在大地水准面上的投影点是 a、b、c，用该区域中心点的切平面代替大地水准面后，地面点在水平面上的投影点是 a、b' 和 c'，现分析由此而产生的影响。设 A、B 两点在水准面上的距离为 D，在水平面上的距离为 D'，两者

7

之差 ΔD，即是用水平面代替水准面所引起的距离差异。在推导公式时，近似地将大地水准面视为半径为 R 的球面，故

$$\Delta D = D' - D = R(\mathrm{tg}\theta - \theta) \tag{1-3}$$

已知 $\mathrm{tg}\theta = \theta + \dfrac{1}{3}\theta^3 + \dfrac{2}{15}\theta^5 + \cdots$，因 θ 角很小，只取其前两项代入式（1-3），得

$$\Delta D = R\left(\theta + \frac{1}{3}\theta^3 - \theta\right)$$

因 $\theta = \dfrac{D}{R}$，故

$$\Delta D = \frac{D^3}{3R^2} \tag{1-4}$$

$$\frac{\Delta D}{D} = \frac{D^2}{3R^2} \tag{1-5}$$

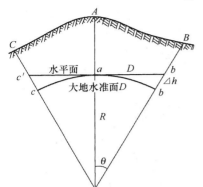

图 1-12

将地球半径 $R = 6371\mathrm{km}$ 以及不同的距离 D 代入式（1-4）和式（1-5），便得到表 1-1 所列的结果。从表 1-1 可以看出，当 $D = 10\mathrm{km}$ 时，所产生的相对误差为 $1 : 1,200,000$，这样小的误差，对精密量距来说也是允许的。因此，在 10km 为半径的圆面积之内进行距离测量时，可以把水准面当作水平面看待，而不考虑地球曲率对距离的影响。

表 1-1

$D(\mathrm{km})$	$\Delta D(\mathrm{cm})$	$\Delta D/D$	$D(\mathrm{km})$	$\Delta D(\mathrm{cm})$	$\Delta D/D$
10	0.8	$1 : 1,200,000$	50	102.6	$1 : 49,000$
20	6.6	$1 : 300,000$	100	821.2	$1 : 12,000$

二、对高程的影响

如图 1-12 所示，地面点 B 的高程应是铅垂距离 bB，用水平面代替水准面后，B 点的高程为 $b'B$，两者之差 Δh，即为对高程的影响，由图得

$$\Delta h = bB - b'B = ob' - ob = R\sec\theta - R = R(\sec\theta - 1) \tag{1-6}$$

已知 $\sec\theta = 1 + \dfrac{\theta^2}{2} + \dfrac{5}{24}\theta^4 + \cdots$，因 θ 值很小，仅取前两项代入式（1-6）；另外 $\theta = \dfrac{D}{R}$，故得

$$\Delta h = R\left(1 + \frac{\theta^2}{2} - 1\right) = \frac{D^2}{2R} \tag{1-7}$$

用不同的距离代入式（1-7），便得到表 1-2 所列的结果。从表 1-2 可以看出，用水平面代替水准面，对高程的影响是很大的，距离 200m 就有 0.31cm 的高程误差，这是不能允许的。因此，就高程测量而言，即使距离很短，也应顾及地球曲率对高程的影响。

表 1-2

D（km）	0.2	0.5	1	2	3	4	5
Δh（cm）	0.31	2	8	31	71	125	196

1-5 测 量 工 作 概 述

地球表面复杂多样的形态，可分为地物和地貌两大类。地面上固定性物体称为地物，如河流、湖泊、道路和房屋等。地面上高低起伏形态称为地貌，如山岭、谷地和陡崖等。下面以地物和地貌测绘到图纸上为例，介绍测量工作的原则和程序。

图 1-13a 为一幢房屋，其平面位置由房屋轮廓线的一些折线所组成，如能确定 1～6 各点的平面位置，这幢房屋的位置就确定了。图 1-13b 是一条河流，它的岸边线虽然很不规则，但弯曲部分可看成是折线所组成，只要确定 7～13 各点的平面位置，这条河流的位置也就确定了。至于地貌，其地势起伏变化虽然复杂，但仍可看成是由许多不同方向、不同坡度的平面相交而成的几何体。相邻平面的交线就是方向变化线和坡度变化线，只要确定出这些方向变化线与坡度变化线交点的平面位置和高程，地貌的形状和大小的基本情况也就反映出来了。因此，不论地物或地貌，它们的形状和大小都是由一些特征点的位置所决定。这些特征点也称碎部点。测图时，主要就是测定这些碎部点的平面位置和高程。

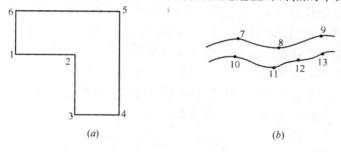

图 1-13

测定碎部点的位置，其程序通常分为两步：第一步为控制测量，如图 1-14，先在测区内选择若干具有控制意义的点 1、2、3、……作为控制点，以较精确的仪器和方法测定各控制点之间的距离 D、各控制边之间的水平夹角 β、某一条边（如图 1-14 的 2-3 边）的

图 1-14

方位角 α，设点 2 的坐标已知，则可计算出其他控制点的坐标，以确定其平面位置。同时还要测出各控制点之间的高差，设点 2 的高程为已知，求出其他控制点的高程。第二步为碎部测量，即根据控制点测定碎部点的位置。例如在控制点 1 上测定其周围碎部点 L、M、N 等，在控制点 2 上测定其周围碎部点 A、B 等的平面位置和高程。这种"从整体到局部"、"先控制后碎部"的方法是组织测量工作应遵循的原则，它可以减少误差累积，保证测图精度，而且可以分幅测绘，加快测图进度。另外，从上述可知，当测定控制点的相对位置有错误时，以其为基础所测定的碎部点位也就有错误，碎部测量中有错误时，以此资料绘制的地形图也就有错误。因此，测量工作必须严格进行检核工作，故"前一步测量工作未作检核不进行下一步测量工作"是组织测量工作应遵循的又一个原则，它可以防止错漏发生，保证测量成果的正确性。

上述测量工作的布局原则和程序，不仅适用于测定工作，也适用于测设工作。如图 1-14 所示，欲将图上设计好的建筑物 P、Q、R 测设于实地，作为施工的依据，须先于实地进行控制测量，然后安置仪器于控制点 1 和 6 上，进行建筑物测设。在测设工作中也要严格进行检核，以防出错。

综合上述，无论控制测量、碎部测量和施工测设，其实质都是确定地面点的位置，但控制测量是碎部测量和测设工作的基础。碎部测量是把地面上各点测绘到图纸上并绘制成地形图，而测设工作是将图上设计的建筑物和构筑物的位置放样到地面上，作为施工的依据。而地面点间的相互位置关系。是以水平角（方向）、距离和高差来确定的，因此，高程测量、水平角测量和距离测量是测量学的基本内容，测高程、测角和量距是测量的基本工作，观测、计算和绘图是测量工作的基本技能。

思 考 题 与 习 题

1. 测量学的研究对象是什么？

2. 测定与测设有何区别？

3. 何谓大地水准面？它在测量工作中的作用是什么？

4. 何谓绝对高程和相对高程？两点之间绝对高程之差与相对高程之差是否相等？

5. 测量工作中所用的平面直角坐标系与数学上的有哪些不同之处？

6. 高斯平面直角坐标系是怎样建立的？

7. 某点的经度为 $118°50'$，试计算它所在的六度带和三度带号，相应六度带和三度带的中央子午线的经度是多少？

8. 用水平面代替水准面，对距离、水平角和高程有何影响？

9. 测量工作的两个原则及其作用是什么？

10. 确定地面点位的三项基本测量工作是什么？

11. 测量学对你所学的专业起什么作用？学完后应达到哪些要求？

第二章 水 准 测 量

测量地面上各点高程的工作，称为高程测量。高程测量根据所使用的仪器和施测方法不同，分为水准测量、三角高程测量和气压高程测量。水准测量是高程测量中最基本的和精度较高的一种测量方法，在国家高程控制测量、工程勘测和施工测量中被广泛采用。本章将着重介绍水准测量原理、微倾式水准仪的构造和使用、水准测量的施测方法及成果检核和计算等内容。三角高程测量将在第六章讲述。

2-1 水准测量原理

水准测量是利用一条水平视线，并借助水准尺，来测定地面两点间的高差，这样就可由已知点的高程推算出未知点的高程。如图 2-1 所示，欲测定 A、B 两点之间的高差 h_{AB}，可在 A、B 两点上分别竖立有刻画的尺子——水准尺，并在 A、B 两点之间安置一台能提供水平视线的仪器——水准仪。根据仪器的水平视线，在 A 点尺上读数，设为 a；在 B 点尺上读数，设为 b；则 A、B 两点间的高差为

$$h_{AB} = a - b \qquad (2\text{-}1)$$

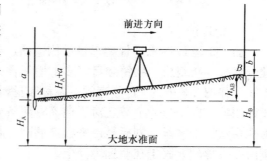

图 2-1

如果水准测量是由 A 到 B 进行的，如图 2-1 中的箭头所示，由于 A 点为已知高程点，故 A 点尺上读数 a 称为后视读数；B 点为欲求高程的点，则 B 点尺上读数 b 为前视读数。高差等于后视读数减去前视读数。$a>b$ 高差为正；反之，为负。

若已知 A 点的高程为 H_A，则 B 点的高程为

$$H_B = H_A + h_{AB} = H_A + (a - b) \qquad (2\text{-}2)$$

还可通过仪器的视线高 H_i 计算 B 点的高程，即

$$\left.\begin{array}{l} H_i = H_A + a \\ H_B = H_i - b \end{array}\right\} \qquad (2\text{-}3)$$

式（2-2）是直接利用高差 h_{AB} 计算 B 点高程的，称高差法；式（2-3）是利用仪器视线高程 H_i 计算 B 点高程的，称仪高法。当安置一次仪器要求测出若干个前视点的高程时，仪高法比高差法方便。

2-2 水准测量的仪器和工具

水准测量所使用的仪器为水准仪，工具为水准尺和尺垫。

水准仪按其精度可分为 DS05、DS1、DS3 和 DS10 等四个等级❶。建筑工程测量广泛使用 DS3 级水准仪。因此，本章着重介绍这类仪器。

一、水准仪的构造（DS3 级微倾式水准仪）

根据水准测量的原理，水准仪的主要作用是提供一条水平视线，并能照准水准尺进行读数。因此，水准仪主要由望远镜、水准器及基座三部分构成。图 2-2 所示是我国生产的 DS3 级微倾式水准仪。

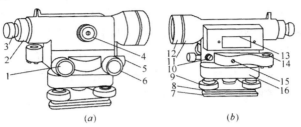

图 2-2

1—微倾螺旋；2—分划板护罩；3—目镜；4—物镜对光螺旋；5—制动螺旋；6—微动螺旋；
7—底板；8—三角压板；9—脚螺旋；10—弹簧帽；11—望远镜；12—物镜；13—管水准器；14—圆水准器；15—连接小螺丝；16—轴座

1. 望远镜

图 2-3 是 DS3 水准仪望远镜的构造图，它主要由物镜 1、目镜 2、对光透镜 3 和十字丝分划板 4 所组成。物镜和目镜多采用复合透镜组，十字丝分划板上刻有两条互相垂直的长线，如图 2-3 中的 7，竖直的一条称竖丝，横的一条称为中丝，是为了瞄准目标和读取读数用的。在中丝的上下还对称地刻有两条与中丝平行的短横线，是用来测定距离的，称为视距丝。十字丝分划板是由平板玻璃圆片制成的，平板玻璃片装在分划板座上，分划板座由止头螺丝 8 固定在望远镜筒上。

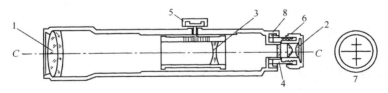

图 2-3

1—物镜；2—目镜；3—对光凹透镜；4—十字丝分划板；5—物镜对光螺旋；
6—目镜对光螺旋；7—十字丝放大像；8—分划板座止头螺丝

十字丝交点与物镜光心的连线，称为视准轴或视线（图 2-3 中的 C—C）。水准测量是在视准轴水平时，用十字丝的中丝截取水准尺上的读数。

图 2-4 为望远镜成像原理图。目标 AB 经过物镜后形成一个倒立而缩小的实像 ab，移动对光凹透镜可使不同距离的目标均能成像在十字丝平面上。再通过目镜，便可看清同时放大了的十字丝和目标影像 a_1b_1。

---

❶ D、S 分别为"大地测量"和"水准仪"汉语拼音的第一个字母。05、1、3、10 是指仪器能达到的每公里往返测高差中数的中误差（毫米数）。

从望远镜内所看到的目标影像的视角与肉眼直接观察该目标的视角之比，称为望远镜的放大率。如图 2-4 所示，从望远镜内看到目标的像所对的视角为 β，用肉眼看目标所对的视角可近似地认为是 α，故放大率 $V = \beta/\alpha$。DS3 级水准仪望远镜的放大率一般为 28 倍。

2. 水准器

水准器是用来指示视准轴是否水平或仪器竖轴是否竖直的装置。有管水准器和圆水准器两种。管水准器用来指示视准轴是否水平；圆水准器用来指示竖轴是否竖直。

（1）管水准器

又称水准管，是一纵向内壁磨成圆弧形（圆弧半径一般为 7～20m）的玻璃管，管内装酒精和乙醚的混合液，加热融封冷却后留有一个气泡（见图 2-5）。由于气泡较轻，故恒处于管内最高位置。

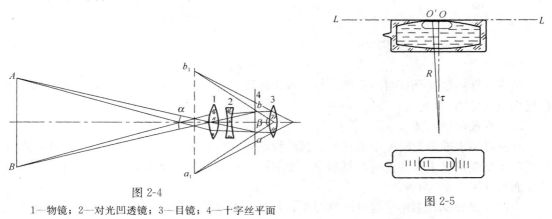

图 2-4
1—物镜；2—对光凹透镜；3—目镜；4—十字丝平面

图 2-5

水准管上一般刻有间隔为 2mm 的分划线，分划线的中点 O，称为水准管零点（见图 2-5）。通过零点作水准管圆弧的切线，称为水准管轴（图 2-5 中 $L-L$）。当水准管的气泡中点与水准管零点重合时，称为气泡居中；这时水准管轴 LL 处于水平位置。水准管圆弧 2mm（$O'O = 2mm$）所对的圆心角 τ，称为水准管分划值。用公式表示为

$$\tau'' = \frac{2}{R} \cdot \rho'' \qquad (2\text{-}4)$$

式中　$\rho'' = 206265''$；

　　R——水准管圆弧半径，单位：mm。

式（2-4）说明圆弧的半径 R 愈大，角值 τ 愈小，则水准管灵敏度愈高。安装在 DS3 级水准仪上的水准管，其分划值不大于 $20''/2mm$。

微倾式水准仪在水准管的上方安装一组符合棱镜，如图 2-6a 所示。通过符合棱镜的反射作用，使气泡两端的像反映在望远镜旁的符合气泡观察窗中。若气泡两端的半像吻合时，就表示气泡居中，如图 2-6b。若气泡的半像错开，则表示气泡不居中，如图 2-6c。这时，应转动微倾螺旋，使气泡的半像吻合。

（2）圆水准器

如图 2-7，圆水准器顶面的内壁是球面，其中有圆分划圈，圆圈的中心为水准器的零点。通过零点的球面法线为圆水准器轴线，当圆水准器气泡居中时，该轴线处于竖直位置。当气泡不居中时，气泡中心偏移零点 2mm，轴线所倾斜的角值，称为圆水准器的分

划值，一般为 $8'\sim10'$。由于它的精度较低，故只用于仪器的概略整平。

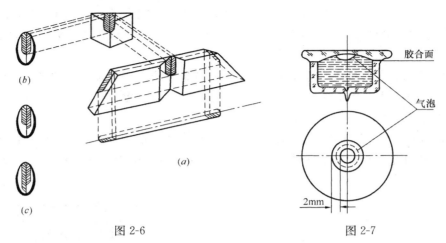

图 2-6   图 2-7

（3）基座

基座的作用是支承仪器的上部并与三脚架连接。它主要由轴座、脚螺旋、底板和三角压板构成（见图 2-2）。

二、水准尺和尺垫

水准尺是水准测量时使用的标尺。其质量好坏直接影响水准测量的精度。因此，水准尺需用不易变形且干燥的优质木材制成；要求尺长稳定，分划准确。常用的水准尺有塔尺和双面尺（图 2-8）两种。

塔尺（图 2-8b）多用于等外水准测量，其长度有 2m 和 5m 两种，用两节或三节套接在一起。尺的底部为零点，尺上黑白格相间，每格宽度为 1cm，有的为 0.5cm，每一米和分米处均有注记。

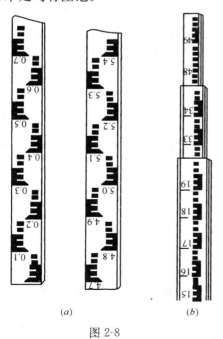

双面水准尺（图 2-8a）多用于三、四等水准测量。其长度有 2m 和 3m 两种，且两根尺为一对。尺的两面均有刻画，一面为红白相间称红面尺；另一面为黑白相间，称黑面尺（也称主尺），两面的刻画均为 1cm，并在分米处注字。两根尺的黑面均由零开始；而红面，一根尺由 4.687m 开始至 6.687m 或 7.687m，另一根由 4.787m 开始至 6.787m 或 7.787m。

尺垫是在转点处放置水准尺用的，它用生铁铸成，一般为三角形，中央有一突起的半球体，下方有三个支脚，如图 2-9 所示。用时将

图 2-8   图 2-9

14

支脚牢固地插入土中，以防下沉，上方突起的半球形顶点作为竖立水准尺和标志转点之用。

2-3　水准仪的使用

水准仪的使用包括仪器的安置、粗略整平、瞄准水准尺、精平和读数等操作步骤。

一、安置水准仪

打开三脚架并使高度适中，目估使架头大致水平，检查脚架腿是否安置稳固，脚架伸缩螺旋是否拧紧，然后打开仪器箱取出水准仪，置于三脚架头上用连接螺旋将仪器牢固地固连在三脚架头上。

二、粗略整平

粗平是借助圆水准器的气泡居中，使仪器竖轴大致铅直，从而视准轴粗略水平。如图2-10a 所示，气泡未居中而位于 a 处；则先按图上箭头所指的方向用两手相对转动脚螺旋①和②，使气泡移到 b 的位置（图 2-10b）。再转动脚螺旋③，即可使气泡居中。在整平的过程中，气泡的移动方向与左手大拇指运动的方向一致。

三、瞄准水准尺

首先进行目镜对光，即把望远镜对着明亮的背景，转动目镜对光螺旋，使十字丝清晰。再松开制动螺旋，转动望远镜，用望远镜筒上的照门和准星瞄准水准尺，拧紧制动螺旋。然后从望远镜中观察；转动物镜对光螺旋进行对光，使目标清晰，再转动微动螺旋，使竖丝对准水准尺。

当眼睛在目镜端上下微微移动时，若发现十字丝与目标影像有相对运动（图 2-11b），这种现象称为视差。产生视差的原因是目标成像的平面和十字丝平面不重合。由于视差的存在会影响到读数的正确性，必须加以消除。消除的方法是重新仔细地进行物镜对光，直到眼睛上下移动，读数不变为止。此时，从目镜端见到十字丝与目标的像都十分清晰（如图 2-11a）。

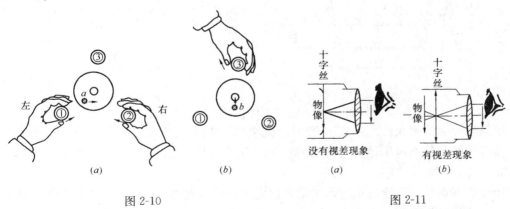

图 2-10　　　　　　　　　　　　　　　图 2-11

四、精平与读数

眼睛通过位于目镜左方的符合气泡观察窗看水准管气泡，右手转动微倾螺旋，使气泡两端的像吻合，即表示水准仪的视准轴已精确水平。这时，即可用十字丝的中丝在尺上读

15

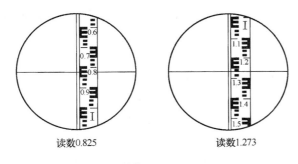

读数0.825   读数1.273

图 2-12

数。现在的水准仪多采用倒像望远镜，因此读数时应从小往大，即从上往下读。先估读毫米数，然后报出全部读数。如图 2-12 所示，读数分别为 0.825m 和 1.273m。

精平和读数虽是两项不同的操作步骤，但在水准测量的实施过程中，却把两项操作视为一个整体。即精平后再读数，读数后还要检查管水准气泡是否完全符合。只有这样，才能取得准确的读数。

2-4 水准测量的外业

一、水准点

为了统一全国的高程系统和满足各种测量的需要，测绘部门在全国各地埋设并测定了很多高程点，这些点称为水准点（Bench Mark），简记为 BM。水准测量通常是从水准点引测其他点的高程。水准点有永久性和临时性两种。国家等级水准点如图 2-13 所示，一般用石料或钢筋混凝土制成，深埋到地面冻结线以下。在标石的顶面设有用不锈钢或其他不易锈蚀的材料制成的半球状标志。有些水准点也可设置在稳定的墙脚上，称为墙上水准点，如图 2-14 所示。

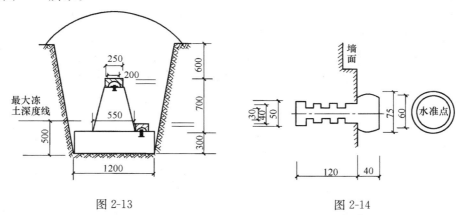

图 2-13   图 2-14

建筑工地上的永久性水准点一般用混凝土或钢筋混凝土制成，其式样如图 2-15a 所示。临时性的水准点可用地面上突出的坚硬岩石或用大木桩打入地下，桩顶钉以半球形铁钉，如图 2-15b 所示。

埋设水准点后，应绘出水准点与附近固定建筑物或其他地物的关系图，在图上还要写明水准点的编号和高程，称为点之记，以便于日后寻找水准点位置之用。水准点编号前通常加 BM 字样，作为水准点的代号。

二、水准测量的实施

当欲测的高程点距水准点较远或高差很大时，就需要连续多次安置仪器以测出两点的高差。如图 2-16，水准点 A 的高程为 27.354m，现拟测量 B 点的高程，其观测步骤如下：

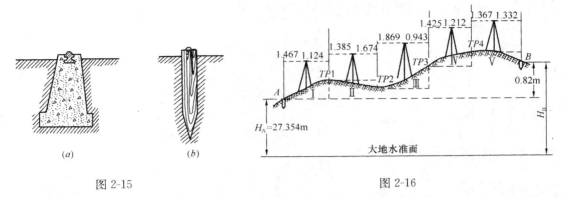

图 2-15   图 2-16

在离 A 点约 100m 处选定转点 1，在 A、1 两点上分别立水准尺。在距点 A 和点 1 等距离的 Ⅰ 处，安置水准仪。用圆水准器将仪器粗略整平后，后视 A 点上的水准尺，精平后读数得 1467，记入表 2-1 观测点 A 的后视读数栏内。旋转望远镜，前视点 1 上的水准尺，同法读取读数为 1124，记入点 1 的前视读数栏内。后视读数减去前视读数得到高差为 +0.343，记入高差栏内。此为一个测站上的工作。

水 准 测 量 手 簿

表 2-1

日　期＿＿＿＿＿＿　仪器＿＿＿＿＿＿　观测＿＿＿＿＿＿
天　气＿＿＿＿＿＿　地点＿＿＿＿＿＿　记录＿＿＿＿＿＿

| 测　站 | 测　点 | 水准尺读数 | | 高　差（m） | | 高程 | 备　注 |
		后　视 (a)	前　视 (b)	＋	－	(m)	
Ⅰ	BM A TP 1	1467	1124	0.343		27.354	
Ⅱ	TP 1 TP 2	1385	1674		0.289		
Ⅲ	TP 2 TP 3	1869	0943	0.926			
Ⅳ	TP 3 TP 4	1425	1212	0.213			
Ⅴ	TP 4 B	1367	1732		0.365	28.182	
计算校核		$\Sigma a = 7.513$ -6.685 $+0.828$	$\Sigma b = 6.685$	$\Sigma + 1.482$ -0.654 $\overline{\Sigma h = +0.828}$	$\Sigma - 0.654$	28.182 -27.354 $+0.828$	

点 1 上的水准尺不动，把 A 点上的水准尺移到点 2，仪器安置在点 1 和点 2 之间，同法进行观测和计算，依次测到 B 点。

显然，每安置一次仪器，便可测得一个高差，即

$$h_1 = a_1 - b_1$$
$$h_2 = a_2 - b_2$$
$$\cdots\cdots\cdots\cdots$$
$$h_5 = a_5 - b_5$$

将各式相加，得

$$\Sigma h = \Sigma a - \Sigma b$$

则 B 点的高程为

$$H_B = H_A + \Sigma h \tag{2-5}$$

由上述可知，在观测过程中，点 1、2、……、4 仅起传递高程的作用，这些点称为转点（Turning Point），常用简写为 TP。转点无固定标志，无需算出高程。

三、水准测量的检核

1. 计算检核

由式（2-5）看出，B 点对 A 点的高差等于各转点之间高差的代数和，也等于后视读数之和减去前视读数之和，因此，此式可用来作为计算的检核。如表 2-1 中

$$\Sigma h = +0.828\text{m}$$

$$\Sigma a - \Sigma b = 7.513 - 6.685 = +0.828\text{m}$$

这说明高差计算是正确的。

终点 B 的高程 H_B 减去 A 点的高程 H_A，也应等于 Σh，即

$$H_B - H_A = \Sigma h$$

在表 2-1 中为

$$28.182 - 27.354 = +0.828\text{m}$$

这说明高程计算也是正确的。

计算检核只能检查计算是否正确，并不能检核观测和记录时是否产生错误。

2. 测站检核

如上所述，B 点的高程是根据 A 点的已知高程和转点之间的高差计算出来的。若其中测错任何一个高差，B 点高程就不会正确。因此，对每一站的高差，都必须采取措施进行检核测量。这种检核称为测站检核。测站检核通常采用变动仪器高法或双面尺法。

（1）变动仪器高法：是在同一个测站上用两次不同的仪器高度，测得两次高差以相互比较进行检核。即测得第一次高差后，改变仪器高度（应大于 10cm）重新安置，再测一次高差。两次所测高差之差不超过容许值（例如等外水准容许值为 6mm），则认为符合要求，取其平均值作为最后结果（记录、计算列于表 2-2 中），否则必须重测。

（2）双面尺法：是仪器的高度不变，而立在前视点和后视点上的水准尺分别用黑面和红面各进行一次读数，测得两次高差，相互进行检核。若同一水准尺红面与黑面读数（加常数后）之差，不超过 3mm；且两次高差之差，又未超过 5mm，则取其平均值作为该测站观测高差。否则，需要检查原因，重新观测。

日 期＿＿＿＿＿ 仪器型号＿＿＿＿＿ 观 测＿＿＿＿＿

天 气＿＿＿＿＿ 地 点＿＿＿＿＿ 记 录＿＿＿＿＿

测 站	测 点	后视读数	前视读数	高 差（m）	平均高差（m）	高 程（m）	备 注
1	BM A	2515 2364				15.352	
	TP 1		0964 0811	1.551 1.553	1.552		
2	TP 1	1563 1678					
	TP 2		1387 1506	0.176 0.172	0.174		
3	TP2	1350 1200					闭合差的调整见2-5节
	1		2100 1956	−0.750 −0.756	−0.753		
4	1	0932 1103				16.325	
	TP 3		2024 2197	−1.092 −1.094	−1.093		
5	TP 3	0876 0982					
	BM A		0772 0880	0.104 0.102	0.103	15.335	
计算检核	Σ	14.563	14.597	−0.034	−0.017	−0.017	
		$\frac{1}{2}(\Sigma a - \Sigma b) = -0.017$		$\frac{1}{2}\Sigma h = -0.017 \quad -0.017$			

3. 成果检核

    测站检核只能检核一个测站上是否存在错误或误差超限。对于一条水准路线来说，还不足以说明所求水准点的高程精度符合要求。由于温度、风力、大气折光、尺垫下沉和仪器下沉等外界条件引起的误差，尺子倾斜和估读的误差，以及水准仪本身的误差等，虽然在一个测站上反映不很明显，但随着测站数的增多使误差积累，有时也会超过规定的限差。因此，还必须进行整个水准路线的成果检核，以保证测量资料满足使用要求。其检核方法有如下几种：

    （1）附合水准路线

    如图 2-17，从一已知高程的水准点 BM7 出发，沿各个待定高程的点 1、2、……、5 进行水准测量，最后附合到另一水准点 BM8 上，这种水准路线称为附合水准路线。

路线中各待定高程点间高差的代数和，应等于两个水准点间已知高差。如果不相等，两者之差称为高差闭合差，其值不应超过容许范围，否则，就不符合要求，须进行重测。

（2）闭合水准路线

如图 2-18，由一已知高程的水准点 BM9 出发，沿环线待定高程点 1、……、6 进行水准测量，最后回到原水准点 BM9 上，称为闭合水准路线。显然，路线上各点之间高差的代数和应等于零。如果不等于零，便产生高差闭合差，其大小不应超过容许值。

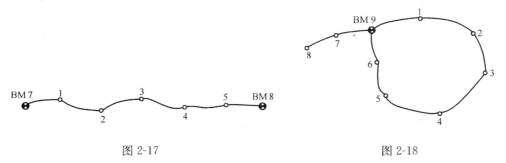

图 2-17　　　　　　　　　　　　图 2-18

（3）支水准路线

如图 2-18，由一个已知高程的水准点 BM9 出发，沿待定点 7 和 8 进行水准测量，既不附合到另外已知高程的水准点上，也不回到原来的水准点上，称为支水准路线。支水准路线应进行往返观测，以资检核。

2-5　水准测量的内业

水准测量外业工作结束后，要检查手簿，再计算各点间的高差。经检核无误后，才能进行计算和调整高差闭合差。最后计算各点的高程。以上工作，称为水准测量的内业。

一、附合水准路线闭合差的计算和调整

如图 2-19，A、B 为两个水准点。A 点高程为 56.345m，B 点高程为 59.039m。各测段的高差，分别为 h_1、h_2、h_3 和 h_4。

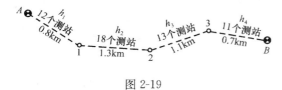

图 2-19

显然，各测段高差之和应等于 A、B 两点高程之差，即

$$\Sigma h = H_B - H_A \qquad (2\text{-}6)$$

实际上，由于测量工作中存在着误差，使 (2-6) 式不相等，其差值即为高差闭合差，以符号 f_h 表示，即

$$f_h = \Sigma h - (H_B - H_A) \qquad (2\text{-}7)$$

高差闭合差可用来衡量测量成果的精度，等外水准测量[❶]的高差闭合差容许值，规定为

---

❶　此处等外水准测量系指图根水准测量。

$$\left.\begin{array}{ll}\text{平地} & f_{h容}=\pm 40\sqrt{L}\text{mm}\\ \text{山地} & f_{h容}=\pm 12\sqrt{n}\text{mm}\end{array}\right\} \tag{2-8}$$

式中　L——水准路线长度，以公里计；

　　　n——测站数。

若高差闭合差不超过容许值，说明观测精度符合要求，可进行闭合差的调整。现以图 2-19 中的观测数据为例，记入表 2-3 中进行计算说明。

表 2-3

测段编号	点 名	距离 L (km)	测站数	实测高差 (m)	改正数 (m)	改正后的高差 (m)	高程 (m)	备 注
1	2	3	4	5	6	7	8	9
1	A	0.8	12	+2.785	−0.010	+2.775	56.345	
2	1	1.3	18	−4.369	−0.016	−4.385	59.120	
3	2	1.1	13	+1.980	−0.011	+1.969	54.735	
4	3	0.7	11	+2.345	−0.010	+2.335	56.704	
Σ	B	3.9	54	+2.741	−0.047	+2.694	59.039	
辅助计算	$f_h=+47\text{mm}$　　$n=54$　　$-f_h/n=-0.87\text{mm}$ $f_{h容}=\pm 12\sqrt{54}=\pm 88\text{mm}$							

1. 高差闭合差的计算

$$f_h=\Sigma h-(H_B-H_A)=2.741-(59.039-56.345)$$
$$=+0.047\text{m}$$

设为山地，故

$$f_{h容}=\pm 12\sqrt{n}=\pm 12\sqrt{54}$$
$$=\pm 88\text{mm}$$

$|f_h|<|f_{h容}|$，其精度符合要求。

2. 闭合差的调整

在同一条水准路线上，假设观测条件是相同的，可认为各站产生的误差机会是相同的，故闭合差的调整按与测站数（或距离）成正比例反符号分配的原则进行。本例中，测站数 $n=54$，故每一站的高差改正数为

$$-\frac{f_h}{n}=-\frac{47}{54}=-0.87\text{mm}$$

各测段的改正数，按测站数计算，分别列入表 2-3 中的第 6 栏内。改正数总和的绝对值应与闭合差的绝对值相等。第 5 栏中的各实测高差分别加改正数后，便得到改正后的高差，列入第 7 栏。最后求改正后的高差代数和，其值应与 A、B 两点的高差（H_B-H_A）相等，否则，说明计算有误。

3. 高程的计算

根据检核过的改正后高差，由起始点 A 开始，逐点推算出各点的高程，列入第 8 栏

中。最后算得的 B 点高程应与已知的高程 H_B 相等，否则说明高程计算有误。

二、闭合水准路线闭合差的计算与调整

闭合水准路线各段高差的代数和应等于零，即

$$\Sigma h = 0$$

由于存在着测量误差，必然产生高差闭合差

$$f_h = \Sigma h \tag{2-9}$$

闭合水准路线高差闭合差的调整方法、容许值的计算，均与附合水准路线相同。

2-6　精密水准仪和水准尺

精密水准仪主要用于国家一、二级水准测量和高精度的工程测量中，例如建筑物沉降观测，大型精密设备安装等测量工作。

精密水准仪的构造与 DS3 水准仪基本相同，也是由望远镜、水准器和基座三部分组成。其不同之点是：水准管分划值较小，一般为 $10''/2\text{mm}$；望远镜放大率较大，一般不小于 40 倍；望远镜的亮度好，仪器结构稳定，受温度的变化影响小等。

为了提高读数精度，精密水准仪上设有光学测微器，图 2-20 是其工作原理示意图，它由平行玻璃板 P、传动杆、测微轮和测微尺等部件组成。平行玻璃板装置在望远镜物镜前，其旋转轴 A 与平行玻璃板的两个平面相平行，并与望远镜的视准轴成正交。平行玻璃板通过传动杆与测微尺相连。测微尺上有 100 个分格，它与水准尺上一个分格（1cm 或 5mm）相对应，所以测微时能直接读到 0.1mm（或 0.05mm）。当平行玻璃板与视线正交时，视线将不受平行玻璃板的影响，对准水准尺上 B 处，读数为 148（cm）$+a$。转动测微轮带动传动杆，使平行玻璃板绕 A 轴俯仰一个小角，这时视线不再与平行玻璃板面垂直，而受平行玻璃板折射的影响，使得视线上下平移。当视线下移对准水准尺上 148cm 分划时，从测微分划尺上可读出 a 的数值。

图 2-21 是我国靖江测绘仪器厂生产的 DS1 级水准仪，光学测微器最小读数为 0.05mm。

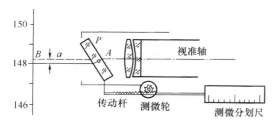

图 2-20

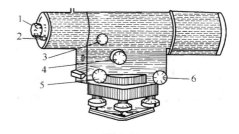

图 2-21

1—目镜；2—测微尺读数目镜；3—物镜对光螺旋；4—测微轮；5—倾斜螺旋；6—微动螺旋

精密水准仪必须配有精密水准尺。这种水准尺一般都是在木质尺身的槽内，引张一根因瓦合金带。在带上标有刻画，数字注在木尺上，如图 2-22 所示。精密水准尺的分划值有 1cm 和 0.5cm 两种。WildN3 水准仪的精密水准尺分划值为 1cm，如图 2-22a 所示，水准尺全长约 3.2m，因瓦合金带上有两排分划，右边一排的注记数字自 0cm 至 300cm，称

为基本分划；左边一排注记数字自 300cm 至 600cm，称为辅助分划。基本分划和辅助分划有一差数 K，K 等于 3.01550m，称为基辅差。靖江 DS1 级水准仪和 Ni004 水准仪配套用的精密水准尺，为 0.5cm 分划，该尺只有基本分划而无辅助分划。如图 2-22b 所示。左面一排分划为奇数值，右面一排分划为偶数值；右边注记为米数，左边注记为分米数。小三角形表示半分米处，长三角形表示分米的起始线。厘米分划的实际间隔为 5mm，尺面值为实际长度的两倍；所以，用此水准尺观测高差时，须除以 2 才是实际高差值。

精密水准仪的操作方法与一般水准仪基本相同，不同之处是用光学测微器测出不足一个分格的数值。即在仪器精确整平（用微倾螺旋使目镜视场左面的符合水准气泡半像吻合）后，十字丝横丝往往不恰好对准水准尺上某一整分划线，这时就要转动测微轮使视线上、下平行移动，使十字丝的楔形丝正好夹住一个整分划线，如图 2-23，被夹住的分划线读数为 1.97m。视线在对准整分划过程中平移的距离显示在目镜右下方的测微尺读数窗内，读数为 1.50mm。所以水准尺的全读数为 1.97＋0.0015＝1.9715m，而其实际读数是全读数除以 2，即 0.98575m。

图 2-24 是 N3 水准仪的视场图，楔形丝夹住的读数为 1.48m，测微尺的读数为 6.5mm，所以全读数为 1.48650m。这是实际读数，无需除以 2。

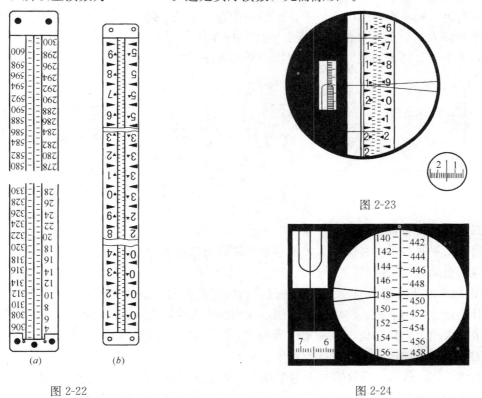

图 2-22

图 2-23

图 2-24

2-7　自动安平水准仪

自动安平水准仪是一种不用符合水准器和微倾螺旋，只用圆水准器进行粗略整平，然后借助安平补偿器自动地把视准轴置平，读出视线水平时的读数。据统计，该仪器与普通水准仪比较能提高观测速度约 40%，从而显示了它的优越性。

一、自动安平原理

如图 2-25a 所示，当望远镜视准轴倾斜了一个小角 α 时，由水准尺上的 a_0 点过物镜光心 O 所形成的水平线，不再通过十字丝中心 Z，而在离 Z 为 l 的 A 点处，显然

$$l = f \cdot \alpha \qquad (2\text{-}10)$$

式中　f——为物镜的等效焦距；

　　　α——视准轴倾斜的小角。

在图 2-25a 中，若在距十字丝分划板 S 处，安装一个补偿器 K，使水平光线偏转 β 角，以通过十字丝中心 Z，则

$$l = S \cdot \beta \qquad (2\text{-}11)$$

故有

$$f \cdot \alpha = S \cdot \beta \qquad (2\text{-}12)$$

这就是说，式（2-12）的条件若能得到保证，虽然视准轴有微小倾斜，但十字丝中心 Z 仍能读出视线水平时的读数 a_0，从而达到自动补偿的目的。

还有另一种补偿器（图 2-25b），借助补偿器 K 将 Z 移至 A 处，这时视准轴所截取尺上的读数仍为 a_0。这种补偿器是将十字丝分划板悬吊起来，借助重力，在仪器微倾的情况下，十字丝分划板回到原来的位置，安平的条件仍为式（2-12）。

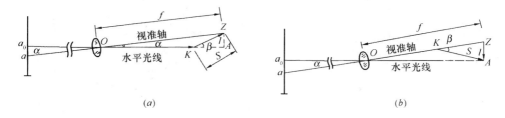

(a)　　　　　　　　　　　　　(b)

图 2-25

二、自动安平补偿器

自动安平补偿器的种类很多，但一般都是采用吊挂光学零件的方法，借助重力的作用达到视线自动补偿的目的。

图 2-26a，是 DSZ3 自动安平水准仪。该仪器是在对光透镜与十字丝分划板之间装置一套补偿器。其构造是：将屋脊棱镜固定在望远镜筒内，在屋脊棱镜的下方，用交叉的金属丝吊挂着两个直角棱镜，该直角棱镜在重力作用下，能与望远镜作相对的偏转。为了使吊挂的棱镜尽快地停止摆动，还设置了阻尼器。

如图 2-26a 所示，当仪器处于水平状态，视准轴水平时，尺上读数 a_0 随着水平光线进入望远镜，通过补偿器到达十字丝中心 Z。则读得视线水平时的读数 a_0。

当望远镜倾斜了微小角度 α 时，如图 2-26b 所示。此时，吊挂的两个直角棱镜在重力作用下，相对于望远镜的倾斜方向作反向偏转，如图 2-26b 中的虚线所画直角棱镜，它相对于实线直角棱镜偏转了 α 角。这时，原水平光线（虚线表示）通过偏转后的直角棱镜（起补偿作用的棱镜）的反射，到达十字丝的中心 Z，所以仍能读得视线水平时的读数 a_0，

从而达到了补偿的目的。这就是自动安平水准仪为什么在仪器偏斜了一个小角 α 时，十字丝中心在水准尺上仍能读得正确读数的道理。

由图 2-26b 中还可以看出，当望远镜倾斜 α 角时，通过补偿的水平光线（虚线）与未经补偿的水平光线（点画线）之间的夹角为 β。由于吊挂的直角棱镜相对于倾斜的视准轴偏转了 α 角，反射后的光线便偏转 2α，通过两个直角棱镜反射，则 β 等于 4α。

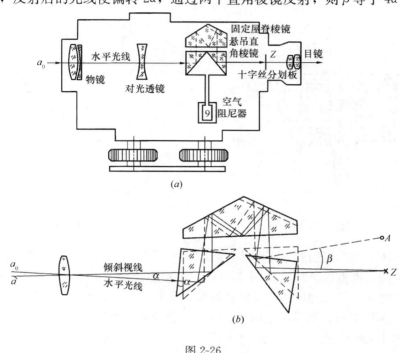

图 2-26

2-8 微倾式水准仪的检验与校正

一、水准仪应满足的条件

根据水准测量原理，水准仪必须提供一条水平视线，才能正确地测出两点间的高差。为此，水准仪应满足的条件是：

（1）圆水准器轴 $L'L'$ 应平行于仪器的竖轴 VV；

（2）十字丝的中丝（横丝）应垂直于仪器的竖轴；

（3）如图 2-27 所示，水准管轴 LL 应平行于视准轴 CC。

二、检验与校正

上述水准仪应满足的各项条件，在仪器出厂时已经过检验与校正而得到满足，但由于仪器在长期使用和运输过程中受到震动和碰撞等原因，使各轴线之间的关系发生变化，若不及时检验校正，将会影响测量成果的质量。所以，在水准测量之前，应对水准仪进行认真的检验和校正。检校的内容有以下三项：

1. 圆水准器轴平行于仪器竖轴的检验校正

检验 如图 2-28a 所示，用脚螺旋使圆水准器气泡居中，此时圆水准器轴 $L'L'$ 处于竖直位置。如果仪器竖轴 VV 与 $L'L'$ 不平行，且交角为 α，那么竖轴 VV 与竖直位置便偏差 α 角。将仪器绕竖轴旋转 $180°$，如图 2-28b 所示，圆水准器转到竖轴的左面，$L'L'$ 不但不竖直，而且与竖直线 ll 的交角为 2α，显然气泡不再居中，而离开零点的弧长所对的圆心角为 2α。这说明圆水准器轴 $L'L'$ 不平行竖轴 VV，需要校正。

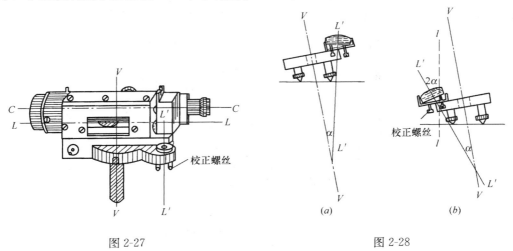

图 2-27   图 2-28

校正　如图 2-28b，通过检验证明了 $L'L'$ 不平行于 VV。则应调整圆水准器下面的三个校正螺丝，圆水准器校正结构如图 2-29 所示，校正前应先稍松中间的固紧螺丝，然后调整三个校正螺丝，使气泡向居中位置移动偏离量的一半，如图 2-30a 所示。这时，圆水准器轴 $L'L'$ 与 VV 平行。然后再用脚螺旋整平，使圆水准器气泡居中，竖轴 VV 则处于竖直状态，如图 2-30b 所示。校正工作一般都难于一次完成，需反复进行直至仪器旋转到任何位置圆水准器气泡皆居中时为止。最后应注意拧紧固紧螺丝。

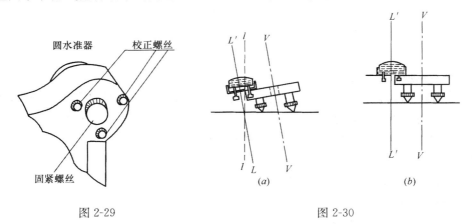

图 2-29   图 2-30

2. 十字丝横丝应垂直于仪器竖轴的检验与校正

检验　安置仪器后，先将横丝一端对准一个明显的点状目标 M，如图 2-31a 所示。然后固定制动螺旋，转动微动螺旋，如果标志点 M 不离开横丝，如图 2-31b，则说明横丝垂直竖轴，不需要校正。否则，如图 2-31c、图 2-31d 所示，则需要校正。

校正　校正方法因十字丝分划板座装置的形式不同而异。对于图 2-32 形式，用螺丝

刀松开分划板座固定螺丝，转动分划板座，改正偏离量的一半，即满足条件。也有卸下目
镜处的外罩，用螺丝刀松开分划板座的固定螺丝，拨正分划板座的。

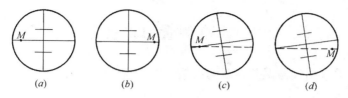

图 2-31

3. 视准轴平行于水准管轴的检验校正

检验 如图 2-33，在 S_1 处安置水准仪，从仪器向两侧各量约 40m，定出等距离的 A、
B 两点，打木桩或放置尺垫标志之。

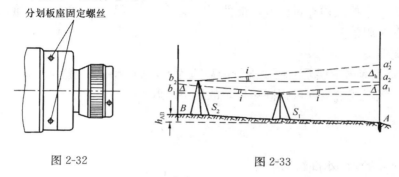

图 2-32   图 2-33

（1）在 S_1 处用变动仪高（或双面尺）法，测出 A、B 两点的高差。若两次测得的高
差之差不超过 3mm，则取其平均值 h_{AB} 作为最后结果。由于距离相等，两轴不平行的误差
Δh 可在高差计算中自动消除，故 h 值不受视准轴误差的影响。

（2）安置仪器于 B 点附近的 S_2 处，离 B 点约 3m 左右，精平后读得 B 点水准尺上的
读数为 b_2，因仪器离 B 点很近，两轴不平行引起的读数误差可忽略不计。故根据 b_2 和 A、
B 两点的正确高差 h 算出 A 点尺上应有读数为

$$a_2 = b_2 + h_{AB} \tag{2-13}$$

然后，瞄准 A 点水准尺，读出水平视线读数 a_2'，如果 a_2' 与 a_2 相等，则说明两轴平
行。否则存在 i 角，其值为

$$i'' = \frac{\Delta h}{D_{AB}} \cdot \rho'' \tag{2-14}$$

式中 $\Delta h = a_2' - a_2$；$\rho = 206265''$。

对于 DS3 级微倾水准仪，i 值不得大于 $20''$，如果超限，则需要校正。

校正 转动微倾螺旋使中丝对准 A 点尺上正
确读数 c_2，此时视准轴处于水平位置，但管水准
气泡必然偏离中心。为了使水准管轴也处于水平
位置，达到视准轴平行于水准管轴的目的，可用
拨针拨动水准管一端的上、下两个校正螺丝（图
2-34），使气泡的两个半象符合。在松紧上、下两

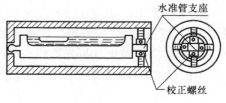

图 2-34

个校正螺丝前，应稍旋松左、右两个螺丝，校正完毕再旋紧。

这项检验校正要反复进行，直至 i 角误差小于 $20''$ 为止。

2-9 水准测量的误差分析

水准测量误差包括仪器误差、观测误差和外界条件的影响三个方面。

一、仪器误差

1. 仪器校正后的残余误差　例如水准管轴与视准轴不平行，虽经校正但仍然残存少量误差等。这种误差的影响与距离成正比，只要观测时注意前、后视距离相等，便可消除或减弱此项误差的影响。

2. 水准尺误差　由于水准尺刻画不准确，尺长变化、弯曲等影响，会影响水准测量的精度，因此，水准尺须经过检验才能使用。至于尺的零点差，可在一水准测段中使测站为偶数的方法予以消除。

二、观测误差

1. 水准管气泡居中误差　设水准管分划值为 τ''，居中误差一般为 $\pm 0.15\tau''$，采用符合式水准器时，气泡居中精度可提高一倍，故居中误差为

$$m_\tau = \pm \frac{0.15\tau''}{2 \cdot \rho''} \cdot D \qquad (2-15)$$

式中　D——水准仪到水准尺的距离。

2. 读数误差　在水准尺上估读毫米数的误差，与人眼的分辨能力、望远镜的放大倍率以及视线长度有关，通常按下式计算

$$m_v = \frac{60''}{V} \cdot \frac{D}{\rho''} \qquad (2-16)$$

式中　V——望远镜的放大倍率；

$60''$——人眼的极限分辨能力。

3. 视差影响　当存在视差时，十字丝平面与水准尺影像不重合，若眼睛观察的位置不同，便读出不同的读数，因而也会产生读数误差。

4. 水准尺倾斜影响　水准尺倾斜将使尺上读数增大，如水准尺倾斜 $3°30'$，在水准尺上 1m 处读数时，将会产生 2mm 的误差；若读数大于 1m，误差将超过 2mm。

三、外界条件的影响

1. 仪器下沉　由于仪器下沉，使视线降低，从而引起高差误差。若采用"后、前、前、后"的观测程序，可减弱其影响。

2. 尺垫下沉　如果在转点发生尺垫下沉，将使下一站后视读数增大，这将引起高差误差。采用往返观测的方法，取成果的中数，可以减弱其影响。

3. 地球曲率及大气折光影响　如图 2-35 所示，用水平视线代替大地水准面在尺上读数产生的误差为 Δh（见式 1-8），此处用 C 代替 Δh，则

$$C = \frac{D^2}{2R} \qquad (2-17)$$

式中　D——仪器到水准尺的距离；

R——地球的平均半径为 $6371km$。

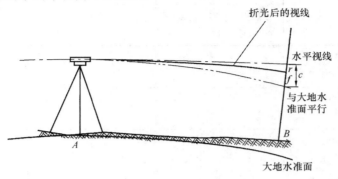

图 2-35

实际上，由于大气折光，视线并非是水平的，而是一条曲线（见图 2-35），曲线的曲率半径约为地球半径的 7 倍，其折光量的大小对水准尺读数产生的影响为

$$r = \frac{D^2}{2 \times 7R} \tag{2-18}$$

折光影响与地球曲率影响之和为

$$f = C - r\text{[1]} = \frac{D^2}{2R} - \frac{D^2}{14R} = 0.43\frac{D^2}{R} \tag{2-19}$$

如果使前后视距离 D 相等，由公式（2-19）计算的 f 值则相等，地球曲率和大气折光的影响将得到消除或大大减弱。

4. 温度影响　温度的变化不仅引起大气折光的变化，而且当烈日照射水准管时，由于水准管本身和管内液体温度的升高，气泡向着温度高的方向移动，而影响仪器水平，产生气泡居中误差，观测时应注意撑伞遮阳。

思 考 题 与 习 题

1. 设 A 为后视点，B 为前视点；A 点高程是 $20.016m$。当后视读数为 $1.124m$，前视读数为 $1.428m$，问 A、B 两点高差是多少？B 点比 A 点高还是低？B 点的高程是多少？并绘图说明。

2. 何谓视准轴？何谓视差？产生视差的原因是什么？怎样消除视差？

3. 水准仪上的圆水准器和管水准器作用有何不同？

4. 水准管轴和圆水准器轴是怎样定义的？何谓水准管分划值？

5. 转点在水准测量中起什么作用？

6. 水准测量时，注意前、后视距离相等；它可消除哪几项误差？

7. 试述水准测量的计算校核。它主要校核哪两项计算？

8. 将图 2-36 中的数据填入表 2-4 中，并计算出各点的高差及 B 点高程？

9. 调整表 2-5 中附合路线等外水准测量观测成果，并求出各点高程。

10. 调整图 2-37 所示的闭合水准路线的观测成果，并求出各点的高程。

---

❶　根据〔日〕须田教明和〔美〕候承业的论文，认为因温度梯度变化使光线经大气折光后，可向上或向下弯曲，故 r 有正负之分，此处我们仍取负号。

表 2-4

测 站	测 点	水准尺读数		高差（m）		高程（m）	备 注
		后视 (a)	前视 (b)	+	−		
I	BM A TP 1						
II	TP 1 TP 2						
III	TP 2 TP 3						
IV	TP 3 B						
	计算校核						

表 2-5

测 段	测 点	测站数	实测高差 (m)	改正数 (mm)	改正后高差 (m)	高 程 (m)	备 注
A-1	BMA	7	+4.363			57.967	
1-2	1	3	+2.413				
2-3	2	4	−3.121				
3-4	3	5	+1.263				
4-5	4	6	+2.716				
5-B	5	8	−3.715				
	BMB					61.819	
辅助计算							

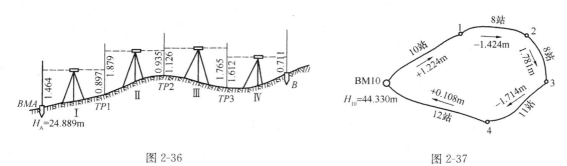

图 2-36　　　　　　　　　　　　图 2-37

11. 水准仪有哪几条轴线？它们之间应满足什么条件？什么是主条件？为什么？

12. 设 A、B 两点相距 80m，水准仪安置于中点 C，测得 A 点尺上读数 $a_1 = 1.321$m，B 点尺上的读数 $b_1 = 1.117$m；仪器搬至 B 点附近，又测得 B 点尺上的读数 $b_2 = 1.466$m，A 点尺上读数 $a_2 = 1.695$m。试问该仪器水准管轴是否平行于视准轴？如不平行，应如何校正？

第三章　角　度　测　量

在确定地面点的位置时，常常要进行角度测量。角度测量最常用的仪器是经纬仪。

角度测量分为水平角测量与竖直角测量。水平角测量用于求算点的平面位置，竖直角测量用于测定高差或将倾斜距离改化成水平距离。

3-1　水平角测量原理

设 A、B、C 为地面上任意三点。C 为测站点，A、B 为目标点，则从 C 点观测 A、B 的水平角为 CA、CB 两方向线垂直投影在水下面 Q 上所成的 $\angle A_1 C_1 B_1$，如图 3-1。也可以说，地面上一点到两目标的方向线间所夹的水平角，就是过这两方向线所作两竖直面间的二面角。

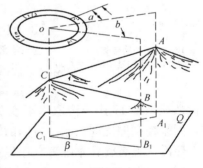

为了测出水平角的大小，以过 C 点的铅垂线上任一点 O 为中心，水平地放置一个带有刻度的圆盘，通过 CA、CB，各作一竖直面，设这两个竖直面在刻度盘上截取的读数分别为 a 和 b，则所求水平角 β 之值为

$$\beta = b - a \qquad (3\text{-}1)$$

根据以上分析，经纬仪须有一刻度盘和在刻度盘上读数的指标。观测水平角时，刻度盘中心应安放在过测站点的铅垂线上，并能使之水平。为了瞄准不同方向，经纬仪的望远镜应能沿水平方向转动，也能高

图 3-1

低俯仰。当望远镜高低俯仰时，其视准轴应划出一竖直面，这样才能使得在同一竖直面内高低不同的目标有相同的水平度盘读数。

3-2　DJ6 级光学经纬仪

一、经纬仪概述

经纬仪的种类繁多，如按读数系统区分，可以分成光学经纬仪、游标经纬仪和电子经纬仪等。现在使用的大多是光学经纬仪，它较之游标经纬仪有精度高、体积小、重量轻、密封性能良好等优点。电子经纬仪将在本章最后一节作简要介绍。

我国对国产经纬仪编制了系列标准，分为 DJ07、DJ1、DJ2、DJ6、DJ15 及 DJ60 等级别。其中 D、J 分别为"大地测量"和"经纬仪"的汉语拼音第一个字母，07、1、2、6 等数字，表示该仪器所能达到的精度指标。如 DJ07 和 DJ6 分别表示水平方向测量一测回的方向中误差不超过 $\pm 0.7''$ 和 $\pm 6''$ 的大地测量经纬仪。国外产仪器可依其所能达到的精度，纳入相应级别。如 T2、DKM2、Theo 010 可视为 DJ2 级，T1、T16、Theo 020、

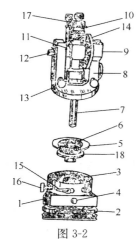

图 3-2

1—基座;2—脚螺旋;
3—竖轴轴套;4—轴
座连接螺旋;5—水平
度盘;6—度盘轴套;
7—旋转轴;8—支架;
9—旋转轴颈;10—望
远镜;11—横轴;12—望
远镜制动螺旋;13—望
远镜微动螺旋;14—竖直
度盘;15—水平制动螺旋;
16—水平微动螺旋;
17—光学读数显微镜;
18—复测盘

Theo 030、DKM1 可视为 DJ6 级等。本章主要介绍 DJ6 级光学经纬仪的构造和使用。

二、DJ6 级光学经纬仪的构造

各种型号的 DJ6 级(以后简称 J6 级)光学经纬仪的构造大致相同。它主要由基座、水平度盘和照准部三部分组成,如图 3-2 所示。

1. 基座

基座用来支承整个仪器,并借助中心螺旋使经纬仪与脚架结合。其上有三个脚螺旋 2,用来整平仪器。竖轴轴套 3 与基座固连在一起。轴座连接螺旋 4 拧紧后,可将照准部固定在基座上,使用仪器时,切勿松动该螺旋,以免照准部与基座分离而坠落。

2. 水平度盘

水平度盘 5 是玻璃制成的圆环,在其上刻有分划,从 0°~360°,顺时针方向注记,用来测量水平角。度盘轴套 6,套在竖轴轴套 3 的外面,绕轴套 3 旋转。在水平度盘下方的度盘轴套上,有些仪器装有金属圆盘,用于复测,称为复测盘(18)。

3. 照准部

照准部的旋转轴 7,插在竖轴轴套内旋转,其几何中心线称竖轴。照准部上有支架 8,望远镜旋转轴颈 9,望远镜 10,横轴 11,望远镜制动螺旋 12,望远镜微动螺旋 13,竖直度盘 14。光学读数显微镜 17 用来读取水平度盘和竖直度盘读数。水平制动螺旋 15 和水平微动螺旋 16,用来控制照准部在水平方向的转动。

照准部上有管状水准器,用以整平仪器。

在复测经纬仪上,水平度盘与照准部之间的连接是由复测器控制的,如图 3-3 所示。当复测器扳手往下扳时,由于它是一个偏心凸轮,在弹簧片 2 的作用下,顶轴 4 后退,弹簧片 2 与铆钉 9 间的距离缩小,将复测盘夹紧。因此,照准部转动时就带动水平度盘一起转动。当复测器扳手往上扳时,弹簧片 2 与铆钉 9 脱离复测盘,水平度盘就不随照准部旋转。

方向经纬仪没有复测器,它装有拨盘机构。通常是用水平度盘位置变换手轮(见图 3-9 之 11),通过齿轮与度盘连接,转动水平度盘的变换手轮,齿轮带动水平度盘,可使之转动到所需位置。为避免作业中碰动此手轮,特设有护盖。

图 3-4 是北京光学仪器厂生产的 J6 级光学经纬仪,属复测式,其各部件名称已注记在图上。

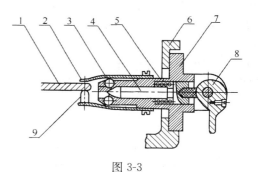

图 3-3

1—复测盘;2—弹簧片;3—滚珠;4—顶轴;
5—弹簧;6—照准部底壳;7—底座;8—复
测器扳手;9—铆钉

32

三、J6 级光学经纬仪的读数方法

1. 分微尺测微器及其读数方法

分微尺测微器的结构简单，读数方便，具有一定的读数精度，故广泛应用于 J6 级光学经纬仪。国产 J6 级光学经纬仪，除北京红旗Ⅱ型外，均采用这种装置。这类仪器的度盘分划值为 1°，按顺时针方向注记。其读数设备是由一系列光学零件所组成的光学系统。图 3-5 是 J6 级光学经纬仪的光路图。外来光线分为两路：一路是竖盘光路，另一路是水平度盘光路。竖盘光路的光线经过反光镜 1，进光窗 2，照明棱镜 3，将竖盘 4 的分划线照亮。照准棱镜 5 与竖盘显微镜物镜组 6、竖盘转象棱镜 7 相配合，使竖盘分划线成象在读数窗 8 的分划面上。分划面上刻有分微尺。转象棱镜 9 把读数窗影象反映到读数显微镜中，以便读数。水平度盘光路的光线经反光镜 1，进光窗 2，进入照明棱镜 12、13 把水平度盘 14 照亮。水平度盘显微物镜组 15 和转象棱镜 16 相配合，使水平度盘的分划线也成象在读数窗的分划面上，并与分微尺一起，送入读数显微镜中。

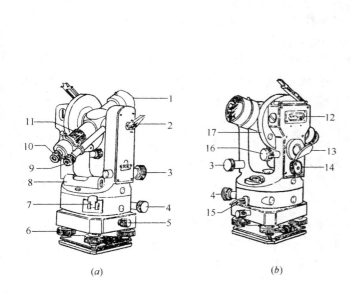

(a)   *(b)*

图 3-4

1—望远镜物镜；2—望远镜制动螺旋；
3—望远镜微动螺旋；4—水平微动螺旋；
5—轴座连接螺旋；6—脚螺旋；7—复测器扳手；8—照准部水准器；9—读数显微镜；10—望远镜目镜；11—物镜对光螺旋；12—竖盘指标水准管；13—反光镜；14—测微轮；15—水平制动螺旋；16—竖盘指标水准管微动螺旋；17—竖盘外壳

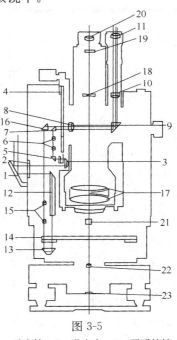

图 3-5

1—反光镜；2—进光窗；3—照明棱镜；
4—竖盘；5—照准棱镜；6—竖盘显微物镜组；7—竖盘转象棱镜；8—读数窗；9—转象棱镜；10—读数显微镜目镜组 1；11—读数显微镜目镜组 2；12—照明棱镜；13—照明棱镜；14—度盘；15—水平度盘显微物镜组；16—转象棱镜；17—望远镜物镜；18—调焦透镜；19—十字丝分划板；20—望远镜目镜；21—光学对点器转象棱镜；22—光学对点器物镜；23—光学对点器保护玻璃

读数的主要设备为读数窗上的分微尺，如图 3-6 所示。水平度盘与竖盘上 1°的分划间

隔，成象后与分微尺的全长相等。上面的窗格里是水平度盘及其分微尺的影象，下面的窗格里是竖盘和其分微尺的影象。分微尺分成 60 等分，格值 1′，可估读到 0.1′即 6″。读数时，以分微尺上的零线为指标。度数由落在分微尺上的度盘分划的注记读出，小于 1°的数值，即分微尺零线至该度盘刻度线间的角值，由分微尺上读出。图 3-6 中，落在分微尺上的水平度盘刻划线的注记为 214°，该刻划线在分微尺上的读数——从分微尺的零分划线起算——为 56.5′，所以水平度盘读数应为 214°56′30″。同理，竖盘读数为 79°08′00″。

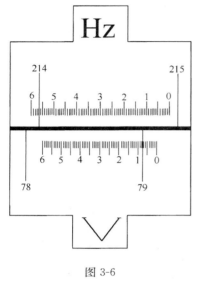

图 3-6

2. 单平板玻璃测微器及其读数方法

采用单平板玻璃测微器读数的光学经纬仪有北京红旗Ⅱ型、瑞士 Wild T1 型等。

单平板玻璃测微器主要由平板玻璃、测微尺、连接机构和测微轮组成。转动测微轮（图 3-4 中的 14），通过齿轮带动平板玻璃和与之固连在一起的测微尺一起转动。如图 3-7a）所示，当平板玻璃底面垂直于度盘影象入射方向时，测微尺上单指标线指在 15′处。度盘上的双指标线处在 92°+a 的位置，度盘读数应为 92°+15′+a。转动测微轮，它带动平板玻璃转动，度盘影象因此产生平移，当度盘影象平移量为 a 时，则 92°分划线正好被夹在双指标线中间，如图 3-7b）。由于测微尺和平板玻璃同步转动，a 的大小可由测微尺的转动量表现出来，测微尺上单线指标所指读数即 15′+a。

图 3-8 为单平板玻璃测微器读数窗的影象。下面的窗格为水平度盘影象；中间的窗格为竖直度盘影象；上面较小的窗格为测微尺影象。度盘分划值为 30′，测微尺的量程也为 30′，将其分为 90 格，即测微尺最小分划值为 20″，当度盘分划影象移动一个分划值（30′）时，测微尺也正好转动 30′。

读数时，转动测微轮，使度盘某一分划线夹在双指标线中央，先读出该度盘分划线的读数，再在测微尺上，依指标线读出不足一分划值的余数，两者相加即为结果读数。如图 3-8a 中，竖盘读数为 92°+17′30″＝92°17′30″；图 3-8b 中，水平度盘读数为 4°30′+11′50″＝4°41′50″。

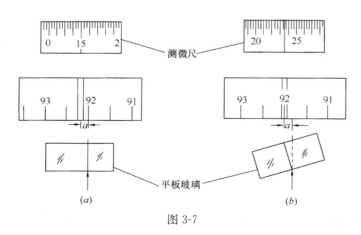

图 3-7

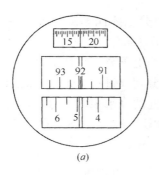
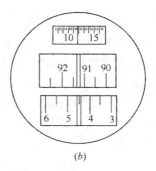

(a)　　　　　　　　　　(b)

图 3-8

3-3　DJ2 级光学经纬仪

图 3-9 是苏州第一光学仪器厂生产的 DJ2 级（以后简称 J2 级）光学经纬仪外形图，各部件的名称如图所注。

J2 级光学经纬仪的观测精度高于 J6 级光学经纬仪。在结构上，除望远镜的放大倍数较大，照准部水准管的灵敏度较高、度盘格值较小外，主要表现为读数设备的不同。J2 级光学经纬仪的读数设备有如下两个特点：

（1）J6 级光学经纬仪采用单指标读数，受度盘偏心的影响。J2 级光学经纬仪采用对径重合读数法，相当于利用度盘上相差 $180°$ 的两个指标读数并取其平均值，可消除度盘偏心的影响。

（2）J2 级光学经纬仪在读数显微镜中只能看到水平度盘或竖直度盘中的一种，读数时，可通过转动换象手轮 9（图 3-9a），选择所需要的度盘影象。

苏州第一光学仪器厂生产的 J2 级经纬仪及蔡司 Theo 010 等相应级别的

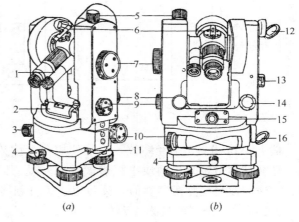

图 3-9

1—读数显微镜；2—照准部水准管；3—水平制动螺旋；
4—轴座连接螺旋；5—望远镜制动螺旋；6—瞄准器；
7—测微轮；8—望远镜微动螺旋；9—换象手轮；
10—水平微动螺旋；11—水平度盘位置变换手轮；
12—竖盘照明反光镜；13—竖盘指标水准管；14—竖盘指标水准管微动螺旋；15—光学对点器；
16—水平度盘照明反光镜

经纬仪采用的是双光楔光学测微器。光楔测微的原理是利用光楔的直线运动，使通过它的度盘分划影象产生位移，位移量与光楔运动量成正比，以此测微。

在光路上设备一个固定光楔组和一个活动光楔组，活动光楔组与测微尺相连。度盘对径影象通过此光具组反映到读数显微镜中，使度盘对径分划线成象在同一平面上，并被一横线分开，成正字象（简称正象）和倒字像（简称倒象），如图 3-10 所示。该度盘分划值为 $20'$，图左小窗中为测微尺影象，从 $0'$ 刻到 $10'$，最小分划值为 $1''$。当转动测微轮 7（图

3-9a）使测微尺由 0′转到 10′时，度盘的正、倒象分划线向相反的方向各移动半格（相当 10′），上、下影象相对移动量则是一格。其读数方法如下：

转动测微轮，使度盘对径影象相对移动，直至上下分划线精确重合，读数应按正象在左、倒象在右且相距最近的一对注有度数的对径分划线进行。正象分划线所注度数即为所要读出的度数，正确分划线和对径的倒象分划线间的格数乘以度盘分划值的一半即为应读的 10′数，不足 10′的余数则在分微尺上读得。如图 3-10 所示，读数应按 163°和 343°这一对分划线进行，度盘读数应为：

度数	163°	读自度盘
10′数	2×10′=20′	
分秒数	07′32″.5	读自测微尺
全部读数为	163°27′32″.5	

苏州第一光学仪器厂生产的新型 J2 光学经纬仪，采用了数字化读数，即度盘正倒象分划线重合之后，10′数由中间的小窗直接显示，其他不变。如图 3-11 读数为 74°47′16″.0。

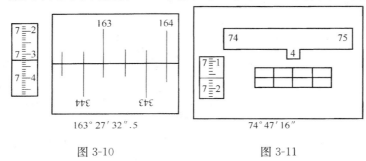

163° 27′ 32″.5

图 3-10

74° 47′ 16″

图 3-11

瑞士 Wild T2 光学经纬仪，也是使用重合读数法，其测微机构采用双平板玻璃测微器，在转动测微轮时，两块平板玻璃反向转动，以使度盘正、倒影象作反向移动，其原理、方法与双光楔则微器类似，读数以正象分划线为准。如图 3-12 所示，水平度盘读数为 6°30′03″.4，竖直度盘读数为 0°09′48″.5。

新型的 Wild T2 光学经纬仪也采用数字化读数。10′数由“▽”指出，如图 3-13 所示，读数为 94°12′44″.2。

6° 30′ 03″.4　　0° 09′ 48″.5

(a)　　(b)

图 3-12

(a) 水平度盘；(b) 竖直度盘

94° 12′ 44″.2

图 3-13

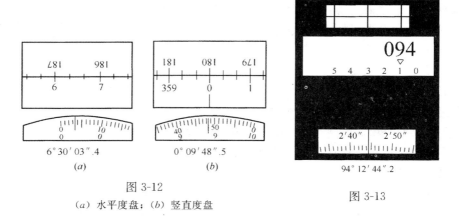

3-4 水 平 角 观 测

一、经纬仪的对中、整平和瞄准

用经纬仪观测水平角，应先将仪器安置在角的顶点上，安置仪器包括对中和整平两项内容。现将其安置和瞄准的方法分述如下：

1. 对中

对中的目的是使仪器的中心与测站点位于同一铅垂线上。

对中时，先将三脚架张开，使其高度适中，架头大致水平，架在测站上。在连接螺旋下方挂上垂球，移动脚架使垂球尖基本对准测站点，将三脚架各腿踩紧使之稳固。然后装上仪器，旋上连接螺旋（不必紧固），双手扶基座，在架头上移动仪器，使垂球尖准确地对准测站点，再将连接螺旋旋紧。用垂球对中时，悬挂垂球的线长要调节合适，对中误差一般可小于 3mm。在有风天气，使用垂球困难或要求精确对中时，应使用光学对中器。

光学对中器的对中误差一般不大于 1mm。光学对中器设在照准部或基座上，用它对准地面点时，仪器的竖轴必须竖直。因此，应先目估或悬挂垂球大致对中，然后整平仪器，旋转光学对中器的目镜使分划板的刻划圈清晰；再推进或拉出对中器的目镜管，使地面点标志成象清晰，然后在架头上平移仪器（尽量做到不使基座转动）直到地面标志中心与对中器的刻划圈中心重合，最后旋紧连接螺旋。这时要检查照准部水准管气泡是否居中，如有偏离，要再次整平，然后检查对中情况，反复进行调整。

使用架腿可以伸缩的三脚架，也可不用垂球初步对中。先目估三脚架头大致水平，且三脚架中心大致对准地面标志中心，踏紧一条架腿。双手分别握住另两条架腿稍离地面前后左右摆动，眼睛看对中器的望远镜，直至分划圈中心对准地面标志中心为止，放下两架腿并踏紧。调节架腿使气泡基本居中，然后用脚螺旋精确整平。检查地面标志是否位于对中器分划圈中心，若不居中，可稍旋松连接螺旋，在架头上移动仪器，使其精确对中。

2. 整平

整平是利用基座上三个脚螺旋（或称整平螺旋）使照准部水准管气泡居中，从而导致竖轴竖直和水平度盘水平。

整平时，先转动照准部，使照准部水准管与任一对脚螺旋的连线平行，两手同时向内或向外转动这两个脚螺旋 1 和 2（图 3-14*a*），使水准管气泡居中。气泡运动方向与左手大拇指运动方向一致。将照准部旋转 90°，如图 3-14*b* 所示，使水准管与 1、2 两脚螺旋连线垂直，转动第 3 个脚螺旋，使水准管气泡居中。然后将照准部转回原位置，检查气泡是否仍然居中。若不居中，则按以上步骤反复进行，直到照准部转至任意位置气泡皆居中为止。整平误差，即整平后气泡的偏离量，最大不应超过一格。

3. 瞄准

先松开望远镜制动螺旋和水平制动螺旋，将望远镜指向天空，调节目镜使十字丝清晰（这项工作不需每次瞄准都做）。然后通过望远镜上的瞄准器瞄准目标，使目标成象在望远镜视场中近于中央部位。旋紧望远镜制动螺旋和水平制动螺旋。转动物镜对光螺旋，使目标成象清晰并注意消除视差。最后，用望远镜微动螺旋和水平微动螺旋精确瞄准目标。瞄准目标时，应尽量瞄准目标底部，使用纵丝的中间部分平分或夹准目标。如图 3-15 所示。

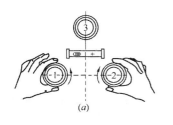 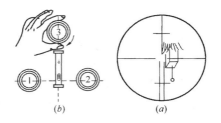 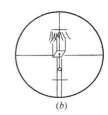

图 3-14 　　　　　　　　　　　　　　　　　图 3-15

二、水平角观测方法

水平角观测方法，一般根据测量工作要求的精度、使用的仪器、观测目标的多少而定。现将常用的两种方法分述如后。

1. 测回法

这种方法用于观测两个方向之间的单角。如图 3-16 所示，欲测量 2—1 与 2—3 两个方向间的水平角，先在测站点 2 上安置仪器，在 1、3 点上设置观测标志，具体观测步骤如下：

图 3-16

（1）盘左位置（竖盘在望远镜左边，又称正镜）用前述方法精确瞄准左方目标点 1，读取水平度盘读数如 0°12′00″，记入测回法观测手簿（表 3-1）第 4 栏的相应位置。分微尺读数估读到 6″（即 0.1′）。

测 回 法 观 测 手 簿　　　　　　　　　　　　表 3-1

测站	竖盘位置	目标	水平度盘读数	半测回角值	一测回角值	各测回平均角值	备注
1	2	3	4 ° ′ ″	5 ° ′ ″	6 ° ′ ″	7 ° ′ ″	8
第一测回 2	左	1	00 12 00	91 33 00	91 33 15		
		3	91 45 00				
	右	1	180 11 30	91 33 30			
		3	271 45 00			91 33 12	
第二测回 2	左	1	90 11 24	91 33 06	91 33 09		
		3	181 44 30				
	右	1	270 11 48	91 33 12			
		3	01 45 00				

（2）松开水平制动螺旋，转动照准部，同法瞄准右方目标点 3，读取水平度盘读数如 91°45′00″，同样记入手簿的第 4 栏中。以上称上半测回。上半测回水平角值 $\beta_L = 91°45′00″ - 0°12′00″ = 91°33′00″$，记入第 5 栏中。

（3）松开望远镜制动螺旋，纵转望远镜成盘右位置（竖盘在望远镜右边，亦称倒镜），按上述方法先瞄准右方目标点 3，读取水平度盘读数 271°45′00″，再瞄准左方目标点 1，读取水平度盘读数 180°11′30″。将读数分别记入手簿第 4 栏。以上称下半测回。其角值 $\beta_R = 271°45′00″ - 180°11′30″ = 91°33′30″$，记入手簿第 5 栏。

上、下半测回合称一测回。一测回角值为

$$\beta = \frac{1}{2}(\beta_L + \beta_R)$$

本例中 $\beta = \frac{1}{2}(91°33′00″ + 91°33′30″) = 91°33′15″$

同一测回中，上、下半测回角值之差和各测回间角值之差均不应大于相应细则、规范所规定之容许值，否则应重测。如各较差合乎要求，则分别取平均值记入表 3-1 的第 6、7 栏中。

当测角精度要求较高时，往往要观测几个测回，为了减少度盘分划误差的影响，各测回间应根据测回数 n，按 $180°/n$ 变换水平度盘位置。便如，要观测三个测回，则第一测回的起始方向读数可安置在略大于 0°处；第二测回起始方向读数应安置在略大于 $180°/3 = 60°$处，第三测回则略大于 120°。

安置水平度盘读数的方法因仪器构造的不同而异。对复测经纬仪：于盘左位置，松开水平制动螺旋，扳上复测器扳手，然后转动照准部并在读数显微镜中对到所需的度盘读数，然后，扳下复测器扳手。此时，度盘将随照准部转动，读数不会改变。瞄准左方目标后再扳上复测器扳手。至于方向经纬仪，可于盘左位置先瞄准左方目标，然后用水平度盘位置变换手轮拨动水平度盘，对准所需读数。

2. 方向观测法

方向观测法简称方向法，适用于观测两个以上的方向。当方向多于三个时，每半测回都从一个选定的起始方向（零方向）开始观测，在依次观测所需的各个目标之后，应再次观测起始方向（称为归零）称为全圆方向法。其操作步骤如下：

（1）如图 3-17，安置经纬仪于 O 点，盘左位置，将度盘置于略大于 0°处，观测所选定的起始方向 A，读取水平度盘读数 a（0°02′12″）记入表 3-2 的第 4 栏。

（2）顺时针方向转动照准部，依次瞄准 B、C、D 各点，分别读取读数 b（37°44′15″），c（110°29′04″），d（150°14′51″），同样记入表 3-2 的第 4 栏。

（3）为了校核再次瞄准目标 A，读取读数 a′（0°02′18″），此次观测称归零。读数记入第 4 栏。a 与 a′之差的绝对值称上半测回归零差，归零差不超过表 3-3 的规定，则进行下半测回观测，如归零差超限，此时半测回应重测。上述操作称上半测回。

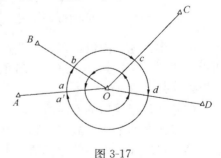

图 3-17

（4）纵转望远镜成盘右位置。逆时针方向依次瞄准 A、D、C、B、A 各点，并将读数记入表 3-2 的第 5 栏，称下半测回。

如需观测几个测回，则各测回仍按 $180°/n$ 变动水平度盘起始位置。

现就表 3-2 说明全圆方向法的计算步骤：

（1）计算两倍照准差（$2c$）值

$$2c = 盘左读数 -（盘右读数 \pm 180°）$$

上式中盘右读数大于180°时取"—"号，盘右读数小于180°时取"＋"号。按各方向计算 $2c$ 并填入第6栏。方向观测法的技术要求见表3-3中的规定。超过限差时，应在原度盘位置上重测。

方向观测法观测手簿　　　　　　　　　　　　　　表3-2

测站	测回数	目标	读数 盘左	读数 盘右	$2c=左-（右\pm180°）$	平均读数$=\frac{1}{2}$[左+（右$\pm180°$）]	归零后的方向值	各测回归零方向值的平均值	略图及角值
			° ′ ″	° ′ ″	° ′ ″	° ′ ″	° ′ ″	° ′ ″	
1	2	3	4	5	6	7	8	9	10
0	1	A	0 02 12	180 02 00	+12	(0 02 10) 0 02 06	0 00 00	0 00 00	
		B	37 44 15	217 44 05	+10	37 44 10	37 42 00	37 42 04	
		C	110 29 04	290 28 52	+12	110 28 58	110 26 48	110 26 52	
		D	150 14 51	330 14 43	+8	150 14 47	150 12 37	150 12 33	
		A	0 02 18	180 02 08	+10	0 02 13			
	2	A	90 03 30	270 03 22	+8	(90 03 24) 90 03 26			
		B	127 45 34	307 45 28	+6	127 45 31	0 00 00		
		C	200 30 24	20 30 18	+6	200 30 21	37 42 07		
		D	240 15 57	60 15 49	+8	240 15 53	110 26 57		
		A	90 03 25	270 03 18	+7	90 03 22	150 12 29		

略图及角值：$37°42′04″$　$72°44′48″$　$39°45′41″$（B、C为上方方向，A、D为下方方向，O为测站）

水平角方向观测法的技术要求　　　　　　　　表3-3

仪器	半测回归零差(″)	一测回内$2c$互差(″)	同一方向值各测回互差(″)
J2	12	18	12
J6	18		24

（2）计算各方向的平均读数

$$平均读数=\frac{1}{2}[盘左读数+（盘右读数\pm180°）]$$

计算的结果称为方向值，填入第7栏。起始方向有两个平均值，应将此两数值再次平均，所得的值作为起始方向的方向值，填入第7栏上方，并括以括号，如本例中的（0°02′10″）及（90°03′24″）。

（3）计算归零后的方向值

将各方向的平均读数减去起始方向的平均读数（括号内），即得各方向的归零方向值。填入第8栏。起始方向的归零值为零。

（4）计算各测回归零后方向值的平均值

取各测回同一方向归零后的方向值的平均值作该方向的最后结果，填入第9栏。在取平均值之前，应读算同一方向归零后的方向值各测回之间的差数有无超限，如果超限，则应重测。

（5）计算各目标间水平角值

将第 9 栏中相邻两方向值相减即可求得，注于第 10 栏略图的相应位置。

3-5 竖 直 角 观 测

一、竖直角测量原理

竖直角是同一竖直面内视线与水平线间的夹角。其角值为 0°～90°。图 3-18 表示一个竖直剖面，$O—O'$ 为水平线，视线 OM 向上倾斜，竖直角为仰角，符号为正；视线 ON 向下倾斜，为俯角，符号为负。

竖直角与水平角一样，其角值也是度盘上两个方向读数之差。不同的是竖直角的两个方向中必有一个是水平方向。任何类型的经纬仪，制作上都要求当竖盘指档水准管气泡居中，望远镜视准轴水平时，其竖盘读数是一个固定值（0°、90°、180°、270° 四个值中的一个）。因此，在观测竖直角时，只要观测目标点一个方向并读取竖盘读数便可算得该目标点的竖直角，而不必观测水平方向。

二、竖直度盘

光学经纬仪的竖盘装置包括竖直度盘、竖盘指标水准管和竖盘指标水准管微动螺旋。竖盘固定在横轴的一端，随望远镜一起在竖直面内转动。测微尺的零分划线是竖盘读数的指标，可以把它看成是与竖盘指标水准管连成一体的。指标水准管气泡居中，指标即处于正确位置，此时，如望远镜视准轴水平，竖盘读数则应为 90° 的整数倍（即 0°、90°、180°、270° 中的一个），这个读数称始读数。当望远镜转动时，竖盘随之转动而指标不动，因而可读得望远镜不同位置的竖盘读数，以计算竖直角。

光学经纬仪的竖盘是由玻璃制成，刻画的注记有顺时针方向与逆时针方向两种。盘左时始读数有的为 90°，如图 3-19a；有的为 0°；如图 3-19b。现在国产 J2、J6 级经纬仪的竖盘注记多为图 3-19a 的形式。图中箭头符号表示竖盘指标。

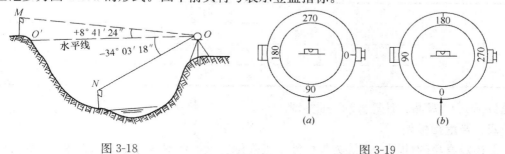

图 3-18   图 3-19

三、竖直角的观测和计算

竖直角观测和计算的方法如下：

1. 仪器安置于测站点上，盘左瞄准目标点 M，使十字丝中丝精确地切于目标顶端。如图 3-20。

2. 转动竖盘指标水准管微动螺旋，使竖盘指标水准管气泡居中，读取竖盘读数 L（如 81°18′42″），记入竖直角观测手簿（表 3-4）第 4 栏。

图 3-20

3. 盘右，再瞄准 M 点并调节竖盘指标水准管气泡居中，读取竖盘读数 R（如 278°41′30″），记入表 3-4 第 4 栏。

4. 计算竖直角 α。

竖直角 α 是始读数与观测目标的读数之差。但哪个是减数，哪个是被减数，应按竖盘注记的形式来确定。为此，在观测之前，将望远镜大致放平，此时与竖盘读数最接近的 $90°$ 的整数倍即为始读数。然后将望远镜上仰：若读数增大，则竖直角等于目标读数减去始读数；若读数减小，则竖直角等于始读数减去目标读数。

图 3-21 中这种刻画形式的竖盘，计算公式为：

盘左 $\qquad\qquad\qquad\qquad \alpha = 90° - L = \alpha_L \qquad\qquad\qquad\qquad (3\text{-}2)$

盘右 $\qquad\qquad\qquad\qquad \alpha = R - 270° = \alpha_R \qquad\qquad\qquad\qquad (3\text{-}3)$

由于存在测量误差，实测值 α_L 常不等于 α_R，取一测回竖角为

$$\alpha = \frac{1}{2}(\alpha_L + \alpha_R) \qquad\qquad\qquad\qquad (3\text{-}4)$$

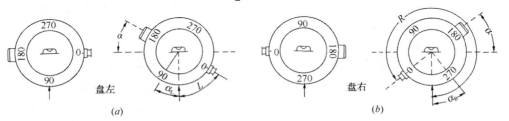

图 3-21

计算结果分别填入表 3-4 的第 5、第 7 栏中。

竖 直 角 观 测 手 簿 表 3-4

测 站	目 标	竖盘位置	竖盘读数	半测回竖直角	指标差	一测回竖直角
1	2	3	4	5	6	7
0	M	左	81°18′42″	+8°41′18″	+6″	+8°41′24″
		右	278°41′30″	+8°41′30″		
	N	左	124°03′30″	−34°03′30″	+12″	−34°03′18″
		右	235°56′54″	−34°03′06″		

低处目标 N 的观测、计算方法与此相同。

四、竖盘指标差

上述竖直角的计算，是认为指标处于正确位置上，此时盘左始读数为 $90°$，盘右始读数为 $270°$。事实上，此条件常不满足，指标不恰好指在 $90°$ 或 $270°$，而与正确位置相差一个小角度 x，x 称为竖盘指标差。如图 3-22，盘左时始读数为 $90° + x$，则正确的竖直角应为

$$\alpha = (90° + x) - L \qquad\qquad\qquad\qquad (3\text{-}5)$$

同样，盘右时正确的竖直角应为

$$\alpha = R - (270° + x) \qquad\qquad\qquad\qquad (3\text{-}6)$$

将式 (3-2) 和 (3-3) 代入式 (3-5) 和 (3-6)，得

$$\alpha = \alpha_L + x \qquad\qquad\qquad\qquad (3\text{-}7)$$

$$\alpha = \alpha_R - x \qquad\qquad\qquad\qquad (3\text{-}8)$$

此时 α_L、α_R 已不是正确的竖直角。

将 (3-7)、(3-8) 两式相加并除以 2，得

$$\alpha = \frac{1}{2}(\alpha_L + \alpha_R) \tag{3-9}$$

与式 (3-4) 完全相同。可见在竖直角观测中，用正倒镜观测取其均值可以消除竖盘指标差的影响，提高成果质量。

将 (3-7) 和 (3-8) 两式相减，可得

$$x = \frac{1}{2}(\alpha_R - \alpha_L) \tag{3-10}$$

对图 3-21 中形式的竖盘，将式 (3-2) 和 (3-3) 代入上式即得

$$x = \frac{1}{2}(R + L - 360°) \tag{3-11}$$

指标差 x 可用来检查观测质量。同一测站上观测不同目标时，指标差的变动范围，对 J6 级经纬仪来说不应超过 $25''$。另外，在精度要求不高或不便纵转望远镜时，可先测定 x 值，以后只作正镜观测，求得 α_L，按式 (3-7) 计算竖直角。

五、竖盘指标自动归零的补偿装置

观测竖直角时，为使指标处于正确位置，每次读数都要将竖盘指标水准管的气泡调节居中，这很不方便。所以有些经纬仪在竖盘光路中安装补偿器，用以取代水准管，使仪器在一定的倾斜范围内能读得相应于指标水准管气泡居中时的读数，称竖盘指标自动归零。这种补偿装置的原理与水准仪中的自动安平补偿原理基本相同。

竖盘补偿装置的构造有多种，图 3-23a 所示是其中的一种，它在指标 A 和竖盘间悬吊一透镜，当视线水平时，指标 A 处于铅垂位置，通过透镜 O 读出正确读数，如 90°。当仪器稍有倾斜，因无水准管指示，指标处于不正确位置 A' 处。但悬吊的透镜因重力作用而由 O 移到 O' 处。此时，指标 A' 通过透镜 O' 的边缘部分折射，仍能读出 90° 的读数，从而达到竖盘指标自动归零的目的。如图 3-23b。

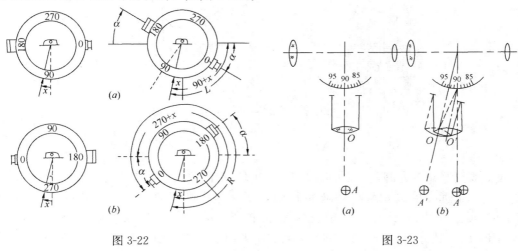

图 3-22
(a) 盘左；(b) 盘右

图 3-23

竖盘指标自动归零的补偿范围一般为 $2'$。

3-6 水平角测量的误差

水平角观测存在许多误差，研究这些误差的成因及性质从而找出削弱其影响的方法，以提高水平角观测成果的质量，是测量工作的一个重要内容。

一、仪器误差

如图 3-24 所示，经纬仪有照准部水准管轴 LL，竖轴 VV，横轴 HH 及视准轴 CC（这里的竖轴及横轴不是指旋转轴的实体，而指其几何轴线）等几条主要轴线。这些轴线应满足一定的几何关系。在水平角测量原理中提到，经纬仪能置平，且置平后望远镜高低俯仰时，其视准轴应画出一竖直面。要满足这一基本条件则必须：竖直轴处在竖直状态，即要求 $VV \perp LL$（因仪器整平是靠照准部水准管气泡居中指示的，也就是说仪器整平时，LL 处于水平位置）；横轴处于水平位置，故又有 $HH \perp VV$；视准轴垂直于横轴，即 $CC \perp HH$。下面分析当这些条件不满足时所产生的误差。

1. 视准轴误差

望远镜视准轴不垂直于横轴时，其偏离垂直位置的角值 C 称视准误差或照准差。如图 3-25 所示：经纬仪整置后，LL 水平，VV 竖直，HH 水平。当视准轴位置正确时，旋转望远镜，它将画出一竖直面 OPB。如其位置不正确，则视准轴画出的是一个圆锥面（过 P_1 的一条曲线，即为平面 Q 与此圆锥面的交线）。如果用该仪器观测同一竖直面内不同竖角的目标，将有不同的水平度盘读数。

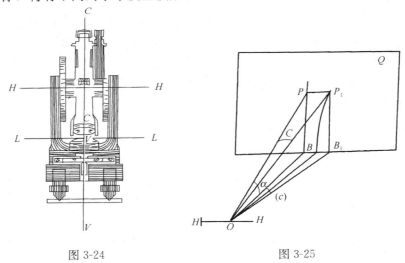

图 3-24   图 3-25

设欲观测竖角为 α 的 P 点的水平方向，过 P 点作一竖直面 Q 平行于横轴 HH，当无视准差时，望远镜抬起 α 角刚好瞄准 P 点；当存在视准差时，望远镜瞄到的是 P_1 点，$\angle P_1 OP = C$。要瞄准 P 点，必定要转动照准部，使水平度盘读数改变数值 $(C) = \angle B_1 OB$（B_1、B 分别为 P_1、P 在过 O 点的水平面上的垂直投影）。由于 C 及 (C) 都很小，所以有

$$(C)'' = \frac{B_1 B}{OB} \rho'', \quad C'' = \frac{P_1 P}{OP} \rho''$$

$$\because \qquad B_1B = P_1P, \quad OB = OP\cos\alpha$$

$$\therefore \qquad (C)'' = \frac{P_1P \times \rho''}{OP\cos\alpha} = C''/\cos \qquad (3\text{-}12)$$

此值随竖直角 α 而改变，当 $\alpha=0$ 时，$(C)''=C''$。水平角是由两个水平方向读数之差算得的，故视准差对水平角的影响为两个方向 $(C)''$ 值之差。$(C)''$ 的符号，正倒镜相反，所以视准误差的影响可用正倒镜观测取其平均值来消除。

2. 横轴误差（支架差）

当横轴与竖轴垂直时，仪器整平后，横轴 HH 水平，转动望远镜，视准轴可以画出一个竖直面 $OP'P_1$，如图 3-26。竖轴与横轴不垂直时，仪器整平后，则横轴 $H'H'$ 不水平，而有一偏离值 i，称横轴误差或支架差。转动望远镜，视准轴画出的是一个倾斜平面 OP_1P。OP_1 是水平线，Q 是竖直面且与 HH 平行。$\angle P'P_1P=i$。当无支架差时，望远镜从 OP_1 位置抬起 α 角将瞄准 P' 点，有支架差时，从 OP_1 位置抬起望远镜则瞄准的是 P 点。要瞄准 P' 点，需要转过一个角度 $(i)''=\angle P_1OP_M$。P_M 是 P 点在水平面 HOP_1 上的垂直投影，此 (i) 角即为支架差 i 对观测方向的水平度盘读数的影响。由图 3-26 知

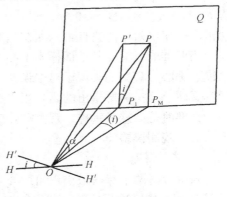

$$i'' = \frac{P'P}{P_1P'} \cdot \rho'' = \frac{P_1P_M}{P_1P'} \cdot \rho''$$

$$(i)'' = \frac{P_1P_M}{OP_1} \cdot \rho'' = \frac{P'P_1}{OP_1} \cdot \frac{P_1P_M}{P'P_1} \cdot \rho'' = \frac{P'P_1}{OP_1} \cdot i''$$

$$\because \qquad \frac{P'P_1}{OP_1} = \mathrm{tg}\alpha$$

$$\therefore \qquad (i)'' = i''\mathrm{tg}\alpha \qquad (3\text{-}13)$$

图 3-26

视线水平时，$\alpha=0$，$(i)=0$，不受影响。横轴误差对水平角的影响，为两个方向的 (i) 值之差。由于正倒镜时 (i) 的符号相反，所以此误差的影响可在正倒镜观测取平均值时消除。

3. 竖轴误差

观测水平角时，仪器竖轴不处于铅垂方向，而偏离一个 δ 角度，称竖轴误差。竖轴不垂直于照准部水准管轴或安置仪器时没有严格整置照准部水准管气泡居中都会产生竖轴误差。竖轴误差主要是影响横轴水平，其对水平角影响，也可用式（3-13）分析，但其 i'' 值是随横轴的位置而变化的，其范围为 $0''\sim\delta''$（δ 是竖轴倾斜以秒表示的角值）。但是，由于竖轴倾斜方向正、倒镜相同，所以竖轴误差不能用正、倒镜观测取平均值的办法消除。因而观测前应检校仪器，观测时应严格保持照准部水准管气泡居中。偏离量不得超过一格。

仪器误差还有许多项。如照准部旋转中心应与度盘分画中心一致，若不一致则产生照准部偏心差；还有度盘刻画不均匀的误差等，此处不再一一分析。顺便指出，单指标仪器前者可通过正、倒镜观测取平均值消除，对径符合读数的仪器，则在读数中自行消除；对于后者可通过均匀分配度盘位置得以削弱。

二、对中误差与目标偏心

观测水平角时，对中不准确，使得仪器中心与测站点的标志中心不在同一铅垂线上即是对中误差，也称测站偏心。如图 3-27 所示，B 为测站点，A、C 为目标点，B' 为仪器中

图 3-27

心在水平面上的投影位置。BB' 为对中误差，其长度以 e 表示，称偏心距。由图可知，观测角值 β' 与正确角值 β 存在下式关系：

$$\beta = \beta' + (\varepsilon_1 + \varepsilon_2)$$

因 ε_1、ε_2 很小，可写成：

$$\varepsilon''_1 = \frac{\rho''}{D_1} \times e\sin\theta$$

$$\varepsilon''_2 = \frac{\rho''}{D_2} \times e\sin(\beta' - \theta)$$

对中误差对水平角的影响为

$$\varepsilon'' = \varepsilon''_1 + \varepsilon''_2 = \rho'' \cdot e\left(\frac{\sin\theta}{D_1} + \frac{\sin(\beta' - \theta)}{D_2}\right) \tag{3-14}$$

当 $\beta = 180°$，$\theta = 90°$ 时，ε 角值最大，

$$\varepsilon'' = \rho'' \cdot e\left(\frac{1}{D_1} + \frac{1}{D_2}\right)$$

设 $e = 3\text{mm}$，$D_1 = D_2 = 100\text{m}$，则 $\varepsilon'' = 12''.4$ 边越短，其 ε 值越大。这项误差不能靠观测方法消除，所以对中应当仔细，尤其是对于短边更是如此。

当照准的目标与其地面标志中心不在一条铅垂线上时，两点位置的差异称目标偏心或照准点偏心。其影响类似于对中误差，边长越短，偏心距越大，影响也越大，此处不再推导其具体公式。需要指出的是，当以花杆、测钎等作观测目标时，必须竖直地立于点的中心，必要时可以悬吊垂球。观测时，应瞄准其底部，以减小误差，边越短越要求意。

三、观测误差

1. 瞄准误差

人眼分辨两个点的最小视角约为 $60''$，通常以此作为眼睛的鉴别角。当使用放大倍率为 V 的望远镜瞄准目标时，鉴别能力可提高 V 倍，这时该仪器的瞄准误差为

$$m_v = \pm 60''/V \tag{3-15}$$

J6 级经纬仪，一般 $V = 26$，则 $m_v = \pm 2''.3$。

瞄准误差无法消除，只有从照准目标的形状，大小，颜色，亮度及照准方法上改进，并仔细瞄准以减小其影响。

2. 读数误差

用分微尺测微器读数，可估读到最小格值的十分之一。以此作为读数误差 m。

$$m_0 = \pm 0.1t \tag{3-16}$$

t 为分微尺最小格值，设 $t = 1'$，则读数误差 $m_0 = \pm 0.1'$。

四、外界条件的影响

观测在一定的外界条件下进行，外界条件对观测质量有直接影响，如松软的土壤和大风影响仪器的稳定；日晒和温度变化影响水准管气泡的运动；大气层受地面热辐射的影响会引起目标影象的跳动等，这些都会给观测水平角带来误差。因此，要选择目标成象清晰稳定的有利时间观测，设法克服或避开不利条件的影响，以提高观测成果的质量。

3-7 经纬仪的检验和校正

前已述及，经纬仪在使用之前要经过检验，必要时需对其可调部件加以校正，使之满足要求。经纬仪的检验、校正项目很多，现只介绍几项主要轴线间几何关系的检校，即照准部水准管轴垂直于仪器的竖轴（$LL \perp VV$）；横轴垂直于视准轴（$HH \perp CC$）；横轴垂直于竖轴（$HH \perp VV$），以及十字丝竖丝垂直于横轴的检校。另外，由于经纬仪要观测竖角，竖盘指标差的检验和校正也在此作一介绍。

一、照准部水准管轴应垂直于仪器竖轴的检验和校正

检验：将仪器大致整平。转动照准部使水准管平行于一对脚螺旋的连线，调节脚螺旋使水准管气泡居中。转动照准部 $180°$，此时如气泡仍然居中则说明条件满足，如果偏离量超过一格，应进行校正。

校正：如图 3-28a），水准管轴水平，但竖轴倾斜，设其与铅垂线的夹角为 α。将照准部旋转 $180°$，如图 3-28b），竖轴位置不变，但气泡不再居中，水准管轴与水平面的交角为 2α，通过气泡中心偏离水准管零点的格数表现出来。改正时，先用拨针拨动水准管校正螺丝，使气泡退回偏离量的一半（等于 α，如图 3-28c），此时几何关系即得满足。再用脚螺旋调节水准管气泡居中，如图 3-28d），这时水准管轴水平，竖轴竖直。

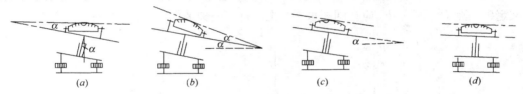

图 3-28

此项检验校正需反复进行，直到照准部转至任何位置，气泡中心偏离零点均不超过一格为止。

二、十字丝竖丝应垂直于仪器横轴的检验校正

检验：用十字丝交点精确照准远处一清晰目标点 A。旋紧水平制动螺旋与望远镜制动螺旋，慢慢转动望远镜微动螺旋，如点 A 不离开竖丝，则条件满足（图 3-29a），否则需要校正（图 3-29b）。

校正：旋下目镜分划板护盖，松开 4 个压环螺丝（图 3-30），慢慢转动十字丝分划板座，然后再作检验，待条件满足后再拧紧压环螺丝，旋上护盖。

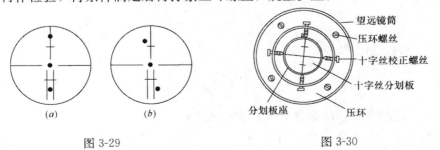

图 3-29

图 3-30

三、视准轴应垂直于横轴的检验和校正

检验：检验 J6 级经纬仪，常用四分之一法。

选择一平坦场地，如图 3-31。A、B 两点相距约 60～100 米，安置仪器于中点 O，在 A 点立一标志，在 B 点横置一根刻有毫米分划的小尺，使尺子与 OB 垂直。标志、小尺应大致与仪器同高。盘左瞄准 A 点，纵转望远镜在 B 点尺上读数 B_1（图 3-31a）。盘右再瞄准 A 点，纵转望远镜，又在小尺上读数 B_2（图 3-31b）。若 B_1 与 B_2 重合，则条件满足。如不重合，由图可见，$\angle B_1 O B_2 = 4C$（$a=0$，$C=(C)$），由此算得

$$C'' = \frac{\overline{B_1 B_2}}{4D} \cdot \rho'' \tag{3-17}$$

式中 D 为 O 点至小尺的水平距离。若 $C'' > 60''$，则必须校正。

校正：在尺上定出一点 B_3，使 $\overline{B_2 B_3} = \frac{1}{4} \overline{B_1 B_2}$，$OB_3$ 便和横轴垂直。用拨针拨动图 3-31 中左右两个十字丝校正螺丝，一松一紧，左右移动十字丝分划板，直至十字丝交点与 B_3 影象重合。这项检校也需反复进行。

四、横轴与竖轴垂直的检验和校正

检验：在距一高目标约 50m 处安置仪器，如图 3-32 所示。盘左瞄准高处一点 P，然后将望远镜放平，由十字丝交点在墙上定出一点 P_1。盘右再瞄准 P 点，再放平望远镜，在墙上又定出一点 P_2（P_1、P_2 应在同一水平线上，且与横轴平行），则 i 角可依下式计算

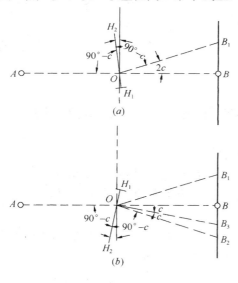

图 3-31

（a）盘左；（b）盘右

图 3-32

$$i'' = \frac{\overline{P_1 P_2}}{2} \cdot \frac{\rho''}{D} \text{ctg}\alpha \tag{3-18}$$

式中 α 为 P 点之竖直角，D 为仪器至 P 点的水平距离。

这个式子可由图 3-32 得出：由图知

$$2(i) = \overline{P_1 P_2}/D,$$

由（3-13）式：

$$(i)'' = i''\text{tg}\alpha$$

$$i'' = (i)''\text{ctg}\alpha = \frac{\overline{P_1P_2}}{2} \cdot \frac{\rho''}{D} \cdot \text{ctg}\alpha$$

对 J6 级经纬仪，i 角不超过 $20''$ 可不校正。

校正：此项校正应打开支架护盖，调整偏心轴承环。如需校正，一般应交专业维修人员处理。

五、竖盘指标差的检验和校正

检验：安置仪器，用盘左、盘右两个镜位观测同一目标点，分别使竖盘指标水准管气泡居中，读取竖盘读数 L 和 R，用式（3-10）计算指标差 x。如 x 超出 $\pm 1'$ 的范围，则需改正。

校正：经纬仪位置不动（此时为盘右，且照准目标点），不含指标差的盘右读数应为 $R-x$。转动竖直度盘指标水准管微动螺旋，使竖盘读数为 $R-x$，这时指标水准管气泡必然不再居中，可用拨针拨动指标水准管校正螺旋使气泡居中。这项检验校正也需反复进行。

六、光学对中器的检验校正

常用的光学对中器有两种，一种是装在仪器的照准部上，另一种装在仪器的三角基座上。无论哪一种，都要求其视准轴与经纬仪的竖直轴重合。

1. 装在照准部上的光学对中器

（1）检验方法：安置经纬仪于三脚架上，将仪器大致整平（不要求严格整平）。在仪器下方地面上放一块画有"十"字的硬纸板。移动纸板，使对中器的刻划圈中心对准"十"字影像，然后转动照准部 $180°$。如刻划圈中心不对准"十"字中心，则需进行校正。

（2）校正方法：找出"十"字中心与刻划圈中心的中点 P。松开两支架间圆形护盖上的两颗螺钉，取下护盖，可见如图 3-33 之转象棱镜座。调节螺钉 2 可使刻划圈中心前后移动，调节螺钉 1 可使刻划圈中心左右移动。直至刻划圈中心与 P 点重合为止。

2. 三角基座上的光学对中器

（1）检验方法：先校水准器。沿基座的边缘，用铅笔把基座轮廓画在三脚架顶部的平面上。然后在地面放一张毫米纸，从光学对中器视场里标出刻划圈中心在毫米纸上的位置；稍松连接螺旋，转动基座 $120°$ 后固定。每次需把基座底板放在所画的轮廓线里并整平，分别标出刻划圈中心在毫米纸上的位置，若三点不重合，则找出示误三角形的中心以便改正。

（2）校正方法：用拨针或螺丝刀转动光学对中器的调整螺丝，使其刻划圈中心对准示误三角形中心点。

如图 3-34，为 T2 经纬仪的光学对点器外观图。用拨针将光学对中器目镜后的三个校正正螺丝（图中只见两个，另一个在镜筒下方）都略为松开，根据需要调整，使刻划圈中心与示误三角表中心一致。

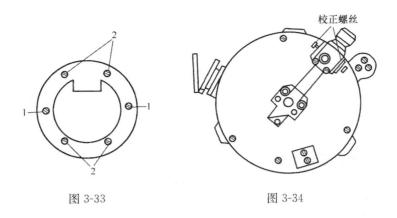

图 3-33　　　　　　　　　　图 3-34

3-8　电子经纬仪简介

电子经纬仪与光学经纬仪的根本区别在于它用微机控制的电子测角系统代替光学读数系统。其主要特点是：

1. 使用电子测角系统，能将测量结果自动显示出来，实现了读数的自动化和数字化。

2. 采用积木式结构，可和光电测距仪组合成全站型电子速测仪，配合适当的接口，可将电子手簿记录的数据输入计算机，以进行数据处理和绘图。

电子经纬仪自 1968 年面世以来，发展很快，有不同的设计原理和众多的型号。精度已达 0.5″以内，堪称方便、快捷、精确，但价格较昂贵。现就瑞士生产的 THEOMAT WILD T2000 型电子经纬仪作简要介绍。

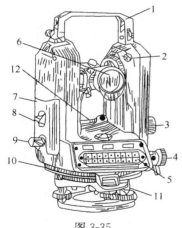

图 3-35

1—把手；2—电位器；3—望远镜制动、微动螺旋；4—水平制动、微动螺旋；5—中央操纵面板；6—望远镜；7—内嵌式电池盒；8—内嵌式电池旋钮；9—光学对中器；10—概略定向度盘；11—概略定向度盘放大镜；12—管水准器

一、THEOMAT WILD T2000 电子经纬仪

该仪器是瑞士 Wild 厂 1983 年产品，其外形与光学经纬仪相仿，如图 3-35。光学对中器、圆水准器和管水准器均设在照准部上。当竖轴倾斜时，仪器可自动测出并显示其数值，藉此可精确整平仪器，置平精度达 1″。制动螺旋和微动螺旋同轴，微动螺旋有两种转速，分别适用于快速瞄准和精确瞄准。图中 3 望远镜的制动螺旋部分被遮住，其形状与水平制动螺旋（图中 4 的有扳手部分）相同。电位器 2 用来调节十字丝照明的亮度。

仪器安有内装硅油的液体补偿器，以实现竖盘自动归零。补偿器工作范围为 ±10′，精度为 ±0.1″。该仪器可用于精密测角，其水平角、竖直角一测回的测角中误差约为 ±0.5″。

仪器的一侧或两侧设有中央操纵面板，由不透水的键盘和三个显示器组成。键盘上有 18 个键，以发出各种指令，三个显示器中，一个提示显示内容，两个显示数据。

仪器的测角模式有两种：一是单次角度测量，精度较高；另一种是跟踪测量，随着经纬仪转动而改变显示的数值，它适用于放样或跟踪活动目标，精度较低。根据作用的精度要求，可将角度显示的最小值设置到$0.1''$、$1''$、$10''$或$1'$等。

仪器上有内嵌式电池盒7，其电池可再次充电，每次充电后可单次测角1500个，当仪器自动关闭电源时，所存贮的信息不会消失。

T2000的基座和辅助部件与Wild光学经纬仪通用，配用的数据终端（即所谓电子手簿），自动记录观测结果。

二、T2000的动态测角原理

目前，电子经纬仪有度盘编码法、增量法和动态法三种测角系统，其测角原理各异，T2000采用动态测角系统，现简述其测角原理。

该仪器的度盘仍为玻璃圆环，测角时，由微型马达带动而旋转。度盘分成1024个分划，每一分划由一对黑白条纹组成，白的透光，黑的不透光，如图3-36所示。光阑L_S固定在基座上，称固定光阑（亦有称光闸、光栅或光势垒者），相当于光学度盘的零分划，光阑L_R在度盘内侧，随照准部转动，称活动光阑，相当于光学度盘的指标。这两种光阑距度盘中心远近不同，彼此互不影响，为消除度盘偏心差，同名光阑按对径位置设置，共4个（两对），图中只绘出两个。竖直度盘的固定光阑指向天顶方向。

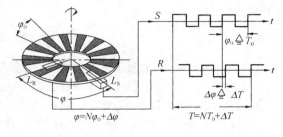

图 3-36

光阑上装有发光二极管和光电二极管，分别处于度盘上、下侧。发光二极管发射红外光线，通过光阑孔隙照到度盘上。当微型马达带动度盘旋转时，因度盘上明暗条纹而形成透光量的不断变化，这些光信号被设置在度盘另一侧的光电二极管接收，转换成正弦波的电信号输出，用以测角。

测量角度，就要测出各方向的方向值。有了方向值，角度也就可以得到。方向值表现为L_R与L_S间的夹角φ。测角原理说明如何测定φ角（相当于光学经纬仪的度盘读数）。

设一对明暗条纹（即一个分划）相应的角值为φ_0（$\varphi=360°/1024=21'05''625$），则

$$\varphi = N\varphi_0 + \Delta\varphi \tag{3-19}$$

N是φ中包含的整分划数，$\Delta\varphi$是不足一分划的余数。由粗测求N，精测求$\Delta\varphi$。

粗测：为进行粗测，度盘上设有特殊标志（标志分划），每$90°$一个，共4个。光阑对度盘扫描时，当某一标志被L_S或L_R中的一个首先识别后，脉冲计数器立即计数，当该标志达到另一光阑后，计数停止。由于脉冲波的频率是已知的，所以由脉冲数可以算得相应的时间T_i。马达的转速是已知的，其相应于转角φ_0所需的时间T_0也就知道。将T_i/T_0取整（即取其比值的整数部分，舍去小数部分）就得到N_i，由于有4个标志，可得到N_1、N_2、N_3、N_4 4个数，经微处理机比较，如无差异可确定N值，从而得到$N\varphi_0$。由于L_S，L_R识别标志的先后不同，所测角可以是φ，也可以是$360°-\varphi$。这可由角度处理器作出正确判断。

精测：前已述及，当光阑对度盘扫描时，L_S、L_R各自输出正弦波电信号，经过整形成方波，运用测相技术便可测出相位差$\Delta\varphi$。$\Delta\varphi$也是由这一相位差里填充脉冲数计算的，

由脉冲数和脉冲频率算得相尖时间 ΔT，便可得到

$$\Delta\varphi = \frac{\Delta T}{T_0} \cdot \varphi_0 \qquad\qquad (3\text{-}20)$$

由图上看，ΔT 也就是某一分划通过 L_S 至另一分划通过 L_R 所需的时间，$\Delta T \leqslant T_0$。

度盘有 1024 个分划，转动一周即输出 1024 个周期的方波，可测得 1024 个 $\Delta\varphi$ 值，取其平均值作为最后结果。

粗测和精测信号送角度处理器处理并衔接成完整的角度（方向）值，送中央处理器，然后由液晶显示器显示或记录至数据终端。

动态测角直接测得的是时间 T 和 ΔT，因此，微型马达的转速要均匀，稳定，这是十分重要的。

思 考 题 与 习 题

1. 什么叫水平角？经纬仪为什么能测出水平角？
2. 试述 J6 级光学经纬仪分微尺测微器的读数方法。
3. 经纬仪的制动螺旋和微动螺旋各有什么作用？怎样使用微动螺旋？
4. 观测水平角时，对中和整平的目的是什么？试述光学经纬仪对中和整平的方法。
5. 为什么用光学对中器对中要求竖直轴竖直，而用垂球对中无此要求？
6. 观测水平角时，起始方向的水平度盘读数要对准 $0°00'00''$ 或略大于 $0°$，怎样操作？
7. 整理表 3-5 用测回法观测水平角的记录。

表 3-5

测站	竖盘位置	目标	水平度盘读数 ° ′ ″	半测回角值 ° ′ ″	一测回角值 ° ′ ″	各测回平均角值 ° ′ ″	备 注
第一测回	左	1	0 00 03				
		2	78 48 54				
0	右	1	180 00 36				
		2	258 49 06				
第二测回	左	1	90 00 12				
		2	168 49 06				
0	右	1	270 00 30				
		2	348 49 12				

8. 整理表 3-6 用方向法观测水平角的记录。
9. 什么叫竖直角？观测水平角和竖直角有哪些相同点和不同点？
10. 竖盘指标水准管有什么作用？竖盘指标自动归零的经纬仪为什么没有竖盘指标水准管？
11. 怎样建立竖直角的计算公式？

表 3-6

测站	测回数	目标	读 数 盘 左 ° ′ ″	读 数 盘 右 ° ′ ″	2c ″	平均读数 ° ′ ″	归零后方向值 ° ′ ″	各测回归零方向值的平均值 ° ′ ″
0	1	A	0 02 36	180 02 36				
		B	70 23 36	250 23 42				
		C	228 19 24	48 19 30				
		D	254 17 54	74 17 54				
		A	0 02 30	180 02 36				

测站	测回数	目标	读 数		2c	平均读数	归零后方向值	各测回归零方向值的平均值
			盘 左	盘 右				
			° ′ ″	° ′ ″	″	° ′ ″	° ′ ″	° ′ ″
0	2	A	90 03 12	270 03 12				
		B	160 24 06	340 23 54				
		C	318 20 00	138 19 54				
		D	344 18 30	164 18 24				
		A	90 03 18	270 03 12				

12. 整理表 3-7 竖直角观测记录。

表 3-7

测站	目标	竖盘位置	竖盘读数	半测回竖直角	指标差	一测回竖直角	备　注
			° ′ ″	° ′ ″	° ′ ″	° ′ ″	
0	1	左	72 18 18				
		右	287 42 00				
	2	左	96 32 48				
		右	263 27 30				

13. 经纬仪有哪些主要轴线？它们之间应满足什么几何条件？为什么？

14. 角度测量为什么要用正、倒镜观测？能否以此消除因竖轴倾斜引起的水平角测量误差？

15. 在检验 $CC \perp HH$ 时，为什么目标要选得与仪器同高？在检验 $HH \perp VV$ 时为什么目标要选得高些？按本书所述方法，这两项检验顺序是否可以颠倒？

16. 由对中引起的水平角观测误差与哪些因素有关？

17. 试分析照准点（目标）偏心所引起的水平角观测误差。

18. 电子经纬仪的主要特点是什么？它与光学经纬仪的根本区别在哪里？

第四章 距离测量与直线定向

测量距离是测量的基本工作之一，所谓距离是指两点间的水平长度。如果测得的是倾斜距离，还必须改算为水平距离。按照所用仪器、工具的不同，测量距离的方法有钢尺直接量距、光电测距仪测距和光学视距法测距等。本章介绍前两者，后者在第八章中介绍。

4-1 钢尺量距的一般方法

一、量距的工具

钢尺（图 4-1）是钢制的带尺，常用钢尺宽 10～15mm，厚 0.2～0.4mm；长度有 20m、30m 及 50m 几种，卷放在圆形盒内或金属架上。钢尺的基本分划为厘米，在每米及每分米处有数字注记。一般钢尺在起点处一分米内刻有毫米分划；有的钢尺，整个尺长内都刻有毫米分划。

由于尺的零点位置的不同，有端点尺和刻线尺的区别。端点尺是以尺的最外端作为尺的零点（图 4-2a），当从建筑物墙边开始丈量时使用很方便。刻线尺是以尺前端的一刻线作为尺的零点，如图 4-2b 所示。

丈量距离的工具，除钢尺外，还有标杆（图 4-3b）、测钎（图 4-3a）和垂球。标杆长 2～3m，直径 3～4cm，杆上涂以 20cm 间隔的红、白漆，以便远处清晰可见，用于标定直线。测钎用粗铁丝制成，用来标志所量尺段的起、迄点和计算已量过的整尺段数。测钎一组为 6 根或 11 根。垂球用来投点。此外还有弹簧秤和温度计，以控制拉力和测定温度。

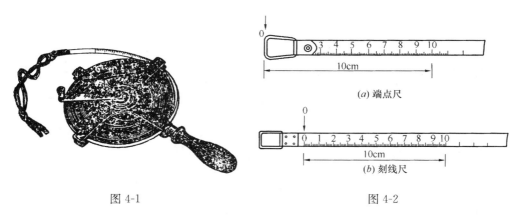

图 4-1

(a) 端点尺

(b) 刻线尺

图 4-2

二、直线定线

当两个地面点之间的距离较长或地势起伏较大时，为使量距工作方便起见，可分成几段进行丈量。这种把多根标杆标定在已知直线上的工作称为直线定线。一般量距用目视定线，方法如下述。

如图 4-4，A、B 为待测距离的两个端点，先在 A、B 点上竖立标杆，甲立在 A 点后 $1\sim2m$ 处，由 A 瞄向 B，使视线与标杆边缘相切，甲指挥乙持标杆左右移动，直到 A、2、B 三标杆在一条直线上，然后将标杆竖直地插下。直线定线一般应由远到近，即先定点 1，再定点 2。

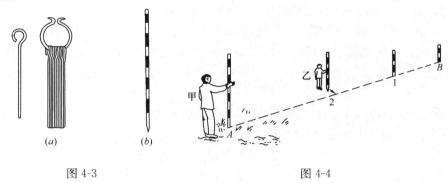

图 4-3   图 4-4

三、量距方法

1. 平坦地区的距离丈量

丈量前，先将待测距离的两个端点 A、B 用木桩（桩上钉一小钉）标志出来，然后在端点的外侧各立一标杆（图 4-5），清除直线上的障碍物后，即可开始丈量。丈量工作一般由两人进行。后尺手持尺的零端位于 A 点，并在 A 点上插一测钎。前尺手持尺的末端并携带一组测钎的其余 5 根（或 10 根），沿 AB 方向前进，行至一尺段处停下。后尺手以手势指挥前尺手将钢尺拉在 AB 直线方向上；后尺手以尺的零点对准 A 点，当两人同时把钢尺拉紧、拉平和拉稳后，前尺手在尺的末端刻线处竖直地插下一测钎，得到点 1，这样便量完了一个尺段。随之后尺手拔起 A 点上的测钎与前尺手共同举尺前进，同法量出第二尺段。如此继续丈量下去，直至最后不足一整尺段（$n-B$）时，前尺手将尺上某一整数分划线对准 B 点，由后尺手对准 n 点在尺上读出读数，两数相减，即可求得不足一尺段的余长，设为 q。则 AB 的水平距离可按下式计算

$$D = nl + q \qquad (4\text{-}1)$$

式中　n——尺段数；

　　　l——钢尺长度；

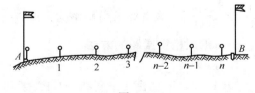

图 4-5

　　　q——不足一整尺的余长。

为了防止丈量中发生错误及提高量距精度，距离要往、返丈量。上述为往测，返测时要重新进行定线，取往、返测距离的平均值作为丈量结果。量距精度以相对误差表示，通常化为分子为 1 的分式形式。例如某距离 AB，往测时为 185.32m，返测时为 185.38m，距离平均值为 185.35m，故其相对误差为：

$$\frac{|D_{往} - D_{返}|}{D_{平均}} = \frac{|185.32 - 185.38|}{185.35} \approx \frac{1}{3100}$$

在平坦地区，钢尺量距的相对误差一般不应大于 $\dfrac{1}{3000}$；在最距困难地区，其相对误

55

差也不应大于 $\dfrac{1}{1000}$。当量距的相对误差没有超出上述规定时，可取往、返测距离的平均值作为成果。

2. 倾斜地面的距离丈量

（1）平量法

沿倾斜地面丈量距离，当地势起伏不大时，可将钢尺拉平丈量。如图 4-6，丈量由 A 向 B 进行，甲立于 A 点，指挥乙将尺拉在 AB 方向线上。甲将尺的零端对准 A 点，乙将尺子抬高，并且目估使尺子水平，然后用垂球尖将尺段的末端投于地面上，再插以插钎。若地面倾斜较大，将钢尺抬平有困难时，可将一尺段分成几段来平量，如图中的 MN 段。

（2）斜量法

当倾斜地面的坡度均匀时，如图 4-7，可以沿着斜坡丈量出 AB 的斜距 L，测出地面倾斜角 α，然后计算 AB 的水平距离 D。显然

$$D = L\cos\alpha \qquad\qquad (4\text{-}2)$$

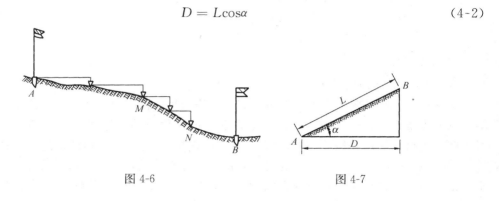

图 4-6   图 4-7

4-2　钢尺量距的精密方法

用一般方法量距，量距精度只能达到 $\dfrac{1}{1000} \sim \dfrac{1}{5000}$，当量距精度要求更高时，例如 $\dfrac{1}{10000} \sim \dfrac{1}{40000}$，这就要求用精密的方法进行丈量。

一、钢尺精密量距的方法

1. 定线

如图 4-8，欲精密丈量直线 AB 的距离，首先清除直线上的障碍物，然后安置经纬仪于 A 点上，瞄准 B 点，用经纬仪进行定线。用钢尺进行概量，在视线上依次定出比钢尺一整尺略短的 $A1$、12、23……等尺段。在各尺段端点打下大木桩，桩顶高出地面 $3\sim5\text{cm}$。在桩顶钉一白铁皮。利用 A 点的经纬仪进行定线，在各白铁皮上画一条线，使其与 AB 方向重合，另画一条线垂直与 AB 方向，形成十字，作为丈量的标志。

2. 量距

用检定过的钢尺丈量相邻两木桩之间的距离。丈量组一般由 5 人组成，2 人拉尺，2 人读数，1 人指挥兼记录和读温度。丈量时，拉伸钢尺置于相邻两木桩顶上，并使钢尺有刻画线一侧贴切十字线。后尺手将弹簧秤挂在尺的零端，以便施加钢尺检定时的标准拉力

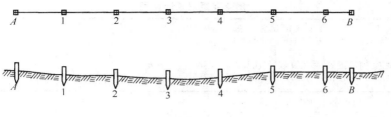

图 4-8

（30m 钢尺，标准拉力为 10kgf❶）。钢尺拉紧后，前尺手以尺上某一整分划对准十字线交点时，发出读数口令"预备"，后尺手回答"好"。在喊好的同一瞬间，两端的读尺员同时根据十字交点读取读数，估读到 0.5mm 记入手簿（见表 4-1）。每尺段要移动钢尺位置丈量三次，三次测得的结果的较差视不同要求而定，一般不得超过 2~3mm，否则要重量。如在限差以内，则取三次结果的平均值，作为此尺段的观测成果。每量一尺段都要读记温度一次，估读到 0.5℃。

按上述由直线起点丈量到终点是为往测，往测完毕后立即返测，每条直线所需丈量的次数视量边的精度要求而定（参见表 6-8）。

3. 测量桩顶高程

上述所量的距离，是相邻桩顶间的倾斜距离，为了改算成水平距离，要用水准测量方法测出各桩顶的高程，以便进行倾斜改正。水准测量宜在量距前或量距后往、返观测一次，以资检核。相邻两桩顶往、返所测高差之差，一般不得超过 ±10mm；如在限差以内，取其平均值作为观测成果。

4. 尺段长度的计算

精密量距中，每一尺段长需进行尺长改正、温度改正及倾斜改正，求出改正后的尺段长度。下面以表 4-1 中 Al 尺段 l 为例，计算各改正数如下：

（1）尺长改正

钢尺在标准拉力、标准温度下的检定长度 l'，与钢尺的名义长度 l_0 往往不一致，其差数 $\Delta l = l' - l_0$，即为整尺段的尺长改正。每量 1m 的尺长改正数 $\Delta l_{d1} = \dfrac{l' - l_0}{l_0}$，任一尺段 l 的尺长改正数 Δl_d 为

$$\Delta l_d = \frac{l' - l_0}{l_0} l \tag{4-3}$$

【例 4-1】　表 4-1 中，$l' = 30.0025\text{m}$，$l_0 = 30\text{m}$ 故

$$\Delta l = 30.0025 - 30 = 0.0025\text{m}$$

Al 尺段的尺长改正 Δl_d 为 $\dfrac{30.0025 - 30}{30} \times 29.8652 = 0.0025\text{m}$。

（2）温度改正

设钢尺在检定时的温度为 $t_0℃$，丈量时的温度为 $t℃$，钢尺的线膨胀系数为 a（一般为 $1.15 \times 10^{-5} \sim 1.25 \times 10^{-5}/1℃$），则某尺段 l 的温度改正 Δl_t 为

$$\Delta l_t = \alpha(t - t_0) l \tag{4-4}$$

钢尺号码：NO：11　　　　　钢尺膨胀系数：0.000012　　　钢尺检定时温度 t_0：20℃　　　计算者：
钢尺名义长度 l_0：30m　　　钢尺检定长度 l'：30.0025　　　钢尺检定时拉力：100N　　　日期：

尺段编号	实测次数	前尺读数 (m)	后尺读数 (m)	尺段长度 (m)	温度 (℃)	高差 (m)	温度改正数 (mm)	尺长改正数 (mm)	倾斜改正数 (mm)	改正后尺段长 (m)
A1	1	29.9360	0.0700	29.8660	25.8	−0.152	+2.1	+2.5	−0.4	
	2	400	755	645						
	3	500	850	650						
	平均			29.8652						29.8694
12	1	29.9230	0.0175	29.9055	27.6	−0.174	+2.7	+2.5	−0.5	
	2	300	250	050						
	3	380	315	065						
	平均			29.9057						29.9104
……	……	……	……	……	……	……	……	……	……	……
6B	1	18.9750	0.0750	18.9000	27.5	−0.065	+1.7	+1.6	−0.1	
	2	540	545	8995						
	3	800	810	8990						
	平均			18.8995						18.9027
总和										198.2838

【例 4-2】 表 4-1 中，No：11 钢尺的膨胀系数为 $1.2 \times 10^{-5}/1℃$，检定时温度为 20℃，Al 尺段的丈量长度为 29.8652m，丈量时温度为 25.8℃，将这些数据代入式（4-4），得

$$\Delta l_t = 1.2 \times 10^{-5}(25.8 - 20) \times 29.8652 = +0.0021 \text{m}$$

（3）倾斜改正

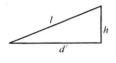

图 4-9

如图 4-9，设 l 为量得的斜距，h 为尺段两端间的高差，现要将 l 改算成水平距离 d'，故要加倾斜改正数 Δl_h，从图 4-9 可以看出

$$\Delta l_h = d' - l = (l^2 - h^2)^{\frac{1}{2}} - l = l\left(1 - \frac{h^2}{l^2}\right)^{\frac{1}{2}} - l$$

将 $\left(1 - \dfrac{h^2}{l^2}\right)^{\frac{1}{2}}$ 展成级数后代入得

$$\Delta l_h = l\left(1 - \frac{h^2}{2l^2} - \frac{h^4}{8l^4} - \cdots\cdots\right) - 1 \approx -\frac{h^2}{2l} \tag{4-5}$$

倾斜改正数永远为负值。

【例 4-3】 $l_{Al} = 29.8652$m，$h = -0.152$m，代入式（4-5）得

$$\Delta l_h = -\frac{(-0.152)^2}{2 \times 29.8652} = -0.0004 \text{m}$$

综上所述，每一尺段改正后的水平距离 d 为

$$d = l + \Delta l_d + \Delta l_t + \Delta l_h \tag{4-6}$$

【例 4-4】 Al 尺段实测距离为 29.8652m，$\Delta l_d = +0.0025$m，$\Delta l_t = +0.0021$m，$\Delta l_h = -0.0004$m，故 Al 尺段的水平距离 d_{Al} 为

$$d_{A1} = 29.8652 + 0.0025 + 0.0021 - 0.0004 = 29.8694m$$

5. 计算全长

将改正后的各个尺段长和余长加起来，便得到 AB 距离的全长。表 4-1 中为往测的结果，其值为 198.2838m。同样算出返测的全长，设为 198.2896m，平均值为 198.2867m。其相对误差为

$$\frac{|D_往 - D_返|}{D_{平均}} = \frac{0.0058}{198.2867} \approx \frac{1}{34000}$$

相对误差如果在限差范围以内，则取平均距离为观测结果。如果相对误差超限，应重测。

二、钢尺的检定

1. 尺长方程式

钢尺由于其制造误差、经常使用中的变形以及丈量时温度和拉力不同的影响，使得其实际长度往往不等于名义长度。因此，丈量之前必须对钢尺进行检定，求出它在标准拉力和标准温度下的实际长度，以便对丈量结果加以改正。钢尺检定后，应给出尺长随温度变化的函数式，通常称为尺长方程式，其一般形式为

$$l_t = l_0 + \Delta l + \alpha l_0 (t - t_0) \tag{4-7}$$

式中　l_t——钢尺在温度 t℃时的实际长度；

l_0——钢尺名义长度；

Δl——尺长改正数；

α——钢尺的线膨胀系数；

t_0——钢尺检定时的温度；

t——钢尺量距时的温度。

2. 钢尺检定的方法

钢尺应送设有比长台的测绘单位检定，但若有检定过的钢尺，在精度要求不高时，可用检定过的钢尺作为标准尺来检定其他钢尺。检定宜在室内水泥地面上进行，在地面上贴两张绘有十字标志的图纸，使其间距约为一整尺长。用标准尺施加标准拉力丈量这两个标志之间的距离，并修正端点使该距离等于标准尺的长度。然后再将被检定的钢尺施加标准拉力丈量该两标志间的距离，取多次丈量结果的平均值作为被检定钢尺的实际长度，从而求得尺长方程式。

【例 4-5】 设 1 号钢尺为标准尺，尺长方程式为

$$l_{t1} = 30m + 0.004m + 1.2 \times 10^{-5} \times 30(t° - 20℃)m$$

被检定的钢尺为 2 号 30m 钢尺，多次丈量的平均长度为 29.997m，从而求得 2 号钢尺比 1 号标准尺长 0.003m。设检定时的温度变化很小，略而不计，则可得到被检定钢尺的尺长方程式为

$$\begin{aligned}
l_{t2} &= l_{t1} + 0.003m \\
&= 30m + 0.004m + 1.2 \times 10^{-5} \times 30(t° - 20℃)m + 0.003m \\
&= 30m + 0.007m + 1.2 \times 10^{-5} \times 30(t° - 20℃)m
\end{aligned}$$

4-3　钢尺量距的误差分析

影响钢尺量距精度的因素很多，现择其主要者讨论如下。

一、定线误差

如图 4-10，AB 为直线正确位置，$A'B'$ 为钢尺位置，它使得量距结果偏大。设定线误差为 ε，由此而引起的一个尺段 l 的量距误差 $\Delta\varepsilon$ 为

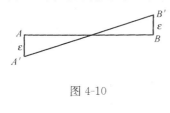

图 4-10

$$\Delta\varepsilon = \sqrt{l^2 - (2\varepsilon)^2} - l = -\frac{2\varepsilon^2}{l} \qquad (4\text{-}8)$$

当 l 为 30m 时，若要求 $\Delta\varepsilon \leqslant \pm 3$mm，则应使定线误差 ε 小于 0.21m，这时采用目估定线是容易达到的。精密量距时用经纬仪定线，可使 ε 值和 $\Delta\varepsilon$ 值更小。设 ε 值为 2cm，$\Delta\varepsilon$ 仅 0.03mm。

二、尺长误差

钢尺必须经过检定以求得其尺长改正数。尺长误差具有系统积累性，它与所量距离成正比。精密量距时，钢尺虽经检定并在丈量结果中进行了尺长改正，其成果中仍存在尺长误差，因为一般尺长检定方法只能达到 ± 0.5mm 左右的精度。一般量距时可不作尺长改正；当尺长改正数大于尺长 $\frac{1}{10000}$ 时，应加尺长改正。

三、温度误差

根据温度改正公式 $\Delta l_t = \alpha(t - t_0℃)l$，对于 30m 的钢尺，温度变化 8℃，将会产生 $\frac{1}{10000}$ 尺长的误差。由于用温度计测量温度，测定的是空气的温度，而不是尺子本身的温度，在夏季阳光曝晒下，此两者温度之差可大于 5℃。因此，量距宜在阴天进行，并要设法测定钢尺本身的温度。

四、拉力误差

钢尺具有弹性，会因受拉而伸长。量距时，如果拉力不等于标准拉力，钢尺的长度就会产生变化。拉力变化所产生的长度误差 Δp 可用下式计算。

$$\Delta p = \frac{l\delta p}{EA} \qquad (4\text{-}9)$$

式中 l 为钢尺长，设为 30m，δp 为拉力误差；E 为钢的弹性模量，通常取 2×10^6 kg/cm^2，A 为钢尺的截面积，设为 0.04cm^2，则 $\Delta p = 0.38\delta_p$mm。欲使 Δp 不大于 ± 1mm，拉力误差不得超过 2.6kg（即 26N）。精密量距时，用弹簧秤控制标准拉力，δ_p 很小，Δp 可略而不计。一般量距时拉力要均匀，不要或大或小。

五、尺子不水平的误差

钢尺一般量距时，如果钢尺不水平，总是使所量距离偏大。设钢尺长 30m，目估尺子水平的误差约为 0.44m（倾角约 50′），由此而产生的量距误差为 30m $-\sqrt{30^2 - 0.44^2}$ m $=$ 30mm。

精密量距时，测出尺段两端点的高差 h，进行倾斜改正。设测定高差的误差为 δh，则由此而产生的距离误差 Δh 为 $-\frac{h}{l}\delta_h$。欲使 $\Delta h \leqslant 1$mm，当 $l = 30$m，$h = 1$m 时，δh 为 30mm。用普通水准测量的方法是容易达到的。

六、钢尺垂曲和反曲的误差

钢尺悬空丈量时，中间下垂，称为垂曲。故在钢尺检定时，应按悬空与水平两种情况

分别检定，得出相应的尺长方程式，按实际情况采用相应的尺长方程式进行成果整理，这项误差可以不计。

在凹凸不平的地面量距对，凸起部分将使钢尺产生上凸现象，称为反曲。设在尺段中部凸起 0.5m，由此而产生的距离误差达 17mm（$30m - 2 \times \sqrt{15^2 - 0.5^2}\,m$），这是不能允许的。应将钢尺拉平丈量。

七、丈量本身的误差

它包括钢尺刻画对点的误差、插测钎的误差及钢尺该数误差等。这些误差是由人的感官能力所限而产生，误差有正有负，在丈量结果中可以互相抵消一部分，但仍是量距工作的一项主要误差来源。

综上所述，精密量距时，除经纬仪定线、用弹簧秤控制拉力外，还需进行尺长、温度和倾斜改正。而一般量距可不考虑上述各项改正。但当尺长改正数较大或丈量时的温度与标准温度之差大于 8℃时进行单项改正，此类误差用一根尺往返丈量发现不了。另外尺子拉平不容易做到，丈量时可以手持一悬挂垂球，抬高或降低尺子的一端，尺上读数最小的位置就是尺子水平时的位置，并用垂球进行投点及对点。

4-4　光电测距仪简介

一、概况

长距离丈量是一项繁重的工作，劳动强度大，工作效率低，尤其是在山区或沼泽区，丈量工作更是困难。人们为了改变这种状况，于五十年代研制成了光电测距仪。近年来，由于电子技术及微处理机的迅猛发展，各类光电测距仪竞相出现，已在测量工作得到了普遍的应用。

电磁被测距按测程来分，有短程（＜3km）、中程（3～15km）和远程（＞15km）之分。按测距精度来分，有Ⅰ级（$|m_D| \leqslant 5mm$）、Ⅱ级（$5mm \leqslant |m_D| \leqslant 10mm$）和Ⅲ级（$|m_D| \geqslant 10mm$），$m_D$ 为 1km 的测距中误差。按载波来分，采用微波段的电磁波作为载波的称为微波测距仪；采用光波作为载波的称为光电测距仪。光电测距仪所使用的光源有激光光源和红外光源（普通光源已淘汰），采用红外线波段（0.76～0.94μm[1]）作为载波的称为红外测距仪。由于红外测距仪是以砷化镓（GaAs）发光二极管所发的荧光作为载波源，发出的红外线的强度能随注入电信号的强度而变化，因此它兼有载波源和调制器的双重功能。GaAs 发光二极管体积小，亮度高，功耗小，寿命长，且能连续发光，所以红外测距仪获得了更为迅速的发展。本节讨论的就是红外光电测距仪。

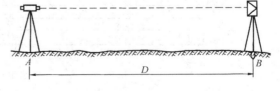

图 4-11

二、测距原理

如图 4-11，欲测定 A、B 两点间的距离 D，安置仪器于 A 点，安置反射镜于 B 点。仪器发射的光束由 A 至 B，经反射镜反射

---

[1]　$1\mu m = 10^{-6}m = 10^{-3}mm$。

后又返回到仪器。设光速 c 为已知，如果光束在待测距离 D 上往返传播的时间 t_{2D} 已知，则距离 D 可由下式求出

$$D = \frac{1}{2} c t_{2D} \qquad (4\text{-}10)$$

式中 $c = c_0/n$，c_0 为真空中的光速值，其值为 $299792458 \text{m/s} \pm 1.2 \text{m/s}$。$n$ 为大气折射率，它与测距仪所用光源的波长 λ，测线上的气温 t，气压 P 和湿度 e 有关。

由式（4-10）可知，测定距离的精度，主要取决于测定时间 t_{2D} 的精度，$dD = \frac{1}{2} c d t_{2D}$。例如要求保证 $\pm 1 \text{cm}$ 的测距精度，时间测定要求准确到 $6.7 \times 10^{-11} \text{s}$，这是难以做到的。因此，大多采用间接测定法来测定 t_{2D}。间接测定 t_{2D} 的方法有下列两种：

1. 脉冲式测距

由测距仪的发射系统发出光脉冲，经被测目标反射后，再由测距仪的接收系统接收，测出这一光脉冲往返所需时间间隔（t_{2D}）的钟脉冲的个数以求得距离 D。由于计数器的频率一般为 300MHz（$300 \times 10^6 \text{Hz}$[1]），测距精度为 0.5m，精度较低。

2. 相位式测距

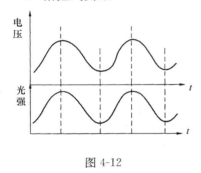

图 4-12

由测距仪的发射系统发出一种连续的调制光波，测出该调制光波在测线上往返传播所产生的相位移，以测定距离 D。红外光电测距仪一般都采用相位测距法。

在砷化镓（GaAs）发光二极管上加了频率为 f 的交变电压（即注入交变电流）后，它发出的光强就随注入的交变电流呈正弦变化，如图 4-12，这种光称为调制光。如图 4-13，测距仪在 A 点发出的调制光在待测距离上传播，经反射镜反射后被接收器所接收，然后用相位计将发射信号与接受信号进行相位比较，由显示器显出调制光在待测距离往、返传播所引起的相位移 ϕ。为了便于说明问题，将图中反射镜 B 反射回的光波沿测线方向展开画出。

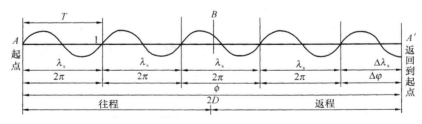

图 4-13

设调制光的频率为 f，角频率为 ω，波长为 λ_s（$\lambda_s = c/f$），光强变化一周期的相位移为 2π，则

$$\phi = \omega t_{2D} = 2\pi f t_{2D}$$

---

❶ 频率的单位用 Hz（赫）表示：kHz（千赫）＝1000Hz，MHz（兆赫）＝1000kHz。

$$t_{2D} = \frac{\phi}{2\pi f} \tag{4-11}$$

将式（4-11）代入式（4-10）得

$$D = \frac{c}{2f} \cdot \frac{\phi}{2\pi} \tag{4-12}$$

由图 4-13 可以看出，相位移 ϕ 可表示为

$$\phi = N \cdot 2\pi + \Delta\varphi$$

将上式代入式（4-12）得

$$D = \frac{c}{2f}\left(N + \frac{\Delta\varphi}{2\pi}\right) = \frac{\lambda_s}{2}(N + \Delta N) \tag{4-13}$$

式中　$\Delta N = \dfrac{\Delta\varphi}{2\pi}$，$\Delta N$ 小于 1，为不足一个周期的小数；

　　　N——整周期数。

　　式（4-13）为相位法测距的基本公式。由该式可以看出，c、f 为已知值，只要知道相位移的整周期数 N 和不足一个整周期的相位移 $\Delta\varphi$，即可求得距离。将式（4-13）与钢尺量距相比，把半波长 $\dfrac{\lambda_s}{2}$ 当作光"测尺"的长度，则距离 D 也象钢尺量距一样，成为 N 个整测尺长度与不足一个整测尺长度之和。测尺长度与调制频率（概值）的关系如表 4-2 所示。

表 4-2

测尺长度 ($\lambda_s/2$)	10m	20m	100m	1km	2km	10km	100km
测尺频率	15MHz	7.5MHz	1.5MHz	150kHz	75kHz	15kHz	1.5kHz
精　度	1cm	2cm	10cm	1m	2m	10m	100m

　　仪器上的测相装置（相位计）只能分辨出 $0\sim2\pi$ 的相位变化，故只能测出不足 2π 的相位差 $\Delta\phi$，相当于不足整"测尺"的距离值。例如"测尺"为 10m，则可测出小于 10m 的距离值。同理，若采用 1km 的"测尺"，则可测出小于 1km 的距离值。由于仪器测相系统的测相精度一般为 1/1000，测尺越长，测距误差越大（见表 4-2）。为了解决扩大测程与提高精度的矛盾，测距仪上大多选用几个测尺配合测距。用较长的测尺（如 1km、2km 等）测定距离的大数，以满足测程需要，称为"粗尺"；用较短的测尺（如 10m、20m 等）测定距离的尾数，以保证测距的精度，称为"精尺"。如同钟表上用时、分、秒针互相配合来确定精确的时刻一样。

　　【例 4-6】　某测距仪以 10m 作精测尺，显示米位及米位以下距离值；以 1000m 作粗测尺，显示百米位、十米位距离值。如实测距离为 385.785m，则

　　　　　　　　精测显示　5.785

　　　　　　　　粗测显示　38（米位不显示）

　　　　　　　　仪器显示的距离为　385.785m

三、D3000 系列红外测距仪简介

图 4-14 是常州大地测距仪厂生产的 D3000 系列红外测距仪。

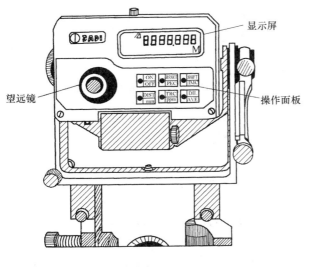

图 4-14

1. D3000 系列的主要技术指标

型号	测程
D3010	1200m（单块棱镜）
	1800m（三块棱镜）
D3030	2000m（单块棱镜）
	3200m（三块棱镜）

精度：±（5mm+5ppm[1]D）

测量时间：正常测量 4s，跟踪测量 1s

最大显示距离：9999.999m

温度范围：—20℃～+50℃

功耗：≯3.6W

质量：1.8kg（不包含电池）

该厂于 1993 年又开发出 D2000 系列，标称精度±（5mm+3ppmD），功能增加，并可与 PC-E500 电子手簿相连。

2. 结构与性能

D3000 系列测距仪包括主机、电池及反射镜。主机可以安装在 J2 级经纬仪上，组成边角测量系统，既可测距，又可测水平角和竖直角。

（1）主机

如图 4-14，主机有发射、接收物镜，显示器和键盘。键盘如图 4-15，共有 6 个键，每个键都具有双功能或多功能。

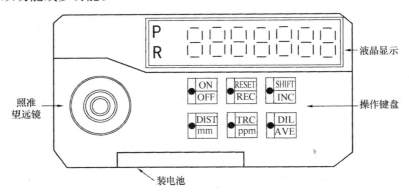

图 4-15

①距离测量的几种方式

常规测量　按 DIST 键，有短促音响，进入单次测量，显示屏显示……后，显示斜距值。测量结束后，仍处于待测状态。

连续测量　按 DIL 键，有短促音响，进入连续测量，只有按 RESET 键后才停止测量。

---

[1]　ppm 即 10^{-6}。1ppm＝$1×10^{-8}$。

平均测量　按 SHIFT 键，显示……后再按 AVE 键，则进行平均测量，测量 5 次后停止测量，显示 5 次测量的平均值。

跟踪测量　按 TRC 键，进入跟踪测量后，只有按 RESET 键后才停止跟踪测量，进入待测状态。

②常数预置

置棱镜常数　按 SHIFT 键，显示……后，再按 mm 键，显示 L××后，可以置棱镜常数。按 INC 键加数，按 DIC 键减数。置数键按 1 次置常数 1，连按连置，直至需要的数值为止，再按 mm 键存数。置棱镜常数的范围－90～＋120mm。

置乘常数　D3000 系列的仪器基准气象条件为气压 P 是 760mmHg，温度 15℃，按下式计算修正值

$$\Delta D = 278.96 - \frac{0.3872P}{1 + 0.00366t} \tag{4-14}$$

式中　ΔD 是以 ppm 为单位的修正值；

　　　P 是以 mmHg 为单位的气压值；

　　　t 是℃为单位的温度值。

先根据观测时的气象条件按上式算出需改正的 ppm 值，然后按 SHIFT 键，显示……后，再按 ppm 键。显示 P××后就可置乘常数，按 INC 加数，按 DIC 键减数，直至需要的数为止。再按 ppm 键存数。置乘常数的范围为－50～＋130ppm。

（2）反射镜

图 4-16 是单反射棱镜。另外还有三棱镜，用于较大测程时的距离测量。

（3）电池组

电池盒内装有 5 节 1.2V、1.2AH 的镍铬电池，插在主机的下方。当电池电压＜5.7V 时，必须停用并充电。

3. 测量距离的步骤

（1）安置仪器　将经纬仪安置在测站上，将主机安置在经纬仪支架上。经纬仪对中、整平后，将电池盒插入主机下方电池盒座内。在目标点安置反射镜，对中、整平后，用棱镜架上的瞄准装置向测距仪瞄准。

（2）观测竖直角、气温和气压　用经纬仪望远镜十字丝瞄准反射镜觇板中心，使竖盘水准器气泡居中，读取并记录竖盘读数，然后读记温度计的温度和气压表的气压 P。

（3）距离观测　按 ON/OFF 键，听到音响即开机成功，显示屏将依次显示棱镜常数、乘常数、电池电压和光强值。仪器能自动减光，当光强正常并有连续音响，左下方显示"■"时，仪器即进入待测状态。如果显示的棱镜常数、乘常数与所需值不符，应重新安置。按 DIST 键，4 秒钟后即显示出斜距值。如需连续多次观测，可按 DIL 键。

测量过程中，如果左下角不显示"■"，而显示"R"，说明测程内有物体挡光，清除障碍后，才重新显示"■"。

图 4-16

4. 成果计算

测距仪测定的是两点间倾斜距离的初值 D'，为求得水平距离 D，需加气象改正和倾斜改正。如在观测时已根据测出的气象参数预置了气象改正值，则仅作倾斜改正，即

$$D = D'\cos\alpha = D'\sin Z$$

式中 α 为测线的倾斜角，Z 为天顶距。

5. 测距仪使用注意事项

（1）切不可将照准头指向太阳，以免损坏光电器件。

（2）仪器应在大气比较稳定和通视良好的条件下使用。

（3）不让仪器曝晒和雨淋，在阳光下应撑伞遮阳。经常保持仪器清洁和干燥。在运输过程中要注意防震。

（4）仪器不用时，应将电池取出保管，每月应对电池充电一次和仪器操作一次。

四、影响测距精度的因素和标称精度

测距基本公式（4-13），顾及大气中的光速 $c = \dfrac{c_0}{n}$ 及仪器加常数 K❶，则可写成

$$D = \frac{c_0}{2fn}\left(N + \frac{\Delta\varphi}{2\pi}\right) + K \tag{4-15}$$

由上式可以看出，式中的 c_0、f、n、$\Delta\varphi$ 和 k 的测定误差及变化，都将导致距离产生误差。对上式全微分得

$$dD = \frac{D}{c_0}dc_0 + \frac{D}{n}dn - \frac{D}{f}df + \frac{\lambda}{4\pi}d\phi + dk \tag{4-16}$$

按误差传播定律得中误差关系式

$$m_D^2 = \left(\frac{m_{c0}^2}{c_0^2} + \frac{m_n^2}{n^2} + \frac{m_f^2}{f^2}\right)D^2 + \left(\frac{\lambda}{4\pi}\right)^2 m_{\Delta\varphi}^2 + m_k^2 \tag{4-17}$$

由式（4-17）可见，前一项误差与被测距离成正比，称为比例误差。而后两项则与距离无关，一般称为固定误差。

上式可缩写为

$$m_D^2 = A'^2 + B'^2 D^2 \tag{4-18}$$

也可写成下列经验公式

$$m_D = \pm(A + BD) \tag{4-19}$$

式中 A 为固定误差，B 为比例误差系数。

仪器厂说明书上的精度，如 $\pm$（5mm＋5ppm$D$）即为上述形式，称为仪器的标称精度。

实际上，测距仪的测距误差，除上述以外，还有仪器和反射镜的对中误差、照准误差和周期误差等。

---

❶ 由于仪器中心及反射镜中心与其光路等效面的中心不一致，使测得的距离与地面两标志中心间的距离不相等，这个差数，称为仪器的加常数。

4-5 直 线 定 向

确定地面上两点之间的相对位置，仅知道两点之间的水平距离是不够的，还必须确定此直线与标准方向之间的水平夹角。确定直线与标准方向之间的水平角度称为直线定向。

一、标准方向的种类

1. 真子午线方向

通过地球表面某点的真子午线的切线方向，称为该点的真子午线方向；真子午线方向是用天文测量方法或用陀螺经纬仪测定的。

2. 磁子午线方向

磁子午线方向是磁针在地球磁场的作用下，磁针自由静止时其轴线所指的方向。磁子午线方向可用罗盘仪测定。

3. 坐标纵轴方向

第一章已述及，我国采用高斯平面直角坐标系，每一 6°带或 3°带内都以该带的中央子午线作为坐标纵轴，因此，该带内直线定向，就用该带的坐标纵轴方向作为标准方向。如采用假定坐标系，则用假定的坐标纵轴（X 轴）作为标准方向。

二、表示直线方向的方法

测量工作中，常采用方位角来表示直线的方向。

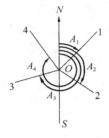

图 4-17

由标准方向的北端起，顺时针方向量到某直线的夹角，称为该直线的方位角。角值由 0°～360°。

如图 4-17，若标准方向 ON 为真子午线方向，并用 A 表示真方位角，则 A_1、A_2、A_3、A_4 分别为直线 $O1$、$O2$、$O3$、$O4$ 的真方位角。若 ON 为磁子午线方向，则各角分别为相应直线的磁方位角。磁方位角用 A_m 表示。若 ON 为坐标纵轴方向，则各角分别为相应直线的坐标方位角，用 α 表示之。

三、几种方位角之间的关系

1. 真方位角与磁方位角之间的关系

由于地磁南北极与地球的南北极并不重合，因此，过地面上某点的真子午线方向与磁子午线方向常不重合，两者之间的夹角称为磁偏角，如图 4-18 中的 δ。磁针北端偏于真子午线以东称东偏，偏于真子午线以西称西偏。直线的真方位角与磁方位角之间可用下式进行换算

$$A = A_m + \delta \tag{4-20}$$

式（4-20）中的 δ 值，东偏取正值，西偏取负值。我国磁偏角的变化大约在 $+6°$ 到 $-10°$ 之间。

2. 真方位角与坐标方位角之间的关系

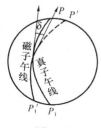

图 4-18

第一章中述及，中央子午线在高斯平面上是一条直线，作为该带的坐标纵轴，而其他子午线投影后为收敛于两极的曲线，如图 4-19所示。图中地面点 M、N 等点的真子午线方向与中央子午线之间的夹角，称为子午线收敛角，用 γ 表示。γ 角有正有负。在中央子午线以东地区，各点的坐标纵轴偏在真子午线的东边，γ 为正值；在中央子

午线以西地区，γ 为负值。某点的子午线收敛角 γ，可用该点的高斯平面直角坐标为引数，在测量计算用表中查到。

也可用下式计算：

$$\gamma = (L - L_0)\sin B$$

式中　L_0——中央子午线的经度；

　　　L、B——计算点的经纬度。

真方位角与坐标方位角之间的关系，如图 4-20 所示，可用下式进行换算

$$A_{12} = \alpha_{12} + \gamma \tag{4-21}$$

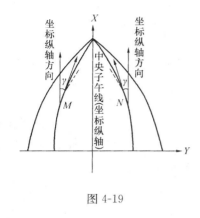

图 4-19

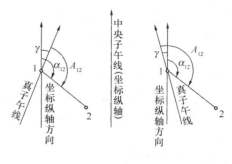

图 4-20

3. 坐标方位角与磁方位角的关系

若已知某点的磁偏角 δ 与子午线收敛角 γ，则坐标方位角与磁方位角之间的换算式为

$$\alpha = A_{\mathrm{m}} + \delta - \gamma \tag{4-22}$$

四、正、反坐标方位角

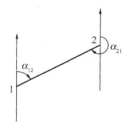

图 4-21

测量工作中的直线都是具有一定方向的。如图 4-21，直线 1-2 的点 1 是起点，点 2 是终点；通过起点 1 的坐标纵轴方向与直线 1-2 所夹的坐标方位角 α_{12}，称为直线 1-2 的正坐标方位角。过终点 2 的坐标纵轴方向与直线 2-1 所夹的坐标方位角，称为直线 1-2 的反坐标方位角（是直线 2-1 的正坐标方位角）。正、反坐标方位角相差 180°，即

$$\alpha_{21} = \alpha_{12} + 180° \tag{4-23}$$

由于地面各点的真（或磁）子午线收敛于两极，并不互相平行，致使直线的反真（或磁）方位角不与正真（或磁）方位角差 180°，给测量计算带来不便，故测量工作中均采用坐标方位角进行直线定向。

五、坐标方位角的推算

为了整个测区坐标系统的统一，测量工作中并不直接测定每条边的方向，而是通过与已知点（其坐标为已知）的连测，以推算出各边的坐标方位角。如图 4-22，B、A 为已知点，AB 边的坐标方位角 α_{AB} 为已知，通过连测求得 A-B 边与 A-1 边的连接角为 β'，测出了各点的右（或左）角 β_A、β_1、β_2 和 β_3，现在要推算 A-1、1-2、2-3 和 3-A 边的坐标方位角。所谓右（或左）角是指位于以编号顺序为前进方向的右（或左）边的角度。

由图 4-22 可以看出

$$\alpha_{A1} = \alpha_{AB} + \beta'$$

$$\alpha_{12} = \alpha_{1A} - \beta_{1(右)} = \alpha_{A1} + 180° - \beta_{1(右)}$$

$$\alpha_{23} = \alpha_{12} + 180° - \beta_{2(右)}$$

$$\alpha_{3A} = \alpha_{23} + 180° - \beta_{3(右)}$$

$$\alpha_{A1} = \alpha_{3A} + 180° - \beta_{A(右)}$$

将算得 α_{A1} 与原已知值进行比较，以检核计算中有无错误，计算中，如果 $\alpha + 180°$ 小于 $\beta_{(右)}$，应先加 $360°$ 再减 $\beta_{(右)}$。

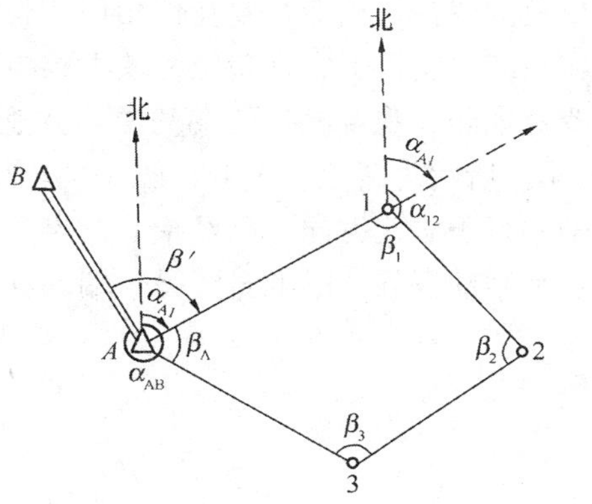

如果用左角推算坐标方位角，由图 4-22 可以看出

$$\alpha_{12} = \alpha_{A1} + 180° + \beta_{1(左)}$$

计算中如果 α 值大于 $360°$，应减去 $360°$，同理可得

$$\alpha_{23} = \alpha_{12} + 180° + \beta_{2(左)}$$

从而可以写出推算坐方位角的一般公式为

$$\alpha_{前} = \alpha_{后} + 180° \pm \beta \tag{4-24}$$

式（4-24）中，β 为左角取正号，β 为右角取负号。

图 4-22

4-6　用罗盘仪测定磁方位角

一、罗盘仪的构造

罗盘仪的种类很多，其构造大同小异，主要部件有磁针、刻度盘和瞄准设备等，如图 4-23 所示。

1. 磁针

图 4-24 为罗盘盒的剖面图。磁针用人造磁铁制成，其中心装有镶着玛瑙的圆形球窝，在刻度盘的中心装有顶针，磁针球窝支在顶点上。为了减轻顶针尖的磨损，装置了杠杆和螺旋 P，磁针不用时，用杠杆将磁针升起，使它与顶针分离，把磁针压在玻璃盖下。

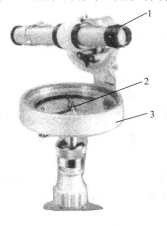

图 4-23

1—瞄准设备；2—磁针；

3—刻度盘

2. 刻度盘

刻度盘为铜或铝的圆环，最小分划为 $1°$ 或 $30'$，每隔 $10°$ 有一注记，按逆时针方向从 $0°$ 注记到 $360°$。

3. 瞄准设备

罗盘仪的瞄准设备，现在大都采用望远镜（图 4-23）；老式仪器采用觇板。

二、用罗盘仪测定直线的磁方位角

观测时，先将罗盘仪安置在直线的起点，对中，整平（罗盘盒内一般均设有水准器，指示仪器是否水平），旋松螺旋 P，放下磁针，然后转动仪器，通过瞄准设备去瞄准直线另一端的标杆。待磁针静止后，读出磁针北端所指的读数，即为该直线的磁方位角。

目前，有很多经纬仪配有罗针，用来测定磁方位角。罗针的构造与罗盘仪相似。观测时，先安置经纬仪于直线起点上，然后将罗针安置在经纬仪支架上。旋转经纬仪大致指向磁北，制动照准部。揿下螺旋 P，放下磁针，通过罗针观测孔观看磁针两端的象，并旋转经纬仪的水平微动螺旋，使其象上下重合。图 4-25a) 所示为两象未重合；图 4-25b 为重合时的情形。磁针的象上下重合说明望远镜视准轴平行于磁北方向，已经指北。再拨动水平度盘位置变换轮，使水平度盘读数为零，松开水平制动螺旋，瞄准直线另一端的标杆，所得水平度盘读数，即为该直线的磁方位角。

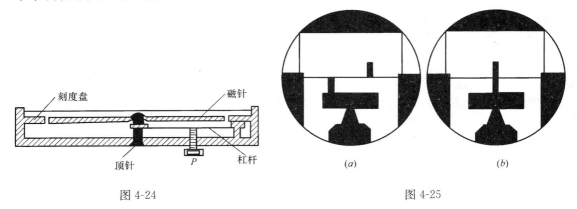

图 4-24   图 4-25

罗盘仪在使用时，不要使铁质物体接近罗盘，以免影响磁针位置的正确性。在铁路附近及高压线铁塔下观测时，磁针读数会受很大影响，应该注意避免。测量结束后，必须旋紧螺旋 P，将磁针升起，避免顶针磨损，以保护磁针的灵敏性。

思 考 题 与 习 题

1. 用钢尺往、返丈量了一段距离，其平均值为 184.26m，要求量距的相对误差为 $\frac{1}{5000}$，向往、返丈量距离之差不能超过多少？

2. 何谓钢尺的名义长度和实际长度？钢尺检定的目的是什么？

3. 下列情况使得丈量结果比实际距离增大还是减小？

（1）钢尺比标准尺长；

（2）定线不准；

（3）钢尺不平；

（4）拉力偏大；

（5）温度比检定时低。

4. 将一根名义长度为 30m 的钢尺与标准尺进行比长，得知该钢尺比标准尺长 7.2mm，已知标准尺的尺长方程为：$l_t=30\text{m}+0.0052\text{m}+1.25\times10^{-5}\times30(t-20℃)\text{m}$，比长时的温度变化很小，拉力为 10kg，求检定温度为 20℃时该钢尺的尺长方程式。

5. 某钢尺的尺长方程式为 $l_t=30\text{m}-0.002\text{m}+1.25\times10^{-6}\times30(t-20℃)\text{m}$，现用它丈量了两个尺段的距离，所用拉力为 10kg，丈量结果如表 4-3，试进行尺长、温度及倾斜改正，求出各尺段的实际水平长度。

6. 试述光电测距仪的基本原理。

7. 光电测距仪为什么需要"精尺"和"粗尺"？

8. 影响光电测距仪精度的因素有哪些？其中主要的是哪几项？

表 4-3

尺　段	尺段长度(m)	温　度(℃)	高　差(m)
1　2	29.987	16	0.11
2　3	29.905	25	0.85

9. 为什么要进行直线定向？怎样确定直线的方向？

10. 已知 A 点的磁偏角为西偏 $21'$，过 A 点的真子午线与中央子午线之间的收敛角为 $+3'$，直线 AB 的坐标方位角 $\alpha=64°20'$，求 AB 直线的真方位角与磁方位角，并绘图说明之。

11. 图 4-26 中，五边形的各内角为：$\beta_1=95°$，$\beta_2=130°$，$\beta_3=65°$，$\beta_4=128°$，$\beta_5=122°$，1-2 边的坐标方位角为 $30°$，计算其他各边的坐标方位角。

12. 图 4-27 中，已知 $\alpha_{12}=65°$，β_2 及 β_3 的角值均注于图上，试求 2-3 边的正坐标方位角及 3-4 边的反坐标方位角。

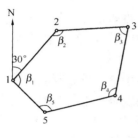

图 4-26

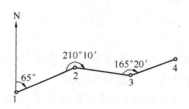

图 4-27

第五章 测量误差的基本知识

5-1 测 量 误 差 概 述

在测量工作中，大量实践表明，当对某一未知量进行多次观测时，不论测量仪器多么精密，观测进行得多么仔细，观测值之间总是存在着差异。例如，往、返丈量某段距离若干次，或重复观测某一角度，观测结果都不会一致。再如，测量某一平面三角形的三个内角，其观测值之和常常不等于理论值 180°。这些现象都说明了测量结果不可避免地存在误差。

测量误差的产生，主要是由于仪器的构造不可能十分完善；观测者感觉器官的鉴别能力有限；观测是在一定的外界条件（如风、温度、亮度等）下进行的。通常把仪器、观测者的技术水平和外界条件三个方面综合起来，称为观测条件。观测条件相同的各次观测，称为等精度观测；观测条件不同的各次观测，称为非等精度观测。

在观测结果中，有时还会出现错误。例如，读错、记错或测错等，统称为粗差。粗差在观测结果中是不允许出现的。为了杜绝粗差，除认真仔细作业外，还必须采取必要的检核措施。例如，对距离进行往、返测量；对角度重复观测，对几何图形进行必要的多余观测，用一定的几何条件来进行检核。

观测误差按其对测量结果影响的性质，可分为：

一、系统误差

在相同的观测条件下，对某量进行一系列观测，如误差出现的符号和大小均相同或按一定的规律变化，这种误差称为系统误差。例如，用名义长度为 30m 的钢尺量距，而该钢尺的实际长度为 30.004m，则每量一尺段就会产生 -0.004m 的系统误差。又如，水准仪经检验校正后，视准轴与水准管轴之间仍然存在不平行的残余 i 角，观测时在水准尺上的读数就会产生 $D\dfrac{i''}{\rho''}$ 的误差，它与水准仪至水准尺之间的距离 D 成正比。

系统误差具有积累性，对测量结果的影响很大。但是，由于系统误差的符号和大小有一定的规律，可以用以下方法进行处理：

1. 用计算的方法加以改正。例如，尺长误差和温度对尺长的影响。

2. 用一定的观测方法加以消除。例如，在水准测量中用前、后视距相等的方法消除 i 角的影响，在经纬仪测角中，用盘左、盘右观测值取中数的方法可以消除视准轴误差、支架差和竖盘指标差等的影响。

3. 将系统误差限制在允许范围内。有的系统误差既不便于计算改正，又不能采用一定的观测方法加以消除，例如，经纬仪照准部管水准器轴不垂直于仪器竖轴的误差对水平角的影响。对于这类系统误差，则只能按规定的要求对仪器进行精确检校，并在观测中仔细整平将其影响减小到允许范围内。

二、偶然误差

在相同的观测条件下，对某量进行一系列观测，若误差出现的符号和大小均不一定，这种误差称为偶然误差。例如，用经纬仪测角时的照准误差、水准仪在水准尺上读数时的估读误差等。对于单个偶然误差，观测前我们不能预知其出现的符号和大小，但就大量偶然误差总体来看，则具有一定的统计规律，而且随着观测次数的增加、偶然误差的统计规律愈明显。

例如，对一个三角形的三个内角进行观测，由于观测存在误差，三角形各内角的观测值之和 l 不等于其真值 180°。用 Z 表示真值，则 l 与 Z 的差值 Δ 称为真误差，可由下式计算

$$\Delta = l - Z = l - 180° \tag{5-1}$$

现观测了 96 个三角形，按上式计算可得 96 个内角和观测值的真误差。按其大小和一定的区间（本例为 0.5″），统计如表 5-1。

表 5-1

误差所在区间	正误差个数	负误差个数	总　数
0.0″—0.5″	19	20	39
0.5″—1.0″	13	12	25
1.0″—1.5″	8	9	17
1.5″—2.0″	5	4	9
2.0″—2.5″	2	2	4
2.5″—3.0″	1	1	2
3.0″以上	0	0	0
	48	48	96

由表 5-1 可以看出：

（1）小误差出现的个数比大误差多；

（2）绝对值相等的正、负误差出现的个数大致相等；

（3）最大误差不超过 3.0″。

通过大量实验统计结果表明，特别是观测次数较多时，总结出偶然误差具有如下统计特性：

（1）在一定的观测条件下，偶然误差的绝对值有一定的限值，或者说，超出该限值的误差出现的概率为零；

（2）绝对值较小的误差比绝对值大的误差出现的概率大；

（3）绝对值相等的正、负误差出现的概率相同；

（4）同一量的等精度观测，其偶然误差的算术平均值，随着观测次数的无限增加而趋于零，即

$$\lim_{n \to \infty} \frac{[\Delta]}{n} = 0 \tag{5-2}$$

式中　$[\Delta] = \Delta_1 + \Delta_2 + \cdots\cdots + \Delta_n$。

在数理统计中，称式（5-2）为偶然误差的数学期望（即理论平均值）等于零。

第一个特性说明偶然误差出现的范围；第二个特性是偶然误差绝对值大小的规律；第

三个特性是误差符号出现的规律；第四个特性可由第三个特性导出，它说明偶然误差具有抵偿性。

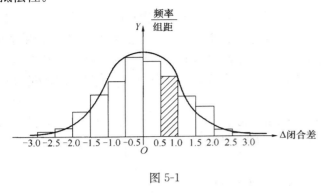

图 5-1

表 5-1 的统计结果还可以用较直观的频率直方图来表示（图5-1）。现以横坐标表示三角形内角和的偶然误差 Δ，在横坐标轴上自原点向左、右截取各误差区间；纵坐标表示各区间内误差出现的相对个数 $\frac{n_i}{n}$（亦称为频率）除以区间间隔（亦称组距），即频率/组距。作图时，以横坐标误差区间为底，向上作矩形，使每个矩形的面积等于该区间误差出现的频率 $\frac{n_i}{n}$。n 为总误差个数，n_i 是出现在该区间的误差个数。

显然，图 5-1 中矩形面积的总和等于 1，而每个矩形面积表示在该区间内偶然误差出现的频率。例如，图中有阴影的矩形的面积，即表示误差出现在 $+0.5''\sim1.0''$ 之间的频率，其值为 $\frac{n_i}{n} = \frac{13}{96} = 0.136$。由于横坐标代表偶然误差值 Δ，所以各矩形上部的折线能比较形象地表示出偶然误差的分布规律。

在图 5-1 中，如果在观测条件相同的情况下，观测更多的三角形内角，可以预期，随着观测个数的不断增多，误差出现在各区间的频率就趋向一个稳定值。当 $n\to\infty$ 时，各区间的频率也就趋向一个完全确定的数值——概率。这就是说，在一定的观测条件下，对应着一个确定的误差分布。

当 $n\to\infty$ 时，如将误差区间无限缩小（$d\Delta\to0$），则图 5-1 各矩形的上部折线，就趋向于一条以纵轴为对称轴的光滑曲线，称为误差概率分布曲线。在数理统计中，称为正态分布密度曲线。高斯根据偶然误差的四个特性推导出该曲线的方程式为

$$y = f(\Delta) = \frac{1}{\sigma\sqrt{2\pi}}e^{-\frac{\Delta^2}{2\sigma^2}} \tag{5-3}$$

式中　$\sigma(>0)$ ——与观测条件有关的参数。

当 $n\to\infty$ 时，在横坐标 Δ_k 处有

$$y_k d\Delta = f(\Delta_k)d\Delta = \frac{n_k}{n}$$

即

$$\frac{n_k}{nd\Delta} = f(\Delta_k) \tag{5-4}$$

式（5-4）即在 Δ_k 处，在区间 $d\Delta$ 内误差出现的频率 $\frac{n_k}{n}$ 与误差分布曲线的关系。

实践证明，偶然误差不能用计算改正或用一定的观测方法简单地加以消除，只能根据偶然误差的特性来合理地处理观测数据，以减少偶然误差对测量成果的影响。

学习误差理论知识的目的，是为了使读者了解偶然误差的规律，正确地处理观测数

据，即根据一组带有偶然误差的观测值，求出未知量的最可靠值，并衡量其精度；同时，根据偶然误差的理论指导实践，使测量成果能达到预期的要求。建筑类专业的同学学习误差方面的知识，不仅是学习测量学的需要，而且对于今后从事科学研究工作，处理观测资料和实验数据，也是不可缺少的基础知识。

5-2 衡 量 精 度 的 指 标

在相同观测条件下，对某一量所进行的一组观测，对应着同一种误差分布，因此，这一组中的每一个观测值，都具有同样的精度。为了衡量观测值的精度高低，显然可以用前一节的方法，绘出频率直方图或误差分布表加以分析来衡量。但这样做实际应用十分不便，又缺乏一个简单的关于精度的数值概念。这个数值应该能反映误差分布的密集或离散程度，即应反映其离散度的大小，作为衡量精度的指标。

下面介绍几种常用的衡量精度的指标。

一、方差和中误差

设对某一未知量 x 进行了 n 次等精度观测，其观测值为 l_1、l_2、$\cdots\cdots$、l_n，相应的真误差为 Δ_1、Δ_2、$\cdots\cdots$、Δ_n，则定义该组观测值的方差 D 为

$$D = \lim_{n \to \infty} \frac{[\Delta\Delta]}{n} \tag{5-5}$$

式中　　$[\Delta\Delta] = \Delta_1^2 + \Delta_2^2 + \cdots\cdots + \Delta_n^2$，

　　　　$\Delta_i = l_i - X (i = 1、2、\cdots\cdots、n)$

　　　　X 为未知量的真值。

显然，方差 D 是当观测次数 $n \to \infty$ 时 Δ_i^2 的理论平均值。

前节已经讲到，式（5-3）中的参数 σ 与观测精度有关。下面讨论方差 D 与参数 σ 的关系。由图 5-1 和方差 D 的定义可知，若将代表真误差的横轴，自原点向左、右分成若干个相等的区间，设区间个数为 N，而每个区间包含的误差个数为 $n_k (k = 1、2、\cdots\cdots、N)$，则有

$$D = \lim_{n \to \infty} \frac{\sum_{i=1}^{n} \Delta_i^2}{n} = \lim_{n \to \infty} \frac{1}{n} \left(\sum_{i=1}^{n_1} \Delta_i^2 + \sum_{j=1}^{n_2} \Delta_j^2 + \cdots\cdots + \sum_{t=1}^{n_N} \Delta_t^2 \right)$$

式中　$n_1 + n_2 + \cdots\cdots + n_N = n$。

显然，在 $n \to \infty$ 的条件下，若取无穷小区间间隔 $d\Delta$，则 Δ_k 可以用区间中的任一值代替，故上式可写为

$$D = \lim_{n \to \infty} \frac{1}{n} \sum_{k=1}^{N} n_k \Delta_k^2 = \lim_{n \to \infty} \sum_{k=1}^{N} \frac{n_k}{n} \Delta_k^2$$

式中 $\frac{n_k}{n}$ 为误差出现在相应区间的频率。

根据积分定义并顾及式（5-4）知 $f(\Delta_k) d\Delta = \frac{n_k}{n}$，此时 $N \to \infty$，上式可变为

$$D = \lim_{N \to \infty} \sum_{k=1}^{N} \Delta_k^2 f(\Delta_k) d\Delta = \int_{-\infty}^{+\infty} \Delta^2 f(\Delta) d\Delta$$

其中 $f(\Delta) = \dfrac{1}{\sqrt{2\pi}\sigma} e^{-\frac{\Delta^2}{2\sigma^2}}$，故有

$$D = \frac{1}{\sqrt{2\pi}\sigma} \int_{-\infty}^{+\infty} \Delta^2 e^{-\frac{\Delta^2}{2\sigma^2}} d\Delta = \sigma^2 \ \text{❶}$$

因此，$\sigma = \sqrt{D} = \lim\limits_{n \to \infty} \sqrt{\dfrac{[\Delta\Delta]}{n}}$（见式 5-5）

σ 称为中误差，在数理统计中称为标准偏差。当 n 为有限值时，σ 的估值 $\hat{\sigma}$ 为：

$$\hat{\sigma} = \pm \sqrt{\frac{[\Delta\Delta]}{n}}$$

在测量工作中，$\hat{\sigma}$ 常用符号 m 代替，习惯写为

$$m = \pm\hat{\sigma} = \pm \sqrt{\frac{[\Delta\Delta]}{n}} \tag{5-6}$$

显然，m 为中误差的估值。本书中在不特别强调"估值"意义的情况下，也将估值 m 称为"中误差"。

------

❶ $\quad D = \dfrac{1}{\sqrt{2\pi}\sigma} \int_{-\infty}^{+\infty} \Delta^2 e^{-\frac{\Delta^2}{2\sigma^2}} d\Delta = \dfrac{\sigma^2}{\sqrt{2\pi}} \int_{-\infty}^{+\infty} \left(\dfrac{\Delta}{\sigma}\right)^2 e^{-\frac{1}{2}\left(\frac{\Delta}{\sigma}\right)^2} d\left(\dfrac{\Delta}{\sigma}\right)$

命 $t = \dfrac{\Delta}{\sigma}$，代入上式，得

$$D = \frac{\sigma^2}{\sqrt{2\pi}} \int_{-\infty}^{+\infty} t^2 e^{-\frac{t^2}{2}} dt = \frac{\sigma^2}{\sqrt{2\pi}} \int_{-\infty}^{+\infty} -t d e^{-\frac{t^2}{2}}$$

$$= \frac{\sigma^2}{\sqrt{2\pi}} \left[-t e^{-\frac{t^2}{2}} \Big|_{-\infty}^{+\infty} + \int_{-\infty}^{+\infty} e^{-\frac{t^2}{2}} dt \right] \tag{1}$$

上式中 $-t e^{-\frac{t^2}{2}} \Big|_{-\infty}^{+\infty} = 0$，这是因为：

$$\lim_{t \to \infty} t e^{-\frac{t^2}{2}} = \lim_{t \to \infty} \frac{t}{e^{\frac{t^2}{2}}}，\text{应用罗必塔法，则有}$$

$$\lim_{t \to \infty} \frac{t}{e^{\frac{t^2}{2}}} = \lim_{t \to \infty} \frac{1}{t e^{\frac{t^2}{2}}} = 0$$

即得

$$-t e^{-\frac{t^2}{2}} \Big|_{-\infty}^{+\infty} = 0$$

又

$$\frac{1}{\sqrt{2\pi}} \int_{-\infty}^{+\infty} e^{-\frac{t^2}{2}} dt = \frac{1}{\sqrt{2\pi}} \int_{-\infty}^{+\infty} e^{-\frac{\Delta^2}{2\sigma^2}} d\left(\frac{\Delta}{\sigma}\right)$$

$$= \frac{1}{\sqrt{2\pi}\sigma} \int_{-\infty}^{+\infty} e^{-\frac{\Delta^2}{2\sigma^2}} d\Delta = \int_{-\infty}^{+\infty} f(\Delta) d\Delta = 1$$

即

$$\int_{-\infty}^{+\infty} e^{-\frac{t^2}{2}} dt = \sqrt{2\pi}$$

将以上计算结果代入原式（1），得

$$D = \frac{\sigma^2}{\sqrt{2\pi}} (0 + \sqrt{2\pi}) = \sigma^2$$

【例 5-1】 某段距离用钢尺丈量了 6 次，观测值列于表 5-2 中。该段距离用因瓦基线尺量得的结果为 49.982m，由于其精度很高，可视为真值。试求用该 50m 钢尺丈量该距离一次的观测值中误差。

表 5-2

观测次序	观测值（m）	Δ（mm）	$\Delta\Delta$	计　　算
1	49.988	+6	36	
2	49.975	−7	49	$m = \pm\sqrt{\dfrac{\Delta\Delta}{n}}$
3	49.981	−1	1	
4	49.978	−4	16	$= \pm\sqrt{\dfrac{131}{6}}$
5	49.987	+5	25	
6	49.984	+2	4	$= \pm 4.7\text{mm}$
			131	

从表 5-2 的计算结果来看，该组等精度观测值的中误差 $m = \pm 4.7$mm。中误差与真误差不同，它只是表示上述的一组观测值的精度指标，并不等于任何观测值的真误差。由于是等精度观测，故每个观测值的精度皆为 $m = \pm 4.7$mm。

由式（5-3）还可以看出，当 $\Delta = 0$ 时，$y = f(0) = \dfrac{1}{\sigma\sqrt{2\pi}}$，它代表误差概率分布曲线的峰值。设有不同精度的两组观测值，对应的参数为 σ_1 和 σ_2，并设 $\sigma_1 < \sigma_2$，则 $\dfrac{1}{\sigma_1\sqrt{2\pi}} >$

$\dfrac{1}{\sigma_2\sqrt{2\pi}}$。它们所对应的误差概率分布曲线为图 5-2 中的（Ⅰ）和（Ⅱ）。σ_1 对应的曲线峰值 $f(0) = \dfrac{1}{\sigma_1\sqrt{2\pi}}$ 比较高，曲线陡峭，而 σ_2 对应的曲线峰值 $f(0) = \dfrac{1}{\sigma_2\sqrt{2\pi}}$ 较小，曲线平缓，说明了曲线（Ⅰ）对应的观测精度好，小误差较集中分布在原点附近，而曲线（Ⅱ）对应的精度较差，误差分布离散度大。故 σ 值愈小，观测精度愈高。

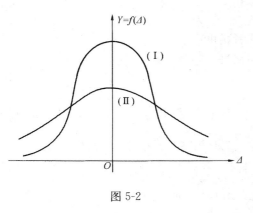

图 5-2

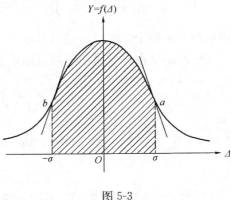

图 5-3

下面进一步讨论以中误差作为观测精度指标的概率含义。

对式（5-3）的误差概率分布曲线方程对 Δ 取二阶导数，并令其为零，得

$$f''(\Delta) = \frac{1}{\sqrt{2\pi}\sigma^3}\left(\frac{\Delta^2}{\sigma^2} - 1\right)e^{-\frac{\Delta^2}{2\sigma^2}} = 0$$

由于 $\sigma > 0$，$e^{-\frac{\Delta^2}{2\sigma^2}}$ 不为零，故上式只能得出

$$\frac{\Delta^2}{\sigma^2} - 1 = 0$$

即

$$\Delta = \pm \sigma \tag{5-7}$$

由式（5-7）可知，$\pm\sigma$ 正是误差概率分布曲线中的两个拐点 a、b 的横坐标值（如图5-3）。

再看误差落在区间〔$-\sigma,\sigma$〕之内的概率值 $P\{-\sigma < \Delta < \sigma\}$，它等于图5-3中的阴影部分的面积，故

$$P\{-\sigma < \Delta < \sigma\} = \int_{-\sigma}^{\sigma} f(\Delta)d\Delta = \frac{1}{\sqrt{2\pi}\sigma}\int_{-\sigma}^{\sigma} e^{-\frac{\Delta^2}{2\sigma^2}}d\Delta = 0.683 \; ❶$$

即

$$P\{-\sigma < \Delta < \sigma\} = 0.683 \approx 0.68 \tag{5-8}$$

式（5-8）说明，中误差 σ 的概率含义是：对任一观测值 l_i 的真误差 Δ_i，落在区间〔$-\sigma,\sigma$〕的概率是 0.68。或者说，当 $n=100$ 时，落在区间〔$-\sigma,\sigma$〕的真误差个数约有 68 个。当使用中误差这个精度指标时，应特别注意它的概率含义。

二、相对误差

中误差和真误差都是绝对误差。在衡量观测值精度时，单纯用绝对误差有时还不能完全表达精度的优劣。例如，分别丈量了长度为 100m 和 200m 的两段距离，其中误差皆为 ± 0.02m。显然不能认为这两段距离的精度相同。此时，为了更客观地反映实际精度，还必须引入相对误差的概念。相对误差 K 是中误差的绝对值与相应观测值之比。它是一个不名数，常用分子为 1 的分式来表示。

$$K = \frac{|m|}{D} = \frac{1}{\dfrac{D}{|m|}} \tag{5-9}$$

式中，m 为距离 D 的中误差时，K 称为相对中误差，在上例中

$$K_1 = \frac{|m_1|}{D_1} = \frac{0.02}{100} = \frac{1}{5000}$$

$$K_2 = \frac{|m_2|}{D_2} = \frac{0.02}{200} = \frac{1}{10000}$$

用相对误差来衡量，就可容易地看出，后者比前者精度高。

在距离测量中，常用往返测量结果的较差率来进行检核。较差率为

---

❶ 作积分变量变换，设 $t = \dfrac{\Delta}{\sigma}$，则 $dt = \dfrac{1}{\sigma}d\Delta$，$d\Delta = \sigma dt$。当 $\Delta = \pm\sigma$ 时，$t = \pm 1$，故上式变为

$$P\{-\sigma < \Delta < \sigma\} = \frac{1}{\sqrt{2\pi}}\int_{-1}^{1} e^{-\frac{t^2}{2}}dt$$

考虑误差概率分布曲线是对称于纵轴的，且曲线至横轴之间的面积为 1，上式可变为

$$P\{-\sigma < \Delta < \sigma\} = \frac{2}{\sqrt{2\pi}}\int_{-\infty}^{1} e^{-\frac{t^2}{2}}dt - 1$$

上式中 $\dfrac{1}{\sqrt{2\pi}}\int_{-\infty}^{1} e^{-\frac{t^2}{2}}dt$ 可由任何一本概率论书中的正态分布表中，以积分上限为引数查出其值。

当积分上限为 1 时，可查得该值为 0.8413，代入上式可得
$$P\{-\sigma < \Delta < \sigma\} = 2 \times 0.8413 - 1 = 0.683 \approx 0.68$$

$$\frac{|D_{往} - D_{返}|}{D_{平均}} = \frac{|\Delta D|}{D_{平均}} = \frac{1}{\dfrac{D_{平均}}{|\Delta D|}}$$

较差率是真误差的相对误差。它只反映了往返测的符合程度，以作为检核。显然，较差率愈小，观测结果愈可靠。

还应该指出，用经纬仪测角时，不能用相对误差来衡量测角精度，因为测角误差与角度大小无关。

三、极限误差

由偶然误差的第一个特性可知，在一定的观测条件下，偶然误差的绝对值不会超过一定限值。这个限值就是极限误差。怎样估计出极限误差呢？我们知道，观测值的中误差，只是衡量观测精度的一种指标，它并不能代表某一个别观测值的真误差的大小，但在统计意义上来讲，它们却存在着一定的联系。根据式（5-8）

$$P\{-\sigma < \Delta < \sigma\} = \frac{1}{\sqrt{2\pi}\sigma} \int_{-\sigma}^{\sigma} e^{-\frac{\Delta^2}{2\sigma^2}} d\Delta = 0.683 \approx 0.68$$

上式即为真误差落在区间〔$-\sigma, \sigma$〕内的概率。同法可得

$$P\{-2\sigma < \Delta < 2\sigma\} = \frac{1}{\sqrt{2\pi}\sigma} \int_{-2\sigma}^{2\sigma} e^{-\frac{\Delta^2}{2\sigma^2}} d\Delta = 0.955 \tag{5-10}$$

$$P\{-3\sigma < \Delta < 3\sigma\} = \frac{1}{\sqrt{2\pi}\sigma} \int_{-3\sigma}^{3\sigma} e^{-\frac{\Delta^2}{2\sigma^2}} d\Delta = 0.997 \tag{5-11}$$

上述诸式结果的概率含义是：在一组等精度观测值中，真误差的绝对值大于一倍 σ 的个数约占整个误差个数的 32%；大于两倍 σ 的个数约占 4.5%；大于三倍 σ 的个数只占 0.3%。

由于大于三倍中误差的真误差的个数，只占全部的 0.3%，即 1000 个真误差中，只有三个绝对值可能超过三倍 σ。由于出现的概率很小，故可以认为，绝对值大于 3σ 的真误差实际上是不可能出现的。故通常以三倍中误差为真误差极限误差的估值，即

$$\Delta_{极} = 3\sigma \approx 3|m|$$

在实际工作中，测量规范要求观测值中，不容许存在较大的误差，常以两倍或三倍中误差作为偶然误差的容许值，称为容许误差，即

$$|\Delta_{容}| = 2\sigma \approx 2|m|$$

或

$$|\Delta_{容}| = 3\sigma \approx 3|m|$$

前者要求较严，后者要求较宽。如果观测值中，出现了大于所规定的容许误差的偶然误差，则认为该观测值不可靠，应舍去不用或重测。

5-3 误 差 传 播 定 律

前面已经叙述了衡量一组等精度观测值的精度指标，并指出在测量工作中通常以中误差作为衡量精度的指标。但在实际工作中，某些未知量不可能或不便于直接进行观测，而需要由另一些直接观测量根据一定的函数关系计算出来。例如，欲测量不在同一水平面上两点间的距离 D，可以用光电测距仪测量斜距 S，并用经纬仪测量竖直角 α，以函数关系 $D = S\cos\alpha$ 来推算。显然，在此情况下，函数 D 的中误差与观测值 S 及 α 的中误差之间，必定有一定的关系。阐述这种函数关系的定律，称为误差传播定律。

下面以一般函数关系来推导误差传播定律。

设有一般函数

$$Z = F(x_1, x_2, \cdots, x_n) \tag{5-12}$$

式中 x_1、x_2、$\cdots\cdots x_n$ 为可直接观测的未知量；Z 为不便于直接观测的未知量。

设 $x_i(i = 1、2、\cdots\cdots、n)$ 的独立观测值为 l_i，其相应的真误差为 Δx_i。由于 Δx_i 的存在，使函数 Z 亦产生相应的真误差 ΔZ。将式（5-12）取全微分

$$dZ = \frac{\partial F}{\partial x_1} dx_1 + \frac{\partial F}{\partial x_2} dx_2 + \cdots\cdots + \frac{\partial F}{\partial x_n} dx_n$$

因误差 Δx_i 及 ΔZ 都很小，故在上式中，可近似用 Δx_i 及 ΔZ 代替 dx_i 及 dZ，于是有

$$\Delta Z = \frac{\partial F}{\partial x_1} \Delta x_1 + \frac{\partial F}{\partial x_2} \Delta x_2 + \cdots\cdots + \frac{\partial F}{\partial x_n} \Delta x_n \tag{5-13}$$

式中 $\dfrac{\partial F}{\partial x_i}$ 为函数 F 对各自变量的偏导数。将 $x_i = l_i$ 代入各偏导数中，即为确定的常数，设

$$\left(\frac{\partial F}{\partial x_i} \right)_{x_i = l_i} = f_i$$

则式（5-13）可写成

$$\Delta Z = f_1 \Delta x_1 + f_2 \Delta x_2 + \cdots\cdots + f_n \Delta h_n \tag{5-14}$$

为了求得函数和观测值之间的中误差关系式，设想对各 x_i 进行了 k 次观测，则可写出 k 个类似于式（5-14）的关系式

$$\begin{cases} \Delta Z^{(1)} = f_1 \Delta x_1^{(1)} + f_2 \Delta x_2^{(1)} + \cdots\cdots + f_n \Delta x_n^{(1)} \\ \Delta Z^{(2)} = f_1 \Delta x_1^{(2)} + f_2 \Delta x_2^{(2)} + \cdots\cdots + f_n \Delta x_n^{(2)} \\ \cdots\cdots\cdots\cdots\cdots\cdots\cdots\cdots\cdots \\ \Delta Z^{(k)} = f_1 \Delta x_1^{(k)} + f_2 \Delta x_2^{(k)} + \cdots\cdots + f_n \Delta x_n^{(k)} \end{cases}$$

将以上各式等号两边平方后，再相加，得

$$[\Delta Z^2] = f_1^2 [\Delta x_1^2] + f_2^2 [\Delta x_2^2] + \cdots\cdots + f_n^2 [\Delta x_n^2] + \sum_{\substack{i,j=1 \\ i \neq j}}^{n} f_i f_j [\Delta x_i \Delta x_j]$$

上式两端各除以 k

$$\frac{[\Delta Z^2]}{k} = f_1^2 \frac{[\Delta x_1^2]}{k} + f_2^2 \frac{[\Delta x_2^2]}{k} + \cdots\cdots + f_n \frac{[\Delta x_n^2]}{k} + \sum_{\substack{i,j=1 \\ i \neq j}}^{n} f_i f_j \frac{[\Delta x_i \Delta x_j]}{k} \tag{5-15}$$

设对各 x_i 的观测值 l_i 为彼此独立的观测，则 $\Delta x_i \Delta x_j$ 当 $i \neq j$ 时，亦为偶然误差。根据偶然误差的第四个特性可知，式（5-15）的末项当 $k \to \infty$ 时趋近于零，即

$$\lim_{k \to \infty} \frac{[\Delta x_i \Delta x_j]}{k} = 0$$

故式（5-15）可写为

$$\lim_{k \to \infty} \frac{[\Delta Z^2]}{k} = \lim_{k \to \infty} \left(f_1^2 \frac{[\Delta x_1^2]}{k} + f_2^2 \frac{[\Delta x_2^2]}{k} + \cdots\cdots + f_n^2 \frac{[\Delta x_n^2]}{k} \right)$$

根据中误差的定义，上式可写成

$$\sigma_z^2 = f_1^2 \sigma_1^2 + f_2^2 \sigma_2^2 + \cdots\cdots + f_n^2 \sigma_n^2$$

当 k 为有限值时，可写为

$$m_z^2 = f_1^2 m_1^2 + f_2^2 m_2^2 + \cdots\cdots + f_n^2 m_n^2 \tag{5-16}$$

即

$$m_z = \pm\sqrt{\left(\frac{\partial F}{\partial x_1}\right)^2 m_1^2 + \left(\frac{\partial F}{\partial x_2}\right)^2 m_2^2 + \cdots\cdots + \left(\frac{\partial F}{\partial x_n}\right)^2 m_n^2} \tag{5-17}$$

上式即为计算函数中误差的一般形式。应用上式时，必须注意：各观测值必须是相互独立的变量，而当 l_i 为未知量 x_i 的直接观测值时，可认为各 l_i 之间满足相互独立的条件。

【例 5-2】 设在三角形 ABC 中，直接观测 $\angle A$ 和 $\angle B$，其中误差分别为 $m_A = \pm 3''$ 和 $m_B = \pm 4''$，试求由 $\angle A$、$\angle B$ 计算 $\angle C$ 时的中误差 m_C。

【解】 函数关系为

$$\angle C = 180° - \angle A - \angle B$$

微分上式

$$dC = -dA - dB$$

由式（5-13）知，$f_1 = \dfrac{\partial F}{\partial A} = -1$，$f_2 = \dfrac{\partial F}{\partial B} = -1$，代入式（5-16）得

$$m_C^2 = m_A^2 + m_B^2 = (\pm 3'')^2 + (\pm 4'')^2$$

最后得

$$m_C = \pm 5''$$

【例 5-3】 设测得圆形的半径 $r = 1.465$m，已知其中误差 $m = \pm 0.002$m，求其周长 l 及其中误差 m_l。

【解】

$$l = 2\pi r = 2\pi \times 1.465 = 9.205\text{m}$$

又

$$dl = 2\pi dr$$

按误差传播定律，有

$$m_l^2 = (2\pi)^2 m_r^2$$

即

$$m_l = 2\pi \times (\pm 0.002) = \pm 0.013\text{m}$$

最后得

$$l = 9.205 \pm 0.013\text{m}$$

【例 5-4】 设有函数关系 $h = D\text{tg}\alpha$，已知 $D = 120.25\text{m} \pm 0.05\text{m}$，$m_\alpha = 12°47' \pm 0.5'$，求 h 值及其中误差 m_h。

【解】

$$h = D\text{tg}\alpha = 120.25\text{tg}12°47' = 27.28\text{m}$$

又

$$dh = \text{tg}\alpha dD + (D\sec^2\alpha)\frac{d\alpha'}{\rho'}$$

显然

$$f_1 = \text{tg}12°47' = 0.2269$$

$$f_2 = D\sec^2\alpha = 120.25\sec^2 12°47' = 126.44$$

应用误差传播公式（5-16），有

$$m_h^2 = \text{tg}^2\alpha m_D^2 + (D\sec^2\alpha)^2\left(\frac{m_\alpha'}{\rho'}\right)^2$$

$$= (0.2269)^2 \times (0.05)^2 + (126.44)^2\left(\frac{0.5'}{3438'}\right)^2$$

$$= 4.67 \times 10^{-4}\text{m}^2$$

故

$$m_h = \pm 0.02\text{m}$$

最后结果写为

$$h = 27.28\text{m} \pm 0.02\text{m}$$

【例 5-5】 对某段距离测量了 n 次，观测值为 l_1、l_2、$\cdots\cdots$、l_n，为相互独立的等精度观测值，观测中误差为 m，试求其算术平均值 L 的中误差 M。

【解】 函数关系式为

$$L = \frac{l_1 + l_2 + \cdots\cdots + l_n}{n} = \frac{1}{n}l_1 + \frac{1}{n}l_2 + \cdots\cdots + \frac{1}{n}l_n$$

上式取全微分

$$dL = \frac{1}{n}dl_1 + \frac{1}{n}dl_2 + \cdots\cdots + \frac{1}{n}dl_n$$

根据误差传播定律有

$$M^2 = \frac{1}{n^2}m^2 + \frac{1}{n^2}m^2 + \cdots\cdots + \frac{1}{n^2}m^2 = \frac{1}{n^2} \cdot nm^2 = \frac{m^2}{n}$$

最后得
$$M = \frac{m}{\sqrt{n}} \tag{5-18}$$

由上例可以看出，n 次等精度直接观测值的算术平均值的中误差，为观测值中误差的 $1/\sqrt{n}$。

5-4 等精度直接观测值的最可靠值

设对某未知量进行了一组等精度观测，其真值为 X，观测值分别为 l_1、l_2、$\cdots\cdots$、l_n，相应的真误差为 Δ_1、Δ_2、$\cdots\cdots$、Δ_n，则

$$\begin{cases} \Delta_1 = l_1 - X \\ \Delta_2 = l_2 - X \\ \cdots\cdots\cdots\cdots \\ \Delta_n = l_n - X \end{cases}$$

将上式取和再除以观测次数 n，得

$$\frac{[\Delta]}{n} = \frac{[l]}{n} - X = L - X$$

式中 L 为算术平均值。

显然
$$L = \frac{[l]}{n} = \frac{[\Delta]}{n} + X$$

则有

$$\lim_{n \to \infty} L = \lim_{n \to \infty}\left(\frac{[\Delta]}{n} + X\right) = \lim_{n \to \infty}\frac{[\Delta]}{n} + X$$

根据偶然误差的第四个特性，有

$$\lim_{n \to \infty}\frac{[\Delta]}{n} = 0$$

则
$$\lim_{n \to \infty} L = X$$

从上式可以看出，当观测次数 n 趋于无穷大时，算术平均值就趋向于未知量的真值。当 n 为有限值时，通常取算术平均值为最可靠值，作为未知量的最后结果。

根据式（5-6）计算中误差 m，需要知道观测值 l_i 的真误差 Δ_i，但是，真误差往往是

不知道的。在实际应用中，多利用观测值的改正数 v_i 来计算中误差。由 v_i 及 Δ_i 的定义知

$$\begin{cases} v_1 = L - l_1 \\ v_2 = L - l_2 \\ \cdots\cdots\cdots\cdots \\ v_n = L - l_n \end{cases}$$

$$\begin{cases} \Delta_1 = l_1 - X \\ \Delta_2 = l_2 - X \\ \cdots\cdots\cdots\cdots \\ \Delta_n = l_n - X \end{cases}$$

上两组式对应相加

$$\begin{cases} \Delta_1 + v_1 = L - X \\ \Delta_2 + v_2 = L - X \\ \cdots\cdots\cdots\cdots\cdots\cdots \\ \Delta_n + v_n = L - X \end{cases}$$

设 $L - X = \delta$，代入上式，并移项后得

$$\begin{cases} \Delta_1 = -v_1 + \delta \\ \Delta_2 = -v_2 + \delta \\ \cdots\cdots\cdots\cdots\cdots\cdots \\ \Delta_n = -v_n + \delta \end{cases}$$

上组式中各式分别自乘，然后求和

$$[\Delta\Delta] = [vv] - 2[v]\delta + n\delta^2$$

显然
$$[v] = \sum_{i=1}^{n}(L - l_i) = nL - [l] = 0$$

故有
$$[\Delta\Delta] = [vv] + n\delta^2$$

即
$$\frac{[\Delta\Delta]}{n} = \frac{[vv]}{n} + \delta^2 \qquad (5\text{-}19)$$

但是
$$\delta = L - X = \frac{[l]}{n} - X = \frac{[l - X]}{n} = \frac{[\Delta]}{n}$$

故
$$\delta^2 = \frac{[\Delta]^2}{n^2} = \frac{1}{n^2}(\Delta_1^2 + \Delta_2^2 + \cdots\cdots + \Delta_n^2 + 2\Delta_1\Delta_2 + 2\Delta_1\Delta_3 + \cdots\cdots)$$

$$= \frac{[\Delta\Delta]}{n^2} + \frac{2}{n^2}(\Delta_1\Delta_2 + \Delta_1\Delta_3 + \cdots\cdots)$$

由于 Δ_1、Δ_2、$\cdots\cdots$、Δ_n 是彼此独立的偶然误差，故 $\Delta_1\Delta_2$、$\Delta_1\Delta_3$、$\cdots\cdots$ 也具有偶然误差的性质。当 $n \to \infty$ 时，上式等号右边第二项应趋近于零；当 n 为较大的有限值时，其值远比第一项为小，故可忽略不计。于是式（5-19）变为

$$\frac{[\Delta\Delta]}{n} = \frac{[vv]}{n} + \frac{[\Delta\Delta]}{n^2}$$

根据中误差的定义，上式可写为

$$m^2 = \frac{[vv]}{n} + \frac{m^2}{n}$$

即
$$m = \pm \sqrt{\frac{[vv]}{(n-1)}} \tag{5-20}$$

式（5-20）即为利用观测值的改正数 v_i 计算中误差的公式，称为白塞尔公式。

【例 5-6】 设用经纬仪测量某个角度 6 测回，观测值列于表 5-3 中。试求允测值的中误差及算术平均值的中误差。

表 5-3

观测次序	观测值	v	vv	计　算
1	$36°50'30''$	$-4''$	16	
2	26	0	0	$m = \pm\sqrt{\dfrac{[vv]}{n-1}}$
3	28	-2	4	$= \pm\sqrt{\dfrac{34}{6-1}}$
4	24	$+2$	4	$= \pm 2.6''$
5	25	$+1$	1	
6	23	$+3$	9	
	$L = 36°50'26''$	$[v] = 0$	$[vv] = 34$	

算术平均值 L 的中误差根据公式（5-18），有

$$M = \frac{m}{\sqrt{n}} = \pm\sqrt{\frac{[vv]}{n(n-1)}} = \pm\sqrt{\frac{34}{6(6-1)}} = \pm 1.1''$$

注意，在以上计算中 $m = \pm 2.6''$ 为观测值的中误差，$M = \pm 1.1''$ 为算术平均值的中误差。最后结果及其精度可写为

$$L = 36°50'26'' \pm 1.1''$$

一般袖珍计算器都具有统计计算功能（STAT），能很方便地进行上述计算（计算方法可参考计算器的说明书）。

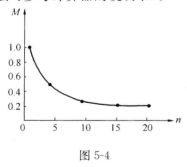

图 5-4

由于算术平均值的中误差 M 为观测值中误差 m 的 $\dfrac{1}{\sqrt{n}}$ 倍，因此增加观测次数可以提高算术平均值的精度。

例如，设观测值的中误差 $m=1$ 时，算术平均值的中误差 M 与观测次数 n 的关系如图 5-4 所示。由该图可以看出，当 n 增加时，M 减小。但当观测次数达到一定数值后（例如 $n=10$），再增加观测次数，工作量增加，但提高精度的效果就不太明显了。故不能单纯以增加观测次数来提高测量成果的精度，还应设法提高观测值本身的精度。例如，采用精度较高的仪器；提高观测技能，在良好的外界条件下进行观测等。

5-5　权

在对某一未知量进行非等精度观测时，各观测结果的中误差也各不相同，各观测值便具有不同程度的可靠性。在求未知量的最可靠值时，就不能象等精度观测那样简单地取算术平均值。因为较可靠的观测值，应对最后结果产生较大的影响。

各非等精度观测值的可靠程度，可用一个数值来表示，称为各观测值的权。"权"是权衡轻重的意思，观测值的精度愈高，其权愈大。例如，设对某一未知量进行了两组非等精度观测，但每组内各观测值是等精度的。设第一组观测了四次，其观测值为 l_1、l_2、l_3、l_4；第二组观测了三次，观测值为 l'_1、l'_2、l'_3。这些观测值的可靠程度都相同，则每组分别取算术平均值作为最后观测值，即

$$L_1 = \frac{l_1 + l_2 + l_3 + l_4}{4}; \quad L_2 = \frac{l'_1 + l'_2 + l'_3}{3},$$

对观测值 L_1、L_2 来说，彼此是非等精度的观测，故观测值的最后结果应为

$$L = \frac{l_1 + l_2 + l_3 + l_4 + l'_1 + l'_2 + l'_3}{7},$$

上式计算实际是

$$L = \frac{4L_1 + 3L_2}{4 + 3}$$

从非等精度的观点来看，观测值 L_1 是四次观测值的平均值，L_2 是三次观测值的平均值。L_1 和 L_2 的可靠性是不一样的，故可取 4 和 3 为其相应的权，以表示 L_1、L_2 可靠程度的差别。由于上式分子、分母各乘同一常数，最后结果不变，因此，权只有相对意义，起作用的不是他们的绝对值，而是它们之间的比值。权通常以字母 p 表示，且为正值。

一、权与中误差的关系

一定的中误差，对应着一个确定的误差分布，即对应着一定的观测条件。观测结果的中误差愈小，其结果愈可靠，权就愈大。因此，也可以根据中误差来定义观测结果的权。设非等精度观测值的中误差分别为 m_1、m_2、$\cdots\cdots$、m_n，则权可以用下面的式子来定义

$$p_1 = \frac{\lambda}{m_1^2}, \quad p_2 = \frac{\lambda}{m_2^2}, \quad \cdots\cdots, \quad p_n = \frac{\lambda}{m_n^2} \tag{5-21}$$

其中 λ 为任意大于零的常数。

根据前面所举的例子，l_1、l_2、l_3、l_4 和 l'_1、l'_2、l'_3 是等精度观测列，设其观测值的中误差皆为 m，则第一组算术平均值 L_1 的中误差 m_1 可以根据误差传播定律求得

因为 $$L_1 = \frac{l_1 + l_2 + l_3 + l_4}{4} = \frac{1}{4}l_1 + \frac{1}{4}l_2 + \frac{1}{4}l_3 + \frac{1}{4}l_4$$

则 $$m_1^2 = \frac{1}{4^2}m^2 + \frac{1}{4^2}m^2 + \frac{1}{4^2}m^2 + \frac{1}{4^2}m^2 = \frac{1}{4}m^2$$

同理，设第二组平均值 L_2 的中误差为 m_2，则有

$$m_2^2 = \frac{1}{3}m^2$$

根据权的定义，式（5-21）中分别代入 m_1 和 m_2，得

L_1： $$p'_1 = \frac{\lambda}{m_1^2} = \frac{\lambda}{\frac{1}{4}m^2}$$

L_2： $$p_2 = \frac{\lambda}{m_2^2} = \frac{\lambda}{\frac{1}{3}m^2}$$

式中 λ 为任意正常数。设 $\lambda = m^2$，则 L_1、L_2 的权为

$$p_1 = 4, \ p_2 = 3$$

由上可知，权与中误差的平方成正比。

【例 5-7】 设以非等精度观测某角度，各观测结果的中误差分别为 $m_1 = \pm 2.0''$、$m_2 = \pm 3.0''$、$m_3 = \pm 6.0''$，则其权各为

$$p_1 = \frac{\lambda}{2^2} = \frac{\lambda}{4}, \quad p_2 = \frac{\lambda}{3^2} = \frac{\lambda}{9}, \quad p_3 = \frac{\lambda}{6^2} = \frac{\lambda}{36},$$

设 $\lambda = 4$，则

$$p_1 = 1, \ p_2 = \frac{4}{9}, \ p_3 = \frac{1}{9},$$

设 $\lambda = 36$，则

$$p_1 = 9, \ p_2 = 4, \ p_3 = 1,$$

任意选择 λ 值，可以使权变为便于计算的数值。

【例 5-8】 设对某一未知量进行了 n 次观测，求算术平均值的权。

设一测回角度观测值的中误差为 m，则由式（5-18），算术平均值的中误差 $M = \frac{m}{\sqrt{n}}$。
由权的定义并设 $\lambda = m^2$，则

一测回观测值的权为 $\qquad p = \frac{\lambda}{m^2} = \frac{m^2}{m^2} = 1$

算术平均值的权为

$$p_{\mathrm{L}} = \frac{\lambda}{\dfrac{m^2}{n}} = \frac{m^2}{\dfrac{m^2}{n}} = n$$

由上例可知，取一测回角度观测值之权为 1，则 n 个测回观测值的算术平均值的权为 n。故角度观测的权与其测回数成正比。在非等精度观测中引入"权"的概念，可以建立各观测值之间的精度比值，以便更合理地处理观测数据。例如，设每一测回的观测值的中误差为 m^2，其权为 p_0，并设 $\lambda = m^2$，则

$$p_0 = \frac{m^2}{m^2} = 1,$$

等于 1 的权称为单位权，而权等于 1 的中误差称为单位权中误差，一般用 m_0（或 μ）表示。对于中误差为 m_i 的观测值（或观测值的函数），其权 p_i 为

$$p_i = \frac{m_0^2}{m_i^2},$$

则相应的中误差的另一表达式可写为

$$m_i = m_0 \sqrt{\frac{1}{p_i}} \tag{5-22}$$

二、加权算术平均值及其中误差

设对同一未知量进行了 n 次非等精度观测，观测值为 l_1、l_2、……、l_n，其相应的权为 p_1、p_2、……、p_n，则加权算术平均值 L_0 为非等精度观测值的最可靠值，其计算公式可写为

$$L_0 = \frac{p_1 l_1 + p_2 l_2 + \cdots + p_n l_n}{p_1 + p_2 + \cdots + p_n}$$

或
$$L_0 = \frac{[pl]}{[p]} \qquad (5\text{-}23)$$

下面计算加权算术平均值的中误差 M_0

式 (5-23) 可写为

$$L_0 = \frac{[pl]}{[p]} = \frac{p_1}{[p]}l_1 + \frac{p_2}{[p]}l_2 + \cdots\cdots + \frac{p_n}{[p]}l_n$$

根据误差传播定律,可得 L_0 的中误差 M_0 为

$$M_0^2 = \frac{1}{[p]^2}(p_1^2 m_1^2 + p_2^2 m_2^2 + \cdots\cdots + p_n^2 m_n^2)$$

式中 m_1、m_2、$\cdots\cdots$、m_n 相应为 l_1、l_2、$\cdots\cdots l_n$ 的中误差

由于 $p_1 m_1^2 = p_2 m_2^2 = \cdots\cdots = p_n m_n^2 = m_0^2$($m_0$ 为单位权中误差),故有

$$M_0^2 = \frac{m_0^2}{[p]} \qquad (5\text{-}24)$$

由 $nm_0^2 = p_1 m_1^2 + \cdots\cdots + p_n m_n^2$ 可知,当 n 足够大时,m_i 可用相应观测值 l_i 的真误差 Δ_i 来代替,故

$$nm_0^2 = [pm^2] = [p\Delta\Delta]$$

即可得单位权中误差 m_0 为

$$m_0 = \pm\sqrt{\frac{[p\Delta\Delta]}{n}} \qquad (5\text{-}25)$$

代入式 (5-24) 中,可得

$$M_0 = \pm\sqrt{\frac{[p\Delta\Delta]}{n[p]}} \qquad (5\text{-}26)$$

式 (5-26) 即为用真误差计算加权算术平均值的中误差的表达式。

实用中常用观测值的改正数 $v_i = L_0 - l_i$ 来计算中误差 M_0,与式 (5-20) 类似,有

$$m_0 = \pm\sqrt{\frac{[pvv]}{n-1}} \qquad (5\text{-}27)$$

$$M_0 = \pm\sqrt{\frac{[pvv]}{[p](n-1)}} \qquad (5\text{-}28)$$

思 考 题 与 习 题

1. 偶然误差与系统误差有哪些不同? 偶然误差有哪些特性?

2. 试根据偶然误差的第四个特性,说明等精度观测值的算术平均值是最可靠值。

3. 对某直线丈量了六次,观测结果为:246.535m、246.548m、246.520m、246.529m、246.550m、246.537m,试计算其算术平均值、算术平均值的中误差及相对误差。

4. 用 J6 级经纬仪观测某个水平角四测回,其观测值为:68°32′18″、68°31′54″、68°31′42″、68°32′06″,试求观测一测回的中误差、算术平均值及其中误差。

5. 设有一 n 边形,每个角的观测值中误差为 $m=\pm10''$,试求该 n 边多角形内角和的中误差。

6. 量得一圆的半径 $R=31.3$mm,其中误差为 ±0.3mm,求其圆面积及其中误差。

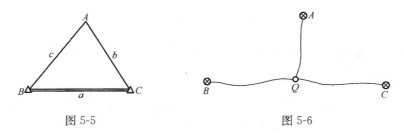

图 5-5   图 5-6

7. 如图 5-5，测得 $a=150.11\text{m}\pm0.05\text{m}$，$\angle A=64°24'\pm1'$，$\angle B=35°10'\pm2'$，试计算边长 c 及其中误差。

8. 已知四边形各内角的测角中误差为 $\pm20''$，容许误差为中误差的二倍，求该四边形闭合差的容许误差。

9. 试述权的含义及权和中误差之间的关系。

10. 如图 5-6，为了求得 Q 点的高程，从 A、B、C 三个水准点向 Q 点进行了同等级的水准测算，其结果列在表 5-4 中，各段高差的权与路线长成反比，试求 Q 点的高程及其中误差。

表 5-4

水准点的高程（m）	观测高差（m）	水准路线长度（km）
A：20.145	AQ：$+1.538$	2.5
B：24.030	BQ：-2.330	4.0
C：19.898	CQ：$+1.782$	2.0

第六章　小地区控制测量

6-1　控制测量概述

在绪论中已经指出，测量工作必须遵循"从整体到局部，先控制后碎部"的原则，先建立控制网，然后根据控制网进行碎部测量和测设。控制网分为平面控制网和高程控制网两种。测定控制点平面位置（x、y）的工作，称为平面控制测量。测定控制点高程（H）的工作，称为高程控制测量。

在全国范围内建立的控制网，称为国家控制网。它是全国各种比例尺测图的基本控制，并为确定地球的形状和大小提供研究资料。国家控制网是用精密测量仪器和方法依照施测精度按一、二、三、四等四个等级建立的，它的低级点受高级点逐级控制。

如图 6-1 所示，一等三角锁是国家平面控制网的骨干。二等三角网布设于一等三角锁环内，是国家平面控制网的全面基础。三、四等三角网为二等三角网的进一步加密。建立国家平面控制网，主要采用三角测量的方法。

图 6-2 是国家水准网布设示意图，一等水准网是国家高程控制网的骨干。二等水准网布设于一等水准环内，是国家高程控制网的全面基础。三、四等水准网为国家高程控制网的进一步加密。建立国家高程控制网，采用精密水准测量的方法。

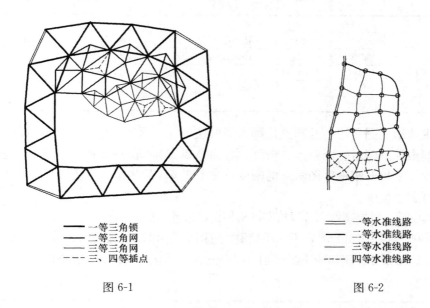

　　—— 一等三角锁
　　—— 二等三角网
　　—— 三等三角网
　　--- 三、四等插点

图 6-1

　　=== 一等水准线路
　　—— 二等水准线路
　　—— 三等水准线路
　　---- 四等水准线路

图 6-2

在城市或厂矿等地区，一般应在上述国家控制点的基础上，根据测区的大小、城市规划和施工测量的要求，布设不同等级的城市平面控制网，以供地形测图和施工放样使用。

按 1985 年《城市测量规范》，城市平面控制网的主要技术要求如表 6-1、表 6-2a 和表 6-2b 所示。

城市三角网及图根三角网的主要技术要求　　　　　　　　　　表 6-1

等　级	测角中误差 ($''$)	三角形最大闭合差 ($''$)	平均边长 (km)	起始边相对中误差	最弱边相对中误差	测回数		
						DJ1	DJ2	DJ6
二等	±1.0	±3.5	9	1：30 万	1：12 万	12		
三等	±1.8	±7.0	5	首级 1：20 万	1：8 万	6	9	
四等	±2.5	±9.0	2	首级 1：12 万	1：4.5 万	4	6	
一级	±5	±15	1	1：4 万	1：2 万		2	6
二级	±10	±30	0.5	1：2 万	1：1 万		1	2
图根	±20	±60	不大于测图最大视距 1.7 倍	1：1 万				1

城市导线及图根导线的主要技术要求　　　　　　　　　　表 6-2a

等　级	测角中误差 ($''$)	方位角闭合差 ($''$)	附合导线长度 (km)	平均边长 (m)	测距中误差 (mm)	全长相对中误差
一级	±5	±10$\sqrt{n}$	3.6	300	±15	1：14000
二级	±8	±16$\sqrt{n}$	2.4	200	±15	1：10000
三级	±12	±24$\sqrt{n}$	1.5	120	±15	1：6000
图根	±30	±60$\sqrt{n}$				1：2000

钢尺量距导线的主要技术要求　　　　　　　　　　表 6-2b

等　级	测图比例尺	附合导线长度 (m)	平均边长 (m)	往返丈量较差相对误差	测角中误差 ($''$)	导线全长相对闭合差	测回数		方位角闭合差 ($''$)
							DJ2	DJ6	
一级		2500	250	1/20000	±5	1/10000	2	4	±10$\sqrt{n}$
二级		1800	180	1/15000	±8	1/7000	1	3	±16$\sqrt{n}$
三级		1200	120	1/10000	±12	1/5000	1	2	±24$\sqrt{n}$
图根	1：500	500	75	1/3000	±20	1/2000		1	±60$\sqrt{n}$
	1：1000	1000	110						
	1：2000	2000	180						

　　直接供地形测图使用的控制点，称为图根控制点，简称图根点。测定图根点位置的工作，称为图根控制测量。图根点的密度（包括高级点），取决于测图比例尺和地物、地貌的复杂程度。平坦开阔地区图根点的密度可参考表 6-3 的规定；困难地区、山区，表中规定的点数可适当增加。

　　至于布设哪一级控制作为首级控制，应根据城市或厂矿的规模。中小城市一般以四等网作为首级控制网。面积在 15km² 以下的小城镇，可用小三角网或一级导线网作为首级控制。面积在 0.5km² 以下的测区，图根控制网可作为首级控制。厂区可布设建筑方格网。

表 6-3

测图比例尺	1：500	1：1000	1：2000	1：5000
图根点密度（点/km²）	150	50	15	5

城市或厂矿地区的高程控制分为二、三、四等水准测量和图根水准测量等几个等级，它是城市大比例尺测图及工程测量的高程控制，其主要技术要求如表6-4所示。同样，应根据城市或厂矿的规模确定城市首级水准网的等级，然后再根据等级水准点测定图根点的高程。

城市水准测量及图根水准测量主要技术要求 表6-4

等 级	每km高差中误差（mm）	附合路线长 度（km）	水准仪型 号	水准尺	观测次数（附合或环行）	往返较差或环线闭合差（mm）	
						平 地	山 地
二等	± 2		DS1	因瓦	往返观测	$\pm 4\sqrt{L}$	
三等	± 6	45	DS3	双面		$\pm 12\sqrt{L}$	$\pm 4\sqrt{n}$
四等	± 10	15	DS3	双面	单程测量	$\pm 20\sqrt{L}$	$\pm 6\sqrt{n}$
图根	± 20	5	DS10			$\pm 40\sqrt{L}$	$\pm 12\sqrt{n}$

表中：L 为水准路线长度，以 km 为单位；n 为测站个数。

水准点间的距离，一般地区为 $2\sim 3$km，城市建筑区为 $1\sim 2$km，工业区小于 1km。一个测区至少设立三个水准点。

本章主要讨论小地区（10km² 以下）控制网建立的有关问题。下面将分别介绍用导线测量和小三角测量建立小地区平面控制网的方法；用三、四等水准测量和三角高程测量建立小地区高程控制网的方法。

6-2 导 线 测 量

一、导线测量概述

将测区内相邻控制点连成直线而构成的折线，称为导线。这些控制点，称为导线点。导线测量就是依次测定各导线边的长度和各转折角值；根据起算数据，推算各边的坐标方位角，从而求出各导线点的坐标。

用经纬仪测量转折角，用钢尺测定边长的导线，称为经纬仪导线；若用光电测距仪测定导线边长，则称为电磁波测距导线。

导线测量是建立小地区平面控制网常用的一种方法，特别是地物分布较复杂的建筑区、视线障碍较多的隐蔽区和带状地区，多采用导线测量的方法。根据测区的不同情况和要求，导线可布设成下列三种形式：

1. 闭合导线

起讫于同一已知点的导线，称为闭合导线。如图6-3，导线从已知高级控制点 B 和已知方向 BA 出发，经过1、2、3、4点，最后仍回到起点 B，形成一闭合多边形。它本身存在着严密的几何条件，具有检核作用。

2. 附合导线

布设在两已知点间的导线，称为附合导线。如图6-4，导线从一高级控制点 A 和已知方向 AB 出发，经过1、2、3、4点，最后附合到另一已知高级控制点 C 和已知方向 CD。此种布设形式，具有检核观测成果的作用。

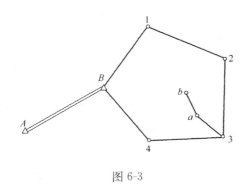

图 6-3

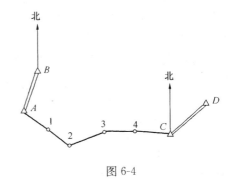

图 6-4

3. 支导线

由一已知点和一已知边的方向出发，既不附合到另一已知点，又不回到原起始点的导线，称为支导线。图 6-3 中的 3ab，就是支导线，3 为已知点，a、b 为支导线点。因支导线缺乏检核条件，故其边数一般不超过 4 条。

用导线测量方法建立小地区平面控制网，通常分为一级导线、二级导线、三级导线和图根导线等几个等级。钢尺量距导线的主要技术要求参见表 6-2b，用光电测距仪进行导线测量的光电测距导线，其主要技术要求参见表 6-2a。

二、导线测量的外业工作

导线测量的外业工作包括：踏勘选点及建立标志、量边、测角和连测，兹分述如下。

1. 踏勘选点及建立标志

选点前，应调查搜集测区已有地形图和高一级的控制点的成果资料，把控制点展绘在地形图上，然后在地形图上拟定导线的布设方案，最后到野外去踏勘，实地核对、修改、落实点位的建立标志。如果测区没有地形图资料，则需详细踏勘现场，根据已知控制点的分布、测区地形条件及测图和施工需要等具体情况，合理地选定导线点的位置。

实地选点时，应注意下列几点：

（1）相邻点间通视良好，地势较平坦，便于测角和量距。

（2）点位应选在土质坚实处，便于保存标志和安置仪器。

（3）视野开阔，便于施测碎部。

（4）导线各边的长度应大致相等，除特殊情形外，应不大于 350m，也不宜小于 50m，平均边长如表 6-2a 和表 6-2b 所示。

（5）导线点应有足够的密度，分布较均匀，便于控制整个测区。

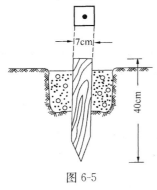

图 6-5

导线点选定后，要在每一点位上打一大木桩，其周围浇灌一圈混凝土（图 6-5），桩顶钉一小钉，作为临时性标志，若导线点需要保存的时间较长，就要埋设混凝土桩（图 6-6）或石桩，桩顶刻"十"字，作为永久性标志。导线点应统一编号。为了便于寻找，应量出导线点与附近固定而明显的地物点的距离，绘一草图，注明尺寸，称为点之记，如图 6-7。

2. 量边

导线边长可用光电测距仪测定，测量时要同时观测竖直角，供倾斜改正之用。若用钢尺丈量，钢尺必须经过检定。

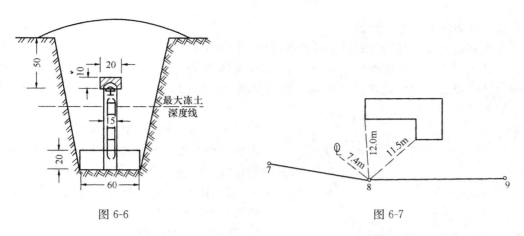

图 6-6   图 6-7

对于一、二、三级导线，应按钢尺量距的精密方法（见 4-2 节）进行丈量。对于图根导线，用一般方法往返丈量或同一方向丈量两次；当尺长改正数大于 1/10000 时，应加尺长改正；量距时平均尺温与检定时温度相差 ±10℃ 时，应进行温度改正；尺面倾斜大于 1.5% 时，应进行倾斜改正；取其往返丈量的平均值作为成果，并要求其相对误差不大于 1/3000。

3. 测角

用测回法施测导线左角（位于导线前进方向左侧的角）或右角（位于导线前进方向右侧的角）。一般在附合导线中，测量导线左角，在闭合导线中均测内角。若闭合导线按反时针方向编号，则其左角就是内角。不同等级的导线的测角技术要求已列入表 6-2a 及表 6-2b，图根导线，一般用 DJ6 级光学经纬仪测一个测回。若盘左、盘右测得角值的较差不超过 40″，则取其平均值。

测角时，为了便于瞄准，可在已埋设的标志上用三根竹杆吊一个大垂球（图 6-8），或用测钎、觇牌作为照准标志。

4. 连测

如图 6-9，导线与高级控制点连接，必须观测连接角 β_A、β_1、连接边 D_{A1}，作为传递坐标方位角和坐标之用。如果附近无高级控制点，则应用罗盘仪施测导线起始边的磁方位角，并假定起始点的坐标作为起算数据。

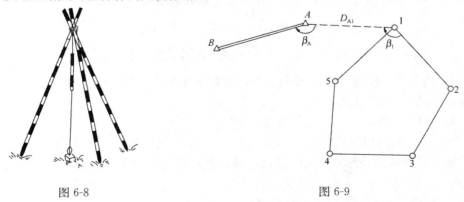

图 6-8   图 6-9

参照第三、四章角度和距离测量的记录格式，做好导线测量的外业记录，并要妥善保存。

93

三、导线测量的内业计算

导线测量内业计算的目的就是计算各导线点的坐标。

计算之前，应全面检查导线测量外业记录，数据是否齐全，有无记错、算错，成果是否符合精度要求，起算数据是否准确。然后绘制导线略图，把各项数据注于图上相应位置，如图 6-10 所示。

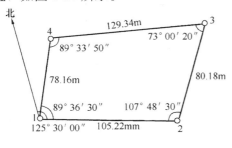

图 6-10

1. 内业计算中数字取位的要求

内业计算中数字的取位，对于四等以下的小三角及导线，角值取至秒，边长及坐标取至毫米（mm）。对于图根三角锁及图根导线，角值取至秒，边长和坐标取至厘米（cm）。

2. 闭合导线坐标计算

现以图 6-10 中的实测数据为例，说明闭合导线坐标计算的步骤。

（1）准备工作

将校核过的外业观测数据及起算数据填入"闭合导线坐标计算表"（表 6-5）中，起算数据用双线标明。

（2）角度闭合差的计算与调整

n 边形闭合导线内角和的理论值为

$$\Sigma\beta_{理} = (n-2)\cdot180° \tag{6-1}$$

由于观测角不可避免地含有误差，致使实测的内角之和 $\Sigma\beta_{测}$ 不等于理论值，而产生角度闭合差 f_β，为

$$f_\beta = \Sigma\beta_{测} - \Sigma\beta_{理} \tag{6-2}$$

各级导线角度闭合差的容许值 $f_{\beta容}$，见表 6-2a 及表 6-2b。f_β 超过 $f_{\beta容}$，则说明所测角度不符合要求，应重新检测角度。若 f_β 不超过 $f_{\beta容}$，可将闭合差反符号平均分配到各观测角中。

改正后之内角和应为 $(n-2)\cdot180°$，本例应为 360°，以作计算校核。

（3）用改正后的导线左角或右角推算各边的坐标方位角

根据起始边的已知坐标方位角及改正角按下列公式推算其他各导线边的坐标方位角。

$$\alpha_{前} = \alpha_{后} + 180° + \beta_{左}（适用于测左角） \tag{6-3}$$

$$\alpha_{前} = \alpha_{后} + 180° - \beta_{右}（适用于测右角） \tag{6-4}$$

本例观测左角，按式（6-3）推算出导线各边的坐标方位角，列入表 6-5 的第 5 栏。

在推算过程中必须注意：

1）如果算出的 $\alpha_{前} > 360°$，则应减去 360°。

2）用式（6-4）计算时，如果（$\alpha_{后} + 180°$）$< \beta_{右}$，则应加 360° 再减 $\beta_{右}$。

3）闭合导线各边坐标方位角的推算，最后推算出起始边坐标方位角，它应与原有的已知坐标方位角值相等，否则应重新检查计算。

（4）坐标增量的计算及其闭合差的调整

1）坐标增量的计算

闭合导线坐标计算表

表 6-5

点号	观测角(左角) ° ′ ″	改正数 ″	改正角 ° ′ ″ 4=2+3	坐标方位角 α ° ′ ″	距离 D (m)	增量计算值 Δx (m)	Δy (m)	改正后增量 Δx (m)	Δy (m)	坐标值 x (m)	y (m)	点号
1	2	3	4=2+3	5	6	7	8	9	10	11	12	13
1										500.00	500.00	1
				125 30 00	105.22	−2 / −61.10	+2 / +85.66	−61.12	+85.68			
2	107 48 30	+13	107 48 43							438.88	585.68	2
				53 18 43	80.18	−2 / +47.90	+2 / +64.30	−47.88	+64.32			
3	73 00 20	+12	73 00 32							486.76	650.00	3
				306 19 15	129.34	−3 / +76.61	+2 / −104.21	+76.58	−104.19			
4	89 33 50	+12	89 34 02							583.34	545.81	4
				215 53 17	78.16	−2 / −63.32	+1 / −45.82	−63.34	−45.81			
1	89 36 30	+13	89 36 43							500.00	500.00	1
				125 30 00								
2												
总和	359 59 10	+50	360 00 00		392.90	+0.09	−0.07	0.00	0.00			

辅助计算

$\Sigma\beta_{测}=359°59'10''$
$-\Sigma\beta_{理}=360°00'00''$
$f_\beta=-50''$

$f_{容}=\pm60''\sqrt{4}=\pm120''$

$f_x=\Sigma\Delta x_{测}=+0.09$, $f_y=\Sigma\Delta y_{测}=-0.07$

导线全长闭合差 $f_D=\sqrt{f_x{}^2+f_y{}^2}=\pm0.11\text{m}$

导线全长相对闭合差 $K=\dfrac{0.11}{392.90}\approx\dfrac{1}{3500}$

容许的相对闭合差 $K_{容}=\dfrac{1}{2000}$

$K=\dfrac{1}{3500}<K_{容}=\dfrac{1}{2000}$

注: 本例为图根导线, 故边长和坐标取至厘米; $f_{β容}=\pm60''\sqrt{n}$; $K_{容}=\dfrac{1}{2000}$。

如图 6-11，设点 1 的坐标 x_1、y_1 和 1—2 边的坐标方位角 α_{12} 均为已知，边长 D_{12} 也已测得，则点 2 的坐标为

$$\left.\begin{array}{l} x_2 = x_1 + \Delta x_{12} \\ y_2 = y_1 + \Delta y_{12} \end{array}\right\}$$

式中 Δx_{12}、Δy_{12} 称为坐标增量，也就是直线两端点的坐标值之差。

上式说明，欲求待定点的坐标，必须先求出坐标增量。根据图 6-11 中的几何关系，可写出坐标增量的计算公式

$$\left.\begin{array}{l} \Delta x_{12} = D_{12}\cos\alpha_{12} \\ \\ \Delta y_{12} = D_{12}\cos\alpha_{12} \end{array}\right\} \tag{6-5}$$

上式中 Δx 及 Δy 的正负号，由 $\cos\alpha$ 及 $\sin\alpha$ 的正负号决定。

本例按式（6-5）所算得的坐标增量，填入表 6-5 的第 7、8 两栏中。

2）坐标增量闭合差的计算与调整

从图 6-12 中可以看出，闭合导线纵、横坐标增量代数和的理论值应为零，即

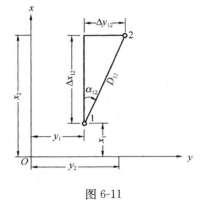

图 6-11

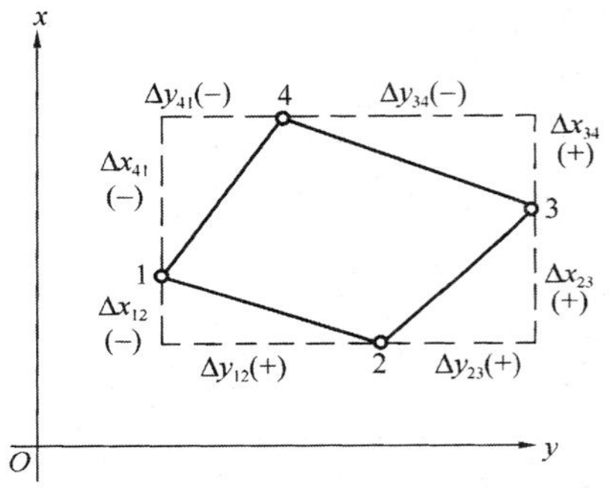

图 6-12

$$\left.\begin{array}{l} \Sigma\Delta x_{\text{理}} = 0 \\ \\ \Sigma\Delta y_{\text{理}} = 0 \end{array}\right\} \tag{6-6}$$

实际上由于量边的误差和角度闭合差调整后的残余误差，往往使 $\Sigma\Delta x_{\text{测}}$、$\Sigma\Delta y_{\text{测}}$ 不等于零，而产生纵坐标增量闭合差 f_x 与横坐标增量闭合差 f_y，即

$$\left.\begin{array}{l} f_x = \Sigma\Delta x_{\text{测}} \\ f_y = \Sigma\Delta y_{\text{测}} \end{array}\right\} \tag{6-7}$$

从图 6-13 中明显看出，由于 f_x、f_y 的存在，使导线不能闭合，1—1′ 之长度 f_D 称为导线全长闭合差，并用下式计算

$$f_D = \sqrt{f_x^2 + f_y^2} \tag{6-8}$$

仅从 f_D 值的大小还不能显示导线测量的精度，应当将 f_D 与导线全长 ΣD 相比，以分子为 1 的分数来表示导线全长相对闭合差，即

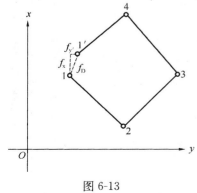

图 6-13

$$K = \frac{f_D}{\Sigma D} = \frac{1}{\frac{\Sigma D}{f_D}} \tag{6-9}$$

以导线全长相对闭合差 K 来衡量导线测量的精度，K 的分母越大，精度越高。不同等级的导线全长相对合差的容许值 $K_容$ 已列入表 6-2a 和表 6-2b。若 K 超过 $K_容$，则说明成果不合格，首先应检查内业计算有无错误，然后检查外业观测成果，必要时重测。若 K 不超过 $K_容$，则说明符合精度要求，可以进行调整，即将 f_x、f_y 反其符号按边长成正比分配到各边的纵、横坐标增量中去。以 V_{xi}、V_{yi} 分别表示第 i 边的纵、横坐标增量改正数，即

$$\left. \begin{aligned} V_{xi} &= -\frac{f_x}{\Sigma D} \cdot D_i \\ V_{yi} &= -\frac{f_y}{\Sigma D} \cdot D_i \end{aligned} \right\} \tag{6-10}$$

纵、横坐标增量改正数之和应满足下式

$$\left. \begin{aligned} \Sigma V_x &= -f_x \\ \Sigma V_y &= -f_y \end{aligned} \right\} \tag{6-11}$$

算出的各增量、改正数（取位到 cm）填入表 6-5 中的 7、8 两栏增量计算值的右上方（如—2、+2 等）。

各边增量值加改正数，即得各边的改正后增量，填入表 6-5 中的 9、10 两栏。

改正后纵、横坐标增量之代数和应分别为零，以作计算校核。

（5）计算各导线点的坐标

根据起点 1 的已知坐标（本例为假定值：$x_1 = 500.00$m，$y_1 = 500.00$m）及改正后增量，用下式依次推算 2、3、4 各点的坐标

$$\left. \begin{aligned} x_前 &= x_后 + \Delta x_改 \\ y_前 &= y_后 + \Delta y_改 \end{aligned} \right\} \tag{6-12}$$

算得的坐标值填入表 6-5 中的 11、12 两栏。最后还应推算起点 1 的坐标，其值应与原有的数值相等，以作校核。

这里顺便指出，上面所介绍的根据已知点的坐标、已知边长和已知坐标方位角计算待定点坐标的方法，称为坐标正算。如果已知两点的平面直角坐标，反算其坐标方位角和边长，则称为坐标反算。例如，已知 1、2 两点的坐标 x_1、y_1 和 x_2、y_2，用下式计算 1—2 边的坐标方位角 α_{12} 和边长 D_{12}

$$\left. \begin{aligned} \alpha_{12} &= \text{tg}^{-1} \frac{y_2 - y_1}{x_2 - x_1} = \text{tg}^{-1} \frac{\Delta y_{12}}{\Delta x_{12}} \\ D_{12} &= \frac{\Delta y_{12}}{\sin \alpha_{12}} = \frac{\Delta x_{12}}{\cos \alpha_{12}} = \sqrt{\Delta x_{12}^2 + \Delta y_{12}^2} \end{aligned} \right\} \tag{6-13}$$

按式（6-13）计算出来的 α_{12} 是有正负号的，根据象限角 R 及 Δx、Δy 的正负号来确定 1—2 边的坐标方位角值，则

$\alpha_{12} = R$，当 $\Delta x > 0, \Delta y > 0$ 时

$\alpha_{12} = 180° - R$，当 $\Delta x < 0, \Delta y > 0$ 时

$\alpha_{12} = R + 180°$，当 $\Delta x < 0, \Delta y < 0$ 时

$\alpha_{12} = 360° - R$，当 $\Delta x > 0, \Delta y < 0$ 时

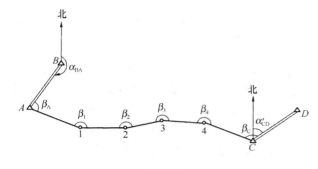

图 6-14

3. 附合导线坐标计算

附合导线的坐标计算步骤与闭合导线相同。仅由于两者形式不同，致使角度闭合差与坐标增量闭合差的计算稍有区别。下面着重介绍其不同点。

（1）角度闭合差的计算

设有附合导线如图 6-14 所示，用式（6-3）根据起始边已知坐标方位角 α_{BA} 及观测的左角（包括连接角 β_A 和 β_C）可以算出终边 CD 的坐标方位角 α'_{CD}。

$$\alpha_{A1} = \alpha_{BA} + 180° + \beta_A$$
$$\alpha_{12} = \alpha_{A1} + 180° + \beta_1$$
$$\alpha_{23} = \alpha_{12} + 180° + \beta_2$$
$$\alpha_{34} = \alpha_{23} + 180° + \beta_3$$
$$\alpha_{4C} = \alpha_{34} + 180° + \beta_4$$
$$+)\ \alpha'_{CD} = \alpha_{4C} + 180° + \beta_C$$
$$\overline{\alpha'_{CD} = \alpha_{BA} + 6 \times 180° + \Sigma\beta_{测}}$$

写成一般公式，为

$$\alpha'_{终} = \alpha_{始} + n \cdot 180° + \Sigma\beta_{测} \qquad (6-14)$$

若观测右角，则按下式计算 $\alpha'_{终}$

$$\alpha'_{终} = \alpha_{始} + n \cdot 180° - \Sigma\beta_{测} \qquad (6-15)$$

角度闭合差 f_β 用下式计算

$$f_\beta = \alpha'_{终} - \alpha_{终} \qquad (6-16)$$

关于角度闭合差 f_β 的调整，当用左角计算 $\alpha'_{终}$ 时，改正数与 f_β 反号；当用右角计算 $\alpha'_{终}$ 时，改正数与 f_β 同号。

（2）坐标增量闭合差的计算

按附合导线的要求，各边坐标增量代数和的理论值应等于终、始两点的已知坐标值之差，即

$$\left.\begin{array}{l} \Sigma\Delta x_{理} = x_{终} - x_{始} \\ \Sigma\Delta y_{理} = y_{终} - y_{始} \end{array}\right\} \qquad (6-17)$$

按式（6-5）计算 $\Delta x_{测}$ 和 $\Delta y_{测}$，则纵、横坐标增量闭合差按下式计算

$$\left.\begin{array}{l} f_x = \Sigma\Delta x_{测} - (x_{终} - x_{始}) \\ f_y = \Sigma\Delta y_{测} - (y_{终} - y_{始}) \end{array}\right\} \qquad (6-18)$$

附合导线的导线全长闭合差、全长相对闭合差和容许相对闭合差的计算，以及增量闭合差的调整，与闭合导线相同。附合导线坐标计算的全过程，见表 6-6 的算例。

四、查找导线测量错误的方法

在外业结束时，发现角度闭合差超限，如果仅仅测错一个角度，则可用下法查找测错的角度。

98

表 6-6

附合导线坐标计算表

点号	观测角(左角) ° ′ ″	改正数 ″	改正角 ° ′ ″	坐标方位角 α ° ′ ″	距离 D (m)	增量计算值 Δx (m)	增量计算值 Δy (m)	改正后增量 Δx (m)	改正后增量 Δy (m)	坐标值 x (m)	坐标值 y (m)	点号
1	2	3	4=2+3	5	6	7	8	9	10	11	12	13
B												
A	99 01 00	+6	99 01 06	237 59 30						2507.69	1215.63	A
				157 00 36	225.85	+5 / −207.91	−4 / +88.21	−207.86	+88.17			
1	167 45 36	+6	167 45 42							2299.83	1303.80	1
				144 46 18	139.03	+3 / −113.57	−3 / +80.20	−113.54	+80.17			
2	123 11 24	+6	123 11 30							2186.29	1383.97	2
				87 57 48	172.57	+3 / +6.13	−3 / +172.46	+6.16	+172.43			
3	189 20 36	+6	189 20 42							2192.45	1556.40	3
				97 18 30	100.07	+2 / −12.73	−2 / +99.26	−12.71	+99.24			
4	179 59 18	+6	179 59 24							2179.74	1655.64	4
				97 17 54	102.48	+2 / −13.02	−2 / +101.65	−13.00	+101.63			
C	129 27 24	+6	129 27 30							2166.74	1757.27	C
D				46 45 24								
总和	888 45 18	+36	888 45 54		740.00	−341.10	+541.78	−340.95	+541.64			

辅助计算

$$\alpha_{BA} = 237°59'30''$$
$$+\Sigma\beta_测 = 888\ 45\ 18$$
$$= 1126\ 44\ 48$$
$$-6\times180° = 1080$$
$$\alpha_{CD} = 46\ 44\ 48$$
$$-\alpha_{CD} = 46\ 45\ 24$$
$$f_\beta = -36$$
$$f_容 = \pm40''\sqrt{6} = \pm97''$$

$$\Sigma\Delta x_测 = -341.10$$
$$-)\,x_C - x_A = -340.95$$
$$f_x = -0.15$$

$$\Sigma\Delta y_测 = +541.78$$
$$-)\,y_C - y_A = +541.64$$
$$f_y = +0.14$$

导线全长闭合差 $f_D = \sqrt{f_x^2 + f_y^2} \approx \pm0.20\text{m}$

导线全长相对闭合差 $K = \dfrac{0.20}{740.00} = \dfrac{1}{3700}$

导线全长容许相对闭合差 $K_容 = \dfrac{1}{2000}$

注: 本例为图根导线，故边长和坐标取至厘米；根据表 6-3 的附注，$f_容 = \pm40''\sqrt{n}$；$K_容 = \dfrac{1}{2000}$

若为闭合导线，可按边长和角度，用一定的比例尺绘出导线图，如图 6-15，并在闭合差 1—1′ 的中点作垂线。如果垂线通过或接近通过某导线点（如点 2），则该点发生错误的可能性最大。

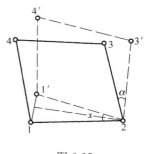

图 6-15

若为附合导线，先将两个端点展绘在图上，则分别自导线的两个端点 B、M 按边长和角度绘出两条导线，如图 6-16 所示，在两条导线的交点（如点 3）处发生测角错误的可能性最大。如果误差较小，用图解法难以显示角度测错的点位，则可从导线的两端开始，分别计算各点的坐标，若某点两个坐标值相近，则该点就是测错角度的导线点。

内业计算过程中，在角度闭合差符合要求的情况下，发现导线相对闭合差大大超限则可能是边长测错，可先按边长和角度绘出导线图，如图 6-17。然后找出与闭合差 1—1 平行或大致平行的导线边（如 2—3 导线边），则该边发生错误的可能性最大。

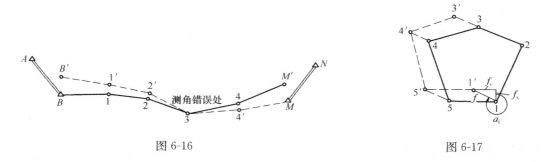

图 6-16

图 6-17

也可用下式计算闭合差 1—1′ 的坐标方位角

$$\alpha_\mathrm{f} = \mathrm{tg}^{-1} \frac{f_\mathrm{y}}{f_\mathrm{x}} \tag{6-19}$$

如果某一导线边的坐标方位角与 α_f 很接近，则该导线边发生错误的可能性最大，如图 6-17 中的 2-3 边。

上述查找测错的边长的方法，也仅仅对只有一条边长测错，其他边、角均未测错时方为有效。

6-3 小 三 角 测 量

将测区内各控制点组成相互连接的若干个三角形而构成三角网，这些三角形的顶点，称为三角点。所谓小三角测量就是在小范围内布设边长较短的小三角网，观测所有三角形的各内角，丈量 1～2 条边（称为起始边，习惯上亦称为基线）的长度，用近似方法进行平差，然后应用正弦定律算出各三角形的边长，再根据已知边的坐标方位角、已知点坐标（在独立地区可自行假定），按类似于导线计算的方法，求出各三角点的坐标。与导线测量相比，它的特点是测角的任务较重，但量距工作量大大减少。

山区和丘陵地区以及隧道、桥梁等工程，在建立平面控制时，广泛采用小三角测量。小三角测量根据测区大小和工程规模以及精度要求的不同，分为一级小三角、二级小三角和图根小三角几个等级，其主要技术要求列在表 6-1 中。

一、小三角网的布设形式

根据测区地形条件，已有高级控制点分布情况及工程要求，小三角网可布设成以下几种形式：

1. 单三角锁，如图 6-18。
2. 中点多边形，如图 6-19。
3. 线形三角锁，如图 6-20。

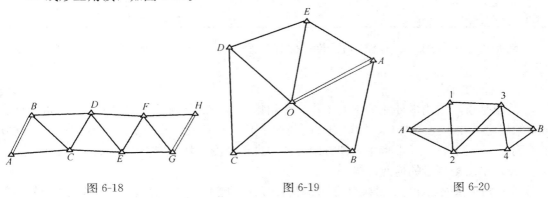

图 6-18   图 6-19   图 6-20

二、小三角测量的外业工作

小三角测量的外业工作包括：踏勘选点，建立标志，测量起始边，观测水平角。兹分述如下。

1. 踏勘选点

与导线测量相似，选点前应搜集测区已有的地形图和控制点的成果资料，先将控制点展绘在地形图上，在地形图上设计布网方案，然后再到野外去踏勘，根据实际地形选定布网方案及点位。

选定小三角点应注意以下几点：

（1）各三角形的边长应接近于相等，其平均边长应符合表 6-7 的规定。

（2）各三角形的内角以 60°左右为宜，若条件不许可，也不应大于 120°或小于 30°。

（3）小三角点应选在地势较高、土质坚实、视野开阔、相互通视、便于保存点位和便于测图的地方。

（4）起始边位置应选在便于量距的平坦而坚实的地段。

小三角点选定后，应进行编号，绘"点之记"图，并应用罗盘仪或小平板仪测绘出小三角网略图。

2. 建立标志

小三角点一经选定，就应在地面上埋设标志。临时性标志参看图 6-5；一些重要的小三角点，应埋设永久性标志，参看图 6-6。小三角点的照准标志，一般都用标杆；个别通视困难的点，可采用简易觇标。

3. 测量起始边

起始边是推算所有三角形边长的依据，其精度高低，将直接影响整个三角网的精度，因此，起始边测量的精度必须符合表 6-1 的规定。

起始边可用检定过的钢尺往返施测，丈量的方法参阅本书 4-2 节，丈量中的技术要求见表 6-7 的规定。

普通钢尺丈量起始边的要求 表 6-7

等 级	作业尺数	往测和返测的总次数	定线最大偏差（mm）	尺段高差较差（mm）	读定次数	估读（mm）	温度读至（℃）	同尺各次或同段各尺的较差（mm）	丈量方法
一级小三角起始边	2	4	50	5	3	0.5	0.5	2	悬　空
二级小三角起始边	1～2	2～4	50	10	3	0.5	0.5	2	
图根小三角起始边	1～2	2	50	10	2	0.5	0.5	3	

起始边也可采用中、短程光电测距仪测定，采用往、返观测或单向观测，测回数不少于 2。

4. 观测水平角

测角是小三角测量外业的主要工作。采用哪一等级的仪器及观测几个测回，可参见表 6-1 的规定。在小三角点上，当观测方向为两个时，通常采用测回法进行观测；当观测方向等于多于三个时，通常采用全圆方向观测法进行观测，具体观测方法参阅本书 3-4 节。

三、小三角测量的内业计算

小三角测量内业计算的最终目的是求算各三角点的坐标。其内容包括：外业观测成果的整理和检查，角度闭合差的调整，边长和坐标计算。下面着重介绍单三角锁的近似平差计算。

设有单三角锁如图 6-21 所示，丈量了首末两条起始边 D_0、D_n，观测了各三角形的内角 a_i、b_i、c_i。其计算步骤如下：

1. 绘制计算略图

如图 6-21，按推算方向（见图中箭头所示的方向），由起始边 D_0 向前传算边长时所经过的边，如图中的 D_1、D_2、…、D_n 等边，称为传距边。传距边所对的角称为传距角。将已知的传距边所对的角编号为 b_i，前进的传距边所对的角编号为 a_i。三角形中另一条边称为间隔边，如图中的 $D_{0.1}$、$D_{1.2}$、…、$D_{4.n}$ 等边，间隔边所对的角称为间隔角，以 c_i 编号。将整理检查过的外业观测数据及已知数据填入"单三角锁平差计算表"（表 6-8）中。

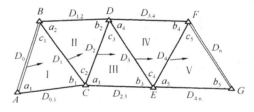

图 6-21

2. 角度闭合差的计算与调整

三角形内角之和应为 $180°$，因测角存在误差，而产生角度闭合差 f_i，并按下式计算

$$f_i = a_i + b_i + c_i - 180° \tag{6-20}$$

若 f_i 不超过表 6-1 的规定，则将 f_i 反符号平均分配于三内角的观测值上，即得第一次改正后的角值 a'_i、b'_i、c'_i

$$\left. \begin{array}{l} a'_i = a_i - \dfrac{1}{3}f_i \\[2mm] b'_i = b_i - \dfrac{1}{3}f_i \\[2mm] c'_i = c_i - \dfrac{1}{3}f_i \end{array} \right\} \tag{6-21}$$

各三角形经过第一次改正后的角度之和应为 $180°$，即 $a_i'+b_i'+c_i'-180°=0$，作为计算校核。

角度闭合差计算与调整的实例见表 6-8 的第 3、4、5 栏。

3. 边长闭合差的计算与调整

如图 6-21 所示，由起始边 D_0 及第一次改正后的传距角 a_1'、b_1'，按正弦定律可以算出各传距边的长度：

$$D_1 = D_0 \cdot \frac{\sin a_1'}{\sin b_1'}$$

$$D_2 = D_1 \cdot \frac{\sin a_2'}{\sin b_2'} = D_0 \cdot \frac{\sin a_1' \cdot \sin a_2'}{\sin b_1' \cdot \sin b_2'} = D_0 \cdot \frac{\prod\limits_{i=1}^{2} \sin a_i'}{\prod\limits_{i=1}^{2} \sin b_i'}$$

依次推算到第五个三角形的第二条起始边 GF（D_n），得

$$D_n' = D_0 \cdot \frac{\sin a_1' \cdot \sin a_2' \cdots\cdots \sin a_n'}{\sin b_1' \cdot \sin b_2' \cdots\cdots \sin b_n'} = D_0 \cdot \frac{\prod\limits_{i=1}^{2} \sin a_i'}{\prod\limits_{i=1}^{2} \sin b_i'}$$

式中　$\prod$——连乘符号。

若第一次改正后的角度和测量的边长没有误差，则推算出的 D_n' 应与其实测边长 GF（D_n）相等，即

$$\frac{D_0 \prod\limits_{i=1}^{n} \sin a_i'}{D_n \prod\limits_{i=1}^{n} \sin b_i'} = 1 \tag{6-22}$$

由于经过第一次改正后的角值 a_i'、b_i' 及测量的边长均有误差，致使式（6-22）不能满足，而产生边长闭合差。因为起始边测量的精度较高，其误差可略而不计，故仍须对 a_i、b_i 角进行角度第二次改正，以消除边长闭合差。设 a_i、b_i 角的第二次改正数分别为 $V_{a_i'}$ 和 $V_{b_i'}$，并将其代入式（6-22），即有

$$\frac{D_0 \cdot \prod\limits_{i=1}^{n} \sin(a_i' + V_{a_i'})}{D_n \cdot \prod\limits_{i=1}^{n} \sin(b_i' + V_{b_i'})} = 1 \tag{6-23}$$

令

$$F = \frac{D_0 \cdot \prod\limits_{i=1}^{n} \sin(a_i' + V_{a_i'})}{D_n \cdot \prod\limits_{i=1}^{n} \sin(b_i' + V_{b_i'})}$$

$$F_0 = \frac{D_0 \cdot \prod\limits_{i=1}^{n} \sin a_i'}{D_n \cdot \prod\limits_{i=1}^{n} \sin b_i'}$$

由于 $V_{a_i'}$、$V_{b_i'}$ 一般只有几秒，若以弧度为单位，则是微小的增量，因此上式 F 可按台劳级数展开，取至一次项，为

$$F = F_0 + \frac{\partial F}{\partial a_1} \cdot \frac{V_{a_1'}}{\rho} + \frac{\partial F}{\partial a_2} \cdot \frac{V_{a_2'}}{\rho} + \cdots + \frac{\partial F}{\partial a_n} \cdot \frac{V_{a_n'}}{\rho}$$

$$+ \frac{\partial F}{\partial b_1} \cdot \frac{V_{b_1'}}{\rho} + \frac{\partial F}{\partial b_2} \cdot \frac{V_{b_2'}}{\rho} + \cdots + \frac{\partial F}{\partial b_n} \cdot \frac{V_{b_n'}}{\rho} \tag{6-24}$$

式中

$$\frac{\partial F}{\partial a_1} = \frac{D_0 \prod\limits_{i=1}^{n} \sin a_i'}{D_n \prod\limits_{i=1}^{n} \sin b_i'} \cdot \frac{\cos a_1'}{\sin a_1'} = F_0 \operatorname{ctg} a_1'$$

$$\frac{\partial F}{\partial b_i} = \frac{D_0 \prod\limits_{i=1}^{n} \sin a_i'}{D_n \prod\limits_{i=1}^{n} \sin b_i'} \cdot \frac{\cos b_1'}{\sin b_1'} = - F_0 \operatorname{ctg} b_1'$$

同理得

$$\frac{\partial F}{\partial a_i} = F_0 \operatorname{ctg} a_i'$$

$$\frac{\partial F}{\partial b_i} = - F_0 \operatorname{ctg} b_i'$$

将各偏导数代入式（6-24）并顾及式（6-23），则

$$F_0 \sum_{i=1}^{n} \operatorname{ctg} a_i' \frac{V_{a_i'}}{\rho} - F_0 \sum_{i=1}^{n} \operatorname{ctg} b_i' \frac{V_{b_i'}}{\rho} + F_0 - 1 = 0$$

将上式各项乘以 $\frac{\rho''}{F_0}$，并加以整理，即有

$$\sum_{i=1}^{n} \operatorname{ctg} a_i' V_{a_i'}'' - \sum_{i=1}^{n} \operatorname{ctg} b_i' V_{b_i'}'' + \left(1 - \frac{D_n \prod\limits_{i=1}^{n} \sin b_i'}{D_0 \prod\limits_{i=1}^{n} \sin a_i'} \right) \rho'' = 0$$

式中最后一项即为边长闭合差 W_D，即

$$\left(1 - \frac{D_n \prod\limits_{i=1}^{n} \sin b_i'}{D_0 \prod\limits_{i=1}^{n} \sin a_i'} \right) \rho'' = W_D \tag{6-25}$$

从而得到起始边条件方程式的最后形式为

$$\sum_{i=1}^{n} \operatorname{ctg} a_i' V_{a_i'}'' - \sum_{i=1}^{n} \operatorname{ctg} b_i' V_{b_i'}'' + W_D = 0 \tag{6-26}$$

如果 W_D 在容许的限差内，则可进行闭合差的调整，否则应检查原因，必要时要重测起始边。W_D 的限差 $W_{D容}$ 按下式计算：

$$W_{D容} = \pm 2m'' \cdot \frac{D_n \cdot \prod\limits_{i=1}^{n} \sin b_i'}{D_0 \cdot \prod\limits_{i=1}^{n} \sin a_i'} \cdot \sqrt{\sum_{i=1}^{n} (\operatorname{ctg}^2 a_i' + \operatorname{ctg}^2 b')}$$

$$\approx \pm 2m'' \cdot \sqrt{\sum_{i=1}^{n} (\operatorname{ctg}^2 a_i' + \operatorname{ctg}^2 b_i')} \tag{6-27}$$

式中　m''——相应等级规定的测角中误差。

表 6-8

单三角锁平差计算表 (用电子计算器计算)

三角形编号 1	角号 2	角度观测值 3	第一次改正数 $-f_i/3$ 4	第一次改正后的角值 5=3+4	$\sin b'_i$ / $\sin a'_i$ 6	$\mathrm{ctg}\,b'_i$ / $\mathrm{ctg}\,a'_i$ 7	第二次改正数 V_i 8	改正后角值 9=5+8	改正后角度的正弦 10	边长(m) 11	边名 12	点号 13
I	b_1	91°52′44″	−4″	91°52′40″	0.999463	−0.03	+2″	91°52′42″	0.999463	424.100	AB (D_0)	C
	c_1	57 25 22	−4	57 25 18			0	57 25 18	0.842656	357.562	AC ($D_{0,1}$)	B
	a_1	30 42 06	−4	30 42 02	0.510551	+1.68	−2	30 42 00	0.510543	216.638	BC (D_1)	A
	Σ	180 00 12 $f_1=+12$	−12	180 00 00			0	180 00 00				
II	b_2	64 59 20	+3	64 59 23	0.906232	+0.47	+2	64 59 25	0.906236	216.638	BC (D_1)	D
	c_2	61 38 48	+3	61 38 51			0	61 38 51	0.880042	210.376	BD ($D_{1,2}$)	C
	a_2	53 21 43	+3	53 21 46	0.802430	+0.74	−2	53 21 44	0.802424	191.821	CD (D_2)	B
	Σ	179 59 51 $f_2=-9$	+9	180 00 00			0	180 00 00				
III	b_3	41 33 10	−1	41 33 09	0.663306	+1.13	+2	41 33 11	0.663313	191.821	CD (D_2)	E
	c_3	77 53 31	−1	77 53 30			0	77 53 30	0.977753	282.753	CE ($D_{2,3}$)	D
	a_3	60 33 22	−1	60 33 21	0.870835	+0.56	−2	60 33 19	0.870830	251.832	DE (D_3)	C
	Σ	180 00 03 $f_3=+3$	−3	180 00 00			0	180 00 00				
IV	b_4	62 20 08	+1	62 20 09	0.885684	+0.52	+2	62 20 11	0.885689	251.832	DE (D_3)	F
	c_4	74 10 07	0	74 10 07			0	74 10 07	0.962069	273.549	DF ($D_{3,4}$)	E
	a_4	43 29 43	+1	43 29 44	0.688298	+1.05	−2	43 29 42	0.688291	195.705	EF (D_4)	D
	Σ	179 59 58 $f_4=-2$	+2	180 00 00			0	180 00 00				
V	b_5	40 48 04	+1	40 48 05	0.653439	+1.16	+2	40 48 07	0.653446	195.705	EF (D_4)	G
	c_5	45 03 03	0	45 03 03			0	45 03 03	0.707734	211.964	FG ($D_{4,n}$)	F
	a_5	94 08 51	+1	94 08 52	0.997381	−0.07	−2	94 08 50	0.997382	298.712	FG (D_n)	E
	Σ	179 59 58 $f_5=-2$	+2	180 00 00			0	180 00 00				

辅助计算

1. 计算 W_D 及 $W_{D容}$

$$W_D = \left(1 - \frac{103.861971}{103.869498}\right) \times \rho'' \approx +15''$$

$$W_{D容} = \pm 2 \times 10'' \sqrt{7.91} \approx \pm 56''$$

本例为二级小三角, 故取 $\approx \pm 10''$

$$\sum_{i=1}^{5}(\mathrm{ctg}^2 a'_i + \mathrm{ctg}^2 b'_i) = 7.91$$

2. 计算 V_1

$$\sum(\mathrm{ctg}\,a'_i + \mathrm{ctg}\,b'_i) = 7.21$$

$$V_i = V_{ai} = -V_{bi} = -\frac{15''}{7.21} \approx -2''$$

3. 平差结果验算

用改正后角值计算新闭合差, 其结果为: f_i 均为 0, $W_D = +0.6''$

小三角测量，一般采用近似分配误差的方法求解起始边条件方程式（6-26）。为了不破坏已经满足的三角形条件，必须使各 a'_i、b'_i 角的第二次改正数 $V_{a1'}$ 和 $V_{b1'}$ 的绝对值相等而符号相反，即令

$$\left.\begin{array}{l} V_i = V_{a'_i} = -V_{b'_i} \\ V_{a'_1} = V_{a'_2} = \cdots\cdots = V_{a'_n} \\ V_{b'_1} = V_{b'_2} = \cdots\cdots = V_{b'_n} \end{array}\right\} \tag{6-28}$$

将式（6-28）代入式（6-26），可得

$$V_i = V_{a1'} - V_{b1'} = -\frac{W_D}{\sum\limits_{i=1}^{n}(\operatorname{ctg}a'_i + \operatorname{ctg}b'_i)} \tag{6-29}$$

各角之平差值（即改正后的角值）A_i、B_i、C_i 按下式计算

$$\left.\begin{array}{l} A_i = a'_i + V_{a1'} \\ B_i = b'_i + V_{b1'} \\ C_i = c'_i \end{array}\right\} \tag{6-30}$$

边长闭合差计算与调整的实例见表 6-8 的第 6～9 栏及辅助计算栏。

4. 三角形边长计算

根据起始边长度及改正后角值用正弦定律可以推算出锁中其他各边的长度，边长计算的实例见表 6-8 的第 10、11 两栏。

5. 计算各三角点的坐标

各三角点的坐标计算，可采用闭合导线的方法进行。将图 6-21 各点组成闭合导线 A—C—E—G—F—D—B—A，根据起始边 AB 的坐标方位角 α_{AB} 和平差后的角值推算各边的坐标方位角；用各边的坐标方位角及相应的边长，计算各边纵、横坐标增量；然后根据起点 A 的坐标，即可求出其他各点的坐标。示例从略。

6-4 角度前方交会法

当导线点和小三角点的密度不能满足工程施工或大比例尺测图要求，而需加密的点不多时，可用角度前方交会法加密控制点。如图 6-22，A、B、C 为三个已知点，P 为待定点，在三个已知点上观测了水平角 α_1、β_1、α_2、β_2。可用三角形 Ⅰ、Ⅱ 分两组解算 P 点的坐标。下面仅以一个三角形（图 6-23）为例，介绍采用电子计算器计算 P 点坐标的方法。

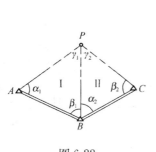

图 6-22

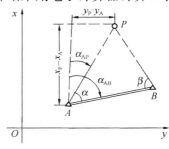

图 6-23

一、公式推导

从图 6-23 可见

$$x_P - x_A = D_{AP} \cdot \cos\alpha_{AP}$$

$$= \frac{D_{AB} \cdot \sin\beta}{\sin(\alpha+\beta)} \cdot \cos(\alpha_{AB} - \alpha)$$

$$= \frac{D_{AB} \cdot \sin\beta}{\sin\alpha\cos\beta + \cos\alpha\sin\beta} \cdot (\cos\alpha_{AB}\cos\alpha + \sin\alpha_{AB}\sin\alpha)$$

$$= \frac{\dfrac{D_{AB} \cdot \sin\beta}{\sin\alpha \cdot \sin\beta}}{\dfrac{\sin\alpha\cos\beta + \cos\alpha\sin\beta}{\sin\alpha \cdot \sin\beta}} \cdot (\cos\alpha_{AB}\cos\alpha + \sin\alpha_{AB}\sin\alpha)$$

$$= \frac{D_{AB} \cdot \cos\alpha_{AB} \cdot \text{ctg}\alpha + D_{AB} \cdot \sin\alpha_{AB}}{\text{ctg}\beta + \text{ctg}\alpha}$$

$$= \frac{\Delta x_{AB} \cdot \text{ctg}\alpha + \Delta y_{AB}}{\text{ctg}\alpha + \text{ctg}\beta}$$

$$= \frac{(x_B - x_A) \cdot \text{ctg}\alpha + y_B - y_A}{\text{ctg}\alpha + \text{ctg}\beta}$$

$$\therefore x_P = x_A + \frac{(x_B - x_A) \cdot \text{ctg}\alpha + y_B - y_A}{\text{ctg}\alpha + \text{ctg}\beta}$$

角度前方交会点坐标计算表（用电子计算器计算）　　　　　表 6-9

点名	已知点	待求点	P	N279
		左边点	A	张村
		中间点	B	塔山
		右边点	C	大峰山
已知数据	x_A	5522.01m	y_A	1527.29m
	x_B	5189.35	y_B	1116.90
	x_C	4671.79	y_C	1236.06
观测值	α_1	59°20′59″	α_2	61°54′29″
	β_1	54°09′52″	β_2	55°44′54″

野外点位略图

内　容	组　别 I	组　别 II	内　容	组　别 I	组　别 II	内　容	组　别 I	组　别 II
ctgα	0.592583	0.533770	(2)$x_A$ctgβ	3987.81	3533.52	(3)$y_A$ctgβ	1102.96	760.52
ctgβ	0.722166	0.680018	(4)$x_B$ctgα	3075.12	2493.66	(5)$y_B$ctgα	661.86	659.77
(1)ctgα+ctgβ	1.314749	1.214688	(6)$-y_A+y_B$	−410.39	119.16	(7)x_A-x_B	332.66	517.56
P 点最后坐标（m）　x_P=5059.98			(8)=(2)+(4)+(6)	6652.54	6146.34	(9)=(3)+(5)+(7)	2097.48	1937.85
y_P=1595.35			(10)x_P=(8)/(1)	5059.93	5060.02	(11)y_P=(9)/(1)	1595.35	1595.35

注：在三角形 II 中，B 点编号为 A，C 点编号为 B。

即

$$x_P = \frac{x_A \operatorname{ctg}\beta + x_B \operatorname{ctg}\alpha - y_A + y_B}{\operatorname{ctg}\alpha + \operatorname{ctg}\beta} \Bigg\}$$

同理可证明

$$y_P = \frac{y_{AC} \operatorname{ctg}\beta + y_{BC} \operatorname{ctg}\alpha + x_A - x_B}{\operatorname{ctg}\alpha + \operatorname{ctg}\beta} \Bigg\} \qquad (6\text{-}31)$$

二、计算实例

按式（6-31）用电子计算器计算 P 点坐标的实例列入表 6-9。表中系由三角形 Ⅰ、Ⅱ 两组计算 P 点坐标，若其较差符合表 6-10 的规定时，则取两组结果的平均值，作为 P 点的最后坐标。

表 6-10

测图比例尺	1：500	1：1000	1：2000	1：5000
两组坐标较差（m）	0.1	0.2	0.4	0.8

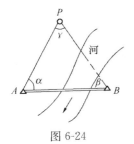

图 6-24

为了提高交会点的精度，在选定 P 点时，最好使交会角 γ 近于 $90°$，而不应大于 $120°$ 或小于 $30°$。

在应用式（6-31）时，已知点和待求点必须按 A、B、P 逆时针方向编号，在 A 点观测角编号为 α，在 B 点观测角编号为 β。

这里顺便指出，如果不便在一个已知点（例如 B 点）安置仪器，如图 6-24 所示，而观测了一个已知点及待求点上的两个角度 α 和 γ，则同样可以计算 P 点的坐标，这就是角度侧方交会法。此时只要计算出 B 点的 β 角，即可应用（6-31）式求解 x_P 与 y_P。

6-5 三、四等水准测量

三、四等水准测量除用于国家高程控制网的加密外，还用于建立小地区首级高程控制网，以及建筑施工区内工程测量及变形观测的基本控制。三、四等水准点的高程应从附近的一、二等水准点引测。独立测区可采用闭合水准路线。三、四等水准点应选在土质坚硬、便于长期保存和使用的地方，并应埋设水准标石（参阅本书第二章图 2-13），亦可利用埋石的平面控制点作为水准点。为了便于寻找，水准点应绘制点之记。

表 6-11

等级	附合路线长度（km）	水准仪	视线长度（m）	视线高度	水准尺	观测次数		往返较差、附合或环线闭合差	
						与已知点连测的	附合或环线的	平　地（mm）	山　地（mm）
三	45	DS1 DS05	80	三丝法读数	因　瓦	往返各一次	往一次	$\pm 12\sqrt{L}$	$\pm 4\sqrt{n}$
					双面		往返各一次		
		DS3	65						
四	15	DS1	100	三丝法读数	因　瓦	往返各一次	往一次	$\pm 20\sqrt{L}$	$\pm 6\sqrt{n}$
		DS3	80		双面、单面				

注：计算往返较差时，表中 L 为水准点间的路线长度（km）；计算附合或环线闭合差时，L 为附合或环线的路线长度（km）；n 为测站数。

一、三、四等水准测量的技术要求

三、四等水准测量的主要技术要求参见表 6-11 及表 6-4。

二、三、四等水准测量的观测方法

三、四等水准测量的观测应在通视良好、成像清晰稳定的情况下进行。下面介绍双面尺法的观测程序。

1. 每一站的观测顺序

后视水准尺黑面，使圆水准器气泡居中，读取下、上丝读数（1）和（2），转动微倾螺旋，使符合水准气泡居中，读取中丝读数（3）；

前视水准尺黑面，读取下、上丝读数（4）和（5），转动微倾螺旋，使符合水准气泡居中，读取中丝读数（6）；

前视水准尺红面，转动微倾螺旋，使符合水准气泡居中，读取中丝读数（7）；

后视水准尺红面，转动微倾螺旋，使符合水准气泡居中，读取中丝读数（8）。以上（1）、（2）、……、（8）表示观测与记录的顺序，见表 6-12。

这样的观测顺序简称为"后—前—前—后"。其优点是可以大大减弱仪器下沉误差的影响。四等水准测量每站观测顺序可为："后—后—前—前"。

2. 测站计算与检核

（1）视距计算

后视距离 　　　　　　　　　　（9）＝（1）－（2）

前视距离 　　　　　　　　　　（10）＝（4）－（5）

前、后视距差（11）＝（9）－（10），三等水准测量，不得超过 3m，四等水准测量，不得超过 5m。

前、后视距累积差（12）＝上站之（12）＋本站（11），三等水准测量，不得超过 6m，四等水准测量，不得超过 10m。

（2）同一水准尺红、黑面中丝读数的检核

同一水准尺红、黑面中丝读数之差，应等于该尺红、黑面的常数差 K（4.687 或 4.787），红、黑面中丝读数差按下式计算

$$(13) = (6) + K - (7)$$

$$(14) = (3) + K - (8)$$

（13）、（14）的大小，三等水准测量，不得超过 2mm，四等水准测量，不得超过 3mm。

（3）计算黑面、红面的高差（15）、（16）

$$(15) = (3) - (6)$$

$$(16) = (8) - (7)$$

（17）＝（15）－（16）±0.100＝（14）－（13）（检核用）。三等水准测量，（17）不得超过 3mm，四等水准测量，（17）不得超过 5mm。式内 0.100 为单、双号两根水准尺红面零点注记之差，以米（m）为单位。

（4）计算平均高差（18）

$$(18) = \frac{1}{2}\{(15) + [(16) \pm 0.100]\}$$

往测自　BM1　至三角点　A　　观测者　刘 真　　记录者　俞 杉

　1993　年　7　月　10　日　天气　晴　仪器型号　北光 DZS3-1

开始　8　时　结束　9　时　成像　清晰稳定

测站编号	点 号	后尺 下丝/上丝	前尺 下丝/上丝	方向及尺号	水准尺读数 黑面	水准尺读数 红面	$K+$黑$-$红 (mm)	平均高差 (m)	备 注
		后视距	前视距						
		视距差 d	累积差 Σd						
		(1)	(4)	后	(3)	(8)	(14)		
		(2)	(5)	前	(6)	(7)	(13)		
		(9)	(10)	后一前	(15)	(16)	(17)	(18)	
		(11)	(12)						
1	BM_1—ZD_1	1426	0801	后 106	1211	5998	0		
		0995	0371	前 107	0586	5273	0	+0.6250	
		43.1	43.0	后一前	+0.625	+0.725	0		
		+0.1	+0.1						
2	ZD_1—ZD_2	1812	0570	后 107	1554	6241	0		
		1296	0052	前 106	0311	5097	+1	+1.2435	
		51.6	51.8	后一前	+1.243	+1.144	−1		
		−0.2	−0.1						
3	ZD_2—ZD_3	0889	1713	后 106	0398	5486	−1		K 为水准尺常数，表中
		0507	1333	前 107	1523	0210	0	−0.8245	$K_{106}=4.787$
		38.2	38.0	后一前	−0.825	−0.724	−1		$K_{107}=4.687$
		−0.2	+0.1						已知 $BM1$
4	ZD_3—A	1891	0758	后 107	1708	6395	0		的高程为
		1525	0390	前 106	0574	5361	0	+1.1340	$H_1=56.345$m
		36.6	36.8	后一前	+1.134	+1.034	0		
		−0.2	−0.1						
		—		后					
				前					
				后一前					

每页校核	$\Sigma(9)=169.5$ $-)\Sigma(10)=169.6$ $=-0.1$ $=4$ 站(12) 总视距 $\Sigma(9)+\Sigma(10)$ $=339.1$m	$\Sigma[(3)+(8)]=29.291$ $-)\Sigma[(6)+(7)]=24.935$ $=+4.356$	$\Sigma[(15)+(16)]$ $=+4.356$ $\Sigma(18)=+2.1780$ $2\Sigma(18)=+4.356$

3. 每页计算的校核

（1）高差部分

红、黑面后视总和减红、黑面前视总和应等于红、黑面高差总和，还应等于平均高差总和的两倍。即

$$\sum[(3)+(8)]-\sum[(6)+(7)]=\sum[(15)+(16)]=2\sum(18)$$

上式适用于测站数为偶数。

$$\sum[(3)+(8)]-\sum[(6)+(7)]=\sum[(15)+(16)]=2\sum(18)\pm0.100$$

上式适用于测站数为奇数。

（2）视距部分

后视距离总和减前视距离总和应等于末站视距累积差。即

$$\sum(9)-\sum(10)=末站(12)$$

校核无误后，算出总视距

$$总视距=\sum(9)+\sum(10)$$

用双面尺法进行三、四等水准测量的记录、计算与校核，见表6-12。

4. 成果计算

计算方法与本书第二章所介绍的方法相同。

这里顺便介绍一下图根水准测量的用途及技术要求。图根水准测量是用于测定图根点的高程及作工程水准测量用的，其精度低于四等水准测量，故又称为等外水准测量。其观测方法及记录计算，参阅本书第二章。其主要技术要求列入表6-13。

表 6-13

附合路线长度 (km)	水准仪	视线长度 (m)	观测次数		往返较差、附合或环线闭合差	
			与已知点连测的	附合或环线的	平 地 (mm)	山 地 (mm)
5	DS10 DS3	100	往返各一次	往一次	$\pm40\sqrt{L}$	$\pm12\sqrt{n}$

6-6 三 角 高 程 测 量

在山地测定控制点的高程，若用水准测量，则速度慢，困难大，故可采用三角高程测量的方法。但必须用水准测量的方法在测区内引测一定数量的水准点，作为高程起算的依据。

一、三角高程测量的原理

三角高程测量是根据两点的水平距离和竖直角计算两点的高差。如图6-25所示，已知 A 点高程 H_A，欲测定 B 点高程 H_B，可在 A 点安置经纬仪，在 B 点竖立标杆，用望远镜中丝瞄准标杆的顶点 M，测得竖直角 α，量出标杆高 v 及仪器高 i，再根据 AB 之平距 D，则可算出 AB 之高差

$$h=D\cdot\mathrm{tg}\alpha+i-v \tag{6-32}$$

B 点的高程为

$$H_B = H_A + h = H_A + D \cdot tg\alpha + i - v \tag{6-33}$$

当两点距离大于 300m 时，式（6-33）应考虑地球曲率和大气折光对高差的影响，其值 f（称为两差改正）为 $0.43\dfrac{D^2}{R}$，D 为两点间水平距离，R 为地球半径（参见式（2-19））。

三角高程测量，一般应进行往返观测，即由 A 向 B 观测（称为直觇），又由 B 向 A 观测（称为反觇），这样的观测，称为对向观测，或称双向观测。对向观测可以消除地球曲率和大气折光的影响。三角高程测量对向观测所求得的高差较差不应大于 $0.1D_m$（D 为平距，以 km 为单位），若符合要求，则取两次高差的平均值。

二、三角高程测量的观测与计算

1. 安置仪器于测站，量仪器高 i 和标杆高 v，读到 0.5cm，量取两次的结果之差不超过 1cm 时，取平均值后取至 cm 记入表 6-14。

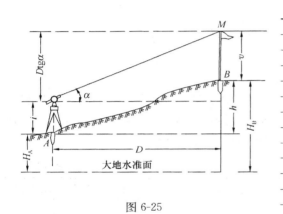

图 6-25

表 6-14

待求点	B	
起算点	A	
觇法	直	反
平距 D（m）	341.23	341.23
竖直角 α	+14°06′30″	−13°19′00″
D·tgα（m）	+85.76	−80.77
仪器高 i（m）	+1.31	+1.43
标杆高 v（m）	−3.80	−4.00
两差改正（m）	+0.01	+0.01
高差 h（m）	+83.37	−83.24
平均高差（m）	+83.30	
起算点高程（m）	279.25	
待求点高程（m）	362.55	

2. 用经纬仪中横丝瞄准目标，将竖盘水准管气泡居中，读取竖盘读数，盘左、盘右观测为一测回。竖直角观测测回数及限差见表 6-15。

竖直角观测测回数及限差 表 6-15

项 目	等 级 仪 器	一、二级小三角		一、二、三级导线		图根控制
		DJ2	DJ6	DJ2	DJ6	DJ6
测回数		2	4	1	2	1
各测回	竖直角互差 指标差互差	15″	25″	15″	25″	25″

3. 高差及高程的计算，见表 6-14。

当用三角高程测量方法测定平面控制点的高程时，应组成闭合或附合的三角高程路线。每边均要进行对向观测。由对向观测所求得的高差平均值，计算闭合环线或附合路线的高程闭合差的限值 $f_{h容}$ 为

$$f_{h容} = \pm 0.05\sqrt{[D^2]}\,\text{m} \tag{6-34}$$

式中　D——各边的水平距离，以 km 为单位。

当 f_h 不超过 $f_{h容}$ 时，则按边长成正比例的原则，将 f_h 反符号分配于各高差之中，然后用改正后的高差，由起始点的高程计算各待求点的高程。

思 考 题 与 习 题

1. 测绘地形图和施工放样为什么要先建立控制网？控制网分为哪几种？

2. 建立平面控制网的方法有哪些？各有何优缺点？各在什么情况下采用？

3. 选定控制点应注意哪些问题？

4. 何谓连接角、连接边？它们有什么用处？

5. 在什么情况下，建立测区独立控制网？其工作如何进行？

6. 试根据图 6-26 中的已知数据及观测数据列表计算 1、2 两点的坐标（注意：图中观测角为右角）。

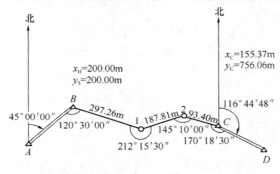

图 6-26

7. 闭合导线 12341 的已知数据及观测数据已列入表 6-16，试计算 2、3、4 点的坐标（表中已知数据用双线标明）。

表 6-16

点　号	观测角（左角）	坐标方位角 α	距离（m） D	坐标值（m） x	y	点　号
1				5032.70	4537.66	1
		97°58′08″	100.29			
2	82°46′29″					2
			78.96			
3	91 08 23					3
			137.22			
4	60 14 02					4
			78.67			
1	125 52 04					1
2						

8. 图 6-27 为一单三角锁，已知数据为：$x_1 = 1000.000$m，$y_1 = 500.000$m，$\alpha_{12} = 40°27′37″$，$D_0 = 211.646$m，$D_n = 237.225$m，观测数据为：

$$\begin{cases} a_1 = 63°54′18″ \\ b_1 = 45\ 34\ 48 \\ c_1 = 70\ 30\ 42 \end{cases} \quad \begin{cases} a_2 = 59°40′23″ \\ b_2 = 59\ 05\ 05 \\ c_2 = 61\ 14\ 22 \end{cases} \quad \begin{cases} a_3 = 67°02′00″ \\ b_3 = 50\ 44\ 10 \\ c_3 = 62\ 13\ 41 \end{cases}$$

$$\begin{cases} a_4 = 65°18′20″ \\ b_4 = 69\ 22\ 03 \\ c_4 = 45\ 19\ 49 \end{cases} \quad \begin{cases} a_5 = 48°59′10″ \\ b_5 = 79\ 25\ 00 \\ c_5 = 51\ 35\ 40 \end{cases}$$

试计算各小三角点的坐标。

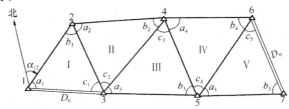

图 6-27

9. 图 6-28 为角度前方交会法示意图，已知数据为：

$$\begin{cases} x_A = 3646.35\text{m} \\ y_A = 1054.54 \end{cases} \quad \begin{cases} x_B = 3873.96\text{m} \\ y_B = 1772.68 \end{cases} \quad \begin{cases} x_C = 4538.45\text{m} \\ y_C = 1862.57 \end{cases}$$

观测数据为：

$$\begin{cases} \alpha_1 = 64°03'30'' \\ \beta_1 = 59\ 46\ 40 \end{cases} \quad \begin{cases} \alpha_2 = 55°30'36'' \\ \beta_2 = 72\ 44\ 47 \end{cases}$$

试计算 P 点的坐标 x_P、y_P。

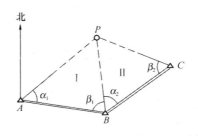

图 6-28

10. 用三、四等水准测量建立高程控制时，怎样观测？怎样记录与计算？

11. 已知 A 点高程为 46.54m，现用三角高程测量方法进行了直、反觇观测，观测数据列入表 6-17 中，AP 距离为 213.64m，试求 P 点的高程。

表 6-17

测　　站	目　　标	竖直角 。　'　"	仪器高 （m）	标杆高 （m）
A	P	+3　36　12	1.48	2.00
P	A	−2　50　56	1.50	3.30

114

第七章 地形图的基本知识

按一定法则，有选择地在平面上表示地球表面各种自然现象和社会现象的图，通称地图。按内容，地图可分为普通地图及专题地图。普通地图是综合反映地面上物体和现象一般特征的地图，内容包括各种自然地理要素（例如水系、地貌、植被等）和社会经济要素（例如居民点、行政区划及交通线路等），但不突出表示其中的某一种要素。专题地图是着重表示自然现象或社会现象中的某一种或几种要素的地图，如地籍图、地质图和旅游图等。本章主要介绍地形图，它是普通地图的一种。地形图是按一定的比例尺，用规定的符号表示地物、地貌平面位置和高程的正射投影图。

7-1　地形图的比例尺

地形图上任意一线段的长度与地面上相应线段的实际水平长度之比，称为地形图的比例尺。

一、比例尺的种类

1. 数字比例尺

数字比例尺一般用分子为 1 的分数形式表示。设图上某一直线的长度为 d，地面上相应线段的水平长度为 D，则图的比例尺为

$$\frac{d}{D} = \frac{1}{\dfrac{D}{d}} = \frac{1}{M} \tag{7-1}$$

式中 M 为比例尺分母。当图上 1cm 代表地面上水平长度 10m（即 1000cm）时，该图的比例尺就是 $\dfrac{1}{1000}$。由此可见，分母 1000 就是将实地水平长度缩绘在图上的倍数。

比例尺的大小是以比例尺的比值来衡量的，分数值越大（分母 M 越小），比例尺越大。为了满足经济建设和国防建设的需要，测绘和编制了各种不同比例尺的地形图。通常称 1∶1000000、1∶500000、1∶200000 为小比例尺地形图；1∶100000、1∶50000 和 1∶25000 为中比例尺地形图；1∶10000、1∶5000、1∶2000、1∶1000 和 1∶500 为大比例尺地形图。建筑类各专业通常使用大比例尺地形图。

按照地形图图式规定，比例尺书写在图幅下方正中处，如图 7-1 所示，该地形图的比例尺为 1∶2000。

2. 图示比例尺

为了用图方便，以及减弱由于图纸伸缩而引起的误差，在绘制地形图时，常在图上绘制图示比例尺。图 7-2 是 1∶1000 的图示比例尺，绘制时先在图上绘两条平行线，再把它分成若干相等的线段，称为比例尺的基本单位，一般为 2cm；将左端的一段基本单位又分成十等分，每等分的长度相当于实地 2m。而每一基本单位所代表的实地长度为 2cm×1000＝20m。

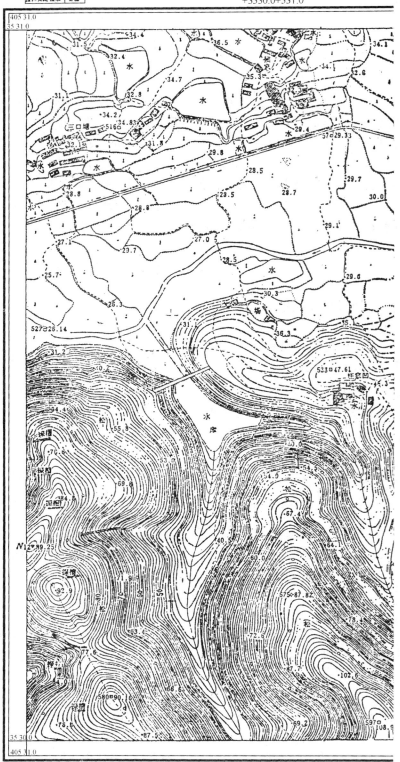

原图比例1:2千站6/10

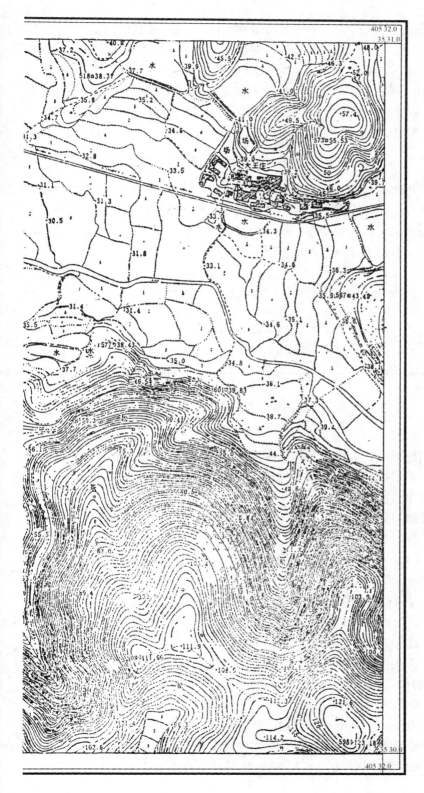

图 7-1

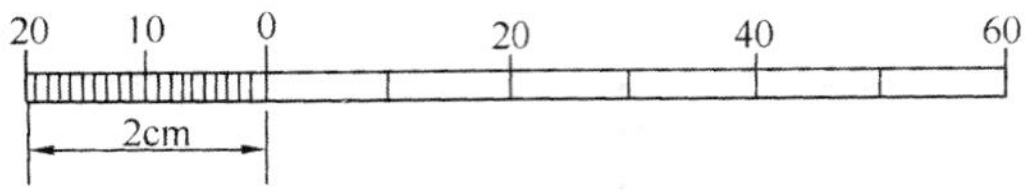

图 7-2

二、比例尺的精度

一般认为，人的肉眼能分辨的图上最小距离是 0.1mm，因此通常把图上 0.1mm 所表示的实地水平长度，称为比例尺的精度。

根据比例尺的精度，可以确定在测图时量距应准确到什么程度，例如，测绘 1∶1000 比例尺地形图时，其比例尺的精度为 0.1m，故量距的精度只需 0.1m，小于 0.1mm 在图上表示不出来。另外，当设计规定需在图上能量出的实地最短长度时，根据比例尺的精度，可以确定测图比例尺。例如，欲使图上能量出的实地最短线段长度为 0.5m，则采用的比例尺不得小于 $\dfrac{0.1\text{mm}}{0.5\text{m}} = \dfrac{1}{5000}$。

表 7-1 为不同比例尺的比例尺精度，可见比例尺越大，表示地物和地貌的情况越详细，精度越高。但是必须指出，同一测区，采用较大比例尺测图往往比采用较小比例尺测图的工作量和投资将增加数倍，因此采用哪一种比例尺测图，应从工程规划、施工实际需要的精度出发，不应盲目追求更大比例尺的地形图。

表 7-1

比例尺	1∶500	1∶1000	1∶2000	1∶5000
比例尺精度（m）	0.05	0.10	0.20	0.50

7-2　地形图的分幅和编号

为了便于管理和使用地形图，需要将各种比例尺的地形图进行统一的分幅和编号。地形图的方法分为两类，一类是按经纬线分幅的梯形分幅法（又称为国际分幅），另一类是按坐标格网分幅的矩形分幅法。

一、地形图的梯形分幅与编号

1. 1∶1000000 比例尺图的分幅与编号

按国际上的规定，1∶1000000 的世界地图实行统一的分幅和编号。即自赤道向北或向南分别按纬差 4° 分成横列，各列依次用 A、B……V 表示。自经度 180° 开始起算，自西向东按经差 6° 分成纵行，各行依次用 1、2、……60 表示。每一幅图的编号由其所在的"横列-纵行"的代号组成。例如北京某地的经度为东经 116°24′20″，纬度为 39°56′30″，则所在的 1∶1000000 比例尺的图号为 J-50（见图 7-3）。

2. 1∶100000 比例尺图的分幅和编号

将一幅 1∶1000000 的图，按经差 30′，纬差 20′ 分为 144 幅 1∶100000 的图。如图 7-4，北京某地的 1∶100000 图的编号为 J-50-5。

3. 1∶50000、1∶25000、1∶10000 图的分幅和编号

这三种比例尺图的分幅编号都是以 1∶100000 比例尺图为基础的。每幅 1∶100000 的图，划分成 4 幅 1∶50000 的图，分别在 1∶100000 的图号后写上各自的代号 A、B、C、

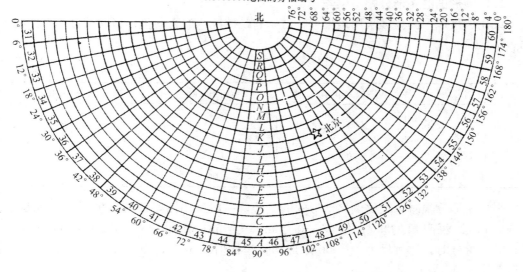

1:1000000地图的分幅编号

图 7-3

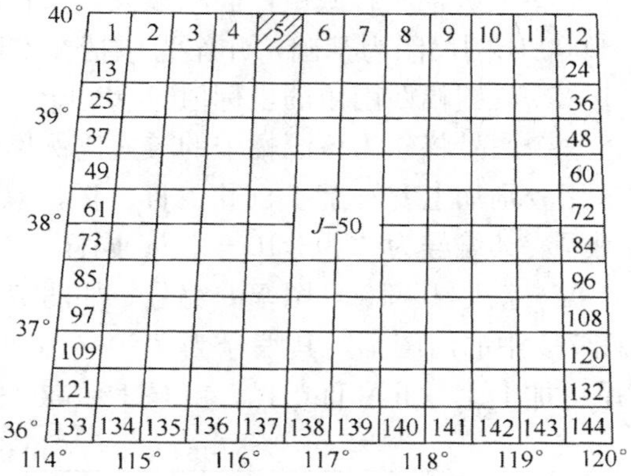

D。每幅 1：50000 的图又可分为 4 幅 1：2.50000的图，分别以 1、2、3、4 编号。每幅1：100000图分为 64 幅 1：10000 的图，分别以（1）、（2）、……（64）表示。北京某地上述三种比例比图的图幅编号见表 7-2。

4. 1：5000 和 1：2000 比例尺图的分幅编号

1：5000 和 1：2000 比例尺图的分幅编号是在 1：10000 图的基础上进行的。每幅 1：10000的图分为 4 幅 1：5000 的图，分别在 1：10000 的图号后面写上各自的代号 a、b、c、d。每幅 1：5000 的图又分成 9 幅 1：2000的图，分别以 1、2、……9 表示，图幅的大小及编号见表 7-2。

图 7-4

表 7-2

比例尺	图幅大小		在上一列比例尺图中所包含的幅数	北京某地的图幅编号
	纬度差	经度差		
1：100000	20′	30′	在 1：1000000 图幅有 144 幅	1—50—5
1：50000	10′	15′	4 幅	J—50—5—B
1：2.50000	5′	7′30″	4 幅	J—50—5—B—2
1：10000	2′30″	3′45″	在 1：100000 图幅有 64 幅	J—50—5—（15）
1：5000	1′15″	1′52.5″	4 幅	J—50—5—（15）—a
1：2000	25″	37.5″	4 幅	J—50—5—（15）—a—9

二、地形图的矩形分幅与编号

大比例尺地形图大多采用矩形分幅法，它是按统一的直角坐标格网划分的。图幅大小如表 7-3 所示。

表 7-3

比例尺	图幅大小（cm）	实地面积（km^2）	1：5000 图幅内的分幅数
1：5000	40×40	4	1
1：2000	50×50	1	4
1：1000	50×50	0.25	16
1：500	50×50	0.0625	64

采用矩形分幅时，大比例尺地形图的编号，一般采用图幅西南角坐标公里数编号法。如图 7-1，其西南角的坐标 $x=3530.0$km，$y=531.0$km，所以其编号为"3530.0－531.0"。编号时，比例尺为 1：500 地形图，坐标值取至 0.01km，而 1：1000、1：2000 地形图取至 0.1km。

某些工矿企业和城镇，面积较大，而且测绘有几种不同比例尺的地形图，编号时是以 1：5000 比例尺图为基础，并作为包括在本图幅中的较大比例尺图幅的基本图号。例如，某 1：5000 图幅西南角的坐标值 $x=20$km，$y=10$km，则其图幅编号为"20－10"（图 7-5）。这个图号将作为该图幅中的较大比例尺所有图幅的基本图号。也就是在 1：5000 图号的末尾分别加上罗马字Ⅰ、Ⅱ、Ⅲ、Ⅳ，就是 1：2 千比例尺图幅的编号，如图 7-3 中的甲图幅，其编号为"20－10－Ⅰ"。同样，在 1：2000 图幅编号的末尾分别再加上Ⅰ、Ⅱ、Ⅲ、Ⅳ，就是 1：1000 图幅的编号，如图 7-5 中的乙图幅，其编号为"20－10－Ⅳ－Ⅲ"。而图 7-5 中的丙图幅，其编号为"20－10－Ⅳ－Ⅱ－Ⅱ"，它是在 1：1000 比例尺的图号末尾再加上Ⅰ、Ⅱ、Ⅲ、Ⅳ，就是 1：500 图幅的编号。

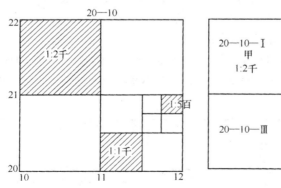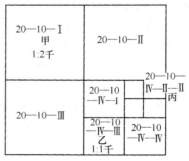

图 7-5

7-3 地形图图外注记

一、图名和图号

图名即本幅图的名称，是以所在图幅内最著名的地名、厂矿企业和村庄的名称来命名的。如图 7-1，图名为大王庄。

为了区别各幅地形图所在的位置关系，每幅地形图上都编有图号。图号是根据地形图分幅和编号方法编定的，并把它标注在北图廓上方的中央。

二、接图表

说明本图幅与相邻图幅的关系，供索取相邻图幅时用。通常是中间一格画有斜线的代表本图幅，四邻分别注明相应的图号（或图名），并绘注在图廓的左上方（见图 7-1）。在中比例尺各种图上，除了接图表以外，还把相邻图幅的图号分别注在东、西、南、北图廓线中间，进一步表明与四邻图幅的相互关系。

三、图廓

图廓是地形图的边界，矩形图幅只有内、外图廓之分。内图廓就是坐标格网线，也是图幅的边界线。在内图廓外四角处注有坐标值，并在内廓线内侧，每隔 10cm 绘有 5mm 的短线，表示坐标格网线的位置。在图幅内绘有每隔 10cm 的坐标格网交叉点。外图廓是最外边的粗线。

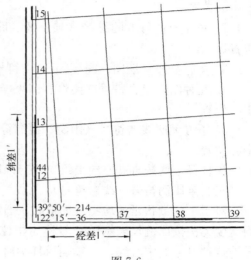

图 7-6

在城市规划以及给排水线路等设计工作中，有时需用 1：10000 或 1：25000 的地形图。这种图的图廓如图 7-6 所示，有内图廓、分图廓和外图廓之分。内图廓是经线和纬线，也是该图幅的边界线。图 7-6 中西图廓经线是东经 122°15′，南图廓线是北纬 39°50′。内、外图廓之间为分图廓，它绘成为若干段黑白相间的线条，每段黑线或白线的长度，表示实地经差或纬差 1′。分度廓与内图廓之间，注记了以公里为单位的平面直角坐标值，如图中的 4412 表示纵坐标为 4412km（从赤道起算），其余的 13、14 等，其公里的千、百位都是 44，故从略。横坐标为 21436，21 为该图幅所在的 6°带投影带号，436 表示该纵线的横坐标公里数。

四、三北方向关系图

在中、小北例尺图的南图廓线的右下方，还绘有真子午线、磁子午线和坐标纵轴（中央子午线）方向这三者之间的角度关系，称为三北方向图。利用该关系图，可对图上任一方向的真方位角、磁方位角和坐标方位角三者间作相互换算。此外，在南、北内图廓线上，还绘有标志点 P 和 P'，该两点的连线即为该图幅的磁子午线方向，有了它利用罗盘可将地形图进行实地定向。

7-4 地 物 符 号

地形是地物和地貌的总称。地物是地面上天然或人工形成的物体，如湖泊、河流、房屋、道路等。地面上的地物和地貌，应按国家测绘总局颁发的《地形图图式》中规定的符号表示于图上。其中地物符号有下列几种。

一、比例符号

有些地物的轮廓较大，如房屋、稻田和湖泊等，它们的形状和大小可以按测图比例尺缩小，并用规定的符号绘在图纸上，这种符号称为比例符号。如表7-4，从1号到12号等都是比例符号。

二、非比例符号

有些地物，如三角点、水准点、独立树和里程碑等，轮廓较小，无法将其形状和大小按比例绘到图上，则不考虑其实际大小，而采用规定的符号表示之，这种符号称为非比例符号。如表7-4，从27号到40号都为非比例符号。

非比例符号不仅其形状和大小不按比例绘出，而且符号的中心位置与该地物实地的中心位置关系，也随各种不同的地物而异，在测图和用图时应注意下列几点：

1. 规则的几何图形符号（圆形、正方形、三角形等），以图形几何中心点为实地地物的中心位置。

2. 底部为直角形的符号（独立树、路标等），以符号的直角顶点为实地地物的中心位置。

3. 宽底符号（烟囱、岗亭等），以符号底部中心为实地地物的中心位置。

4. 几种图形组合符号（路灯、消火栓等），以符号下方图形的几何中心为实地地物的中心位置。

5. 下方无底线的符号（山洞、窑洞等），以符号下方两端点连线的中心为实地地物的中心位置。

各种符号均按直立方向描绘，即与南图廓垂直。

三、半比例符号（线形符号）

对于一些带状延伸地物（如道路、通讯线、管道、垣栅等），其长度可按比例尺缩绘，而宽度无法按比例尺表示的符号称为半比例符号。如表7-4，从13～26号都是半比例符号。这种符号的中心线，一般表示其实地地物的中心位置，但是城墙和垣栅等，地物中心位置在其符号的底线上。

地 物 符 号 表 7-4

编号	符号名称	图　例	编号	符号名称	图　例
1	坚固房屋 4-房屋层数	坚4　　1.5	4	台阶	0.5　0.5
2	普通房屋 2-房屋层数	2　　1.5	5	花圃	1.5　1.5　10.0
3	窑洞 1. 住人的 2. 不住人的 3. 地面下的	1 2.5　2 0 2.0 3	6	草地	1.5　0.8　10.0

122

编号	符号名称	图例	编号	符号名称	图例
7	经济作物地	0.8 ⌐ 3.0 蔗 10.0 10.0	14	低压线	4.0
8	水生经济作物地	藕 3.0 0.5	15	电杆	1.0 ∘
			16	电线架	
9	水稻田	0.2 2.0 10.0 10.0	17	砖、石及混凝土围墙	10.0 0.5 0.3 10.0
			18	土围墙	10.0 0.5
10	旱地	1.0 2.0 10.0 10.0	19	栅栏、栏杆	1.0 10.0
11	灌木林	0.5 1.0	20	篱笆	1.0 10.0
			21	活树篱笆	3.5 0.5 10.0 1.0 0.8
12	菜地	2.0 2.0 10.0 10.0	22	沟渠 1. 有堤岸的 2. 一般的 3. 有沟堑的	1 2 0.3 3
13	高压线	4.0			

123

编号	符号名称	图 例	编号	符号名称	图 例
23	公路	0.3 ——— 沥┊砾 ——— 0.3	33	气象站（台）	3.0 ┬4.0 1.2
24	简易公路	┌─8.0─┐ 2.0	34	消火栓	1.5 1.5┤├2.0
25	大车路	0.15 ——— 碎石 ——— 0.3	35	阀门	1.5 1.5┤├2.0
26	小路	4.0 1.0 0.3	36	水龙头	3.5┬2.0 1.2
27	三角点 凤凰山-点名 394.486-高程	△ 凤凰山 ──── 394.468 3.0	37	钻孔	3.0┊◉┊1.0
28	图根点 1. 埋石的 2. 不埋石的	1 2.0 □ N16 ──── 84.46 2 1.5◇ 25 ──── 2.5 62.74	38	路灯	3.5 1.0
29	水准点	2.0⊗ II京石5 ──── 32.804	39	独立树 1. 阔叶 2. 针叶	1.5 1 3.0●0.7 2 3.0 0.7
30	旗杆	1.5 4.0 卩┊1.0 ┊1.0	40	岗亭、岗楼	90° 3.0 1.5
31	水塔	2.0 3.0◯1.0 1.2	41	等高线 1. 首曲线 2. 计曲线 3. 间曲线	0.15 87 1 0.3 85 2 0.15 6.0 3 1.0
32	烟囱	3.5 1.0			

编号	符号名称	图　例	编号	符号名称	图　例
42	示坡线	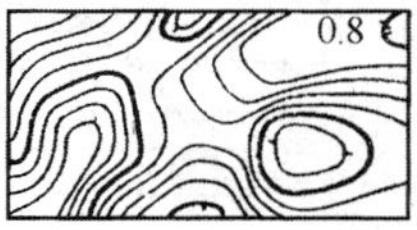 0.8	45	陡崖 1. 土质的 2. 石质的	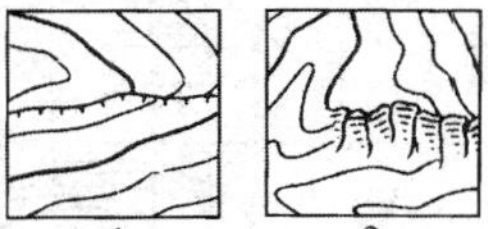 1　　2
43	高程点及其注记	0.5·163.2　▲75.4	46	冲沟	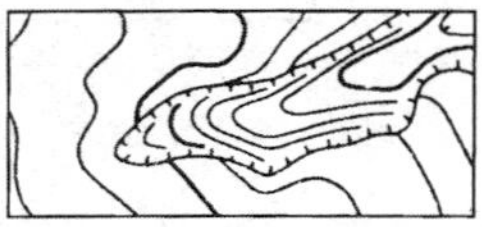
44	滑坡	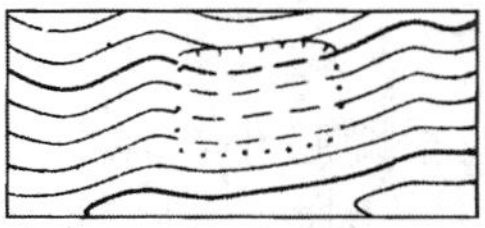			

四、地物注记

用文字、数字或特有符号对地物加以说明者，称为地物注记。诸如城镇、工厂、河流、道路的名称；桥梁的长宽及载重量；江河的流向、流速及深度；道路的去向及森林、果树的类别等，都以文字或特定符号加以说明。

7-5　地貌符号——等高线

地貌是指地表面的高低起伏状态，它包括山地、丘陵和平原等。在图上表示地貌的方法很多，而测量工作中通常用等高线表示，因为用等高线表示地貌，不仅能表示地面的起伏形态，并且还能表示出地面的坡度和地面点的高程。本节讨论用等高线表示地貌的方法。

一、等高线的概念

等高线是地面上高程相同的点所连接而成的连续闭合曲线。如图 7-7，设有一座位于平静湖水中的小山头，山顶被湖水恰好淹没时的水面高程为 100m。然后水位下降 5m，露出山头，此时水面与山坡就有一条交线，而且是闭合曲线，曲线上各点的高程是相等的，这就是高程为 95m 的等高线。随后水位又下降 5m，山坡与水面又有一条交线，这就是高程为 90m 的等高线。依次类推，水位每降落 5m，水面就与地表面相交留下一条等高线，从而得到一组高差为 5m 的等高线。设想把这组实地上的等高线沿铅垂线方向投影到水平面 H 上，并按规定的比例尺缩绘到图纸上，就得到用等高线表示该山头地貌的等高线图。

二、等高距和等高线平距

相邻等高线之间的高差称为等高距，常以 h 表示。图 7-7 中的等高距为 5m。在同一幅地形图上，等高距是相同的。

相邻等高线之间的水平距离称为等高线平距，常以 d 表示。因为同一张地形图内等高距是相同的，所以等高线平距 d 的大小直接与地面坡度有关。如图 7-8 所示，地面上 CD 段的坡度大于 BC 段，其等高线平距 cd 就比 bc 小；相反，CD 段的坡度小于 AB 段，

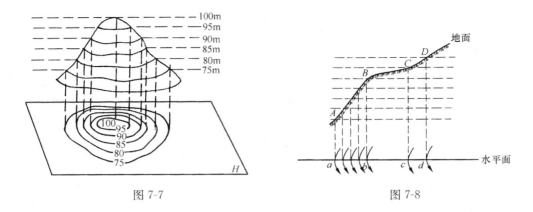

图 7-7   图 7-8

其等高线平距就比 *AB* 段大。由此可见，等高线平距越小，地面坡度就越大；平距越大，则坡度越小；坡度相同（图上 *AB* 段），平距相等。因此，可以根据地形图上等高线的疏、密来判定地面坡度的缓、陡。

同时还可以看出：等高距越小，显示地貌就越详细；等高距越大，显示地貌就越简略。但是，当等高距过小时，图上的等高线过于密集，将会影响图面的清晰醒目。因此，在测绘地形图时，等高距的大小是根据测图比例尺与测区地形情况来确定的（参见表8-7）。

三、典型地貌的等高线

地面上地貌的形态是多样的，对它进行仔细分析后，就会发现它们不外是几种典型地貌的综合。了解和熟悉用等高线表示典型地貌的特征，将有助于识读、应用和测绘地形图。典型地貌有：

1. 山丘和洼地（盆地）

如图 7-9（*a*）所示为山丘及其等高线，图 7-9（*b*）为洼地及其等高线。山丘和洼地的等高线都是一组闭合曲线。在地形图上区分山丘或洼地的方法是：凡是内圈等高线的高程注记大于外圈者为山丘，小于外圈者为洼地。如果等高线上没有高程注记，则用示坡线来表示。

示坡线是垂直于等高线的短线，用以指示坡度下降的方向。如图 7-10（*a*），示坡线从内

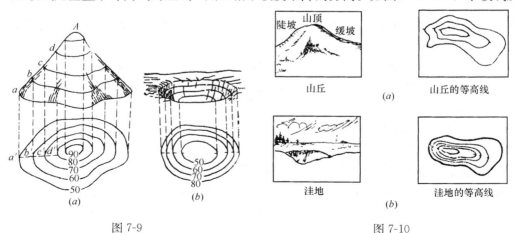

图 7-9   图 7-10

126

圈指向外圈，说明中间高，四周低，为山丘。而图 7-10 (b)，其示坡线从外圈指向内圈，说明四周高，中间低，故为洼地。

2. 山脊和山谷

山脊是沿着一个方向延伸的高地。山脊的最高棱线称为山脊线。山脊等高线表现为一组凸向低处的曲线，如图 7-11 (a) 所示，S 是山脊线。

山谷是沿着一个方向延伸的洼地，位于两山脊之间。贯穿山谷最低点的连线称为山谷线。山谷等高线表现为一组凸向高处的曲线，如图 7-11 (b) 所示，T 为山谷线。

山脊附近的雨水必然以山脊线为分界线，分别流向山脊的两侧（图 7-12a），因此，山脊又称分水线。而在山谷中，雨水必然由两侧山坡流向谷底，向山谷线汇集（图 7-12b），因此，山谷线又称集水线。

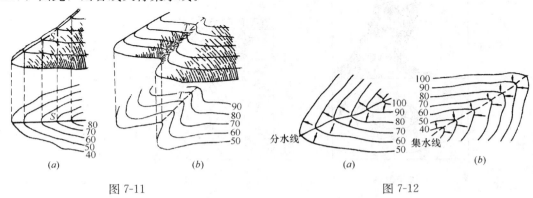

图 7-11　　　　　　　　　　图 7-12

3. 鞍部

鞍部是相邻两山头之间呈马鞍形的低凹部位，如图 7-13 所示。鞍部（K 点处）往往是山区道路通过的地方，也是两个山脊与两个山谷会合的地方。鞍部等高线的特点是在一圈大的闭合曲线内，套有两组小的闭合曲线。

4. 陡崖和悬崖

陡崖是坡度在 70°以上的陡峭崖壁，有石质和土质之分。图 7-14 是石质陡崖的表示符号。土质陡崖的符号参见表 7-3 中的 45 号。

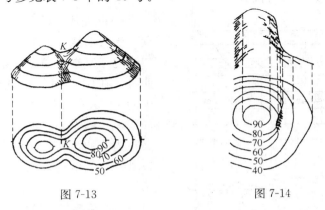

图 7-13　　　　　　　图 7-14

悬崖是上部突出，下部凹进的陡崖，这种地貌的等高线如图 7-15 所示，等高线出现相交。俯视时隐蔽的等高线用虚线表示。

还有某些特殊地貌，如冲沟、滑坡等，其表示方法参见地形图图式。

了解和掌握了典型地貌等高线，就不难读懂综合地貌的等高线图。图 7-16 是某一地区综合地貌及其等高线图，读者可自行对照阅读。

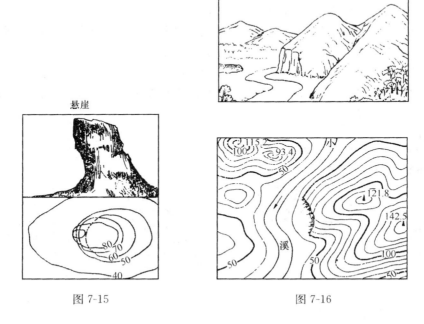

图 7-15   图 7-16

四、等高线的分类

1. 首曲线

在同一幅图上，按规定的等高距描绘的等高线称首曲线，也称基本等高线。它是宽度为 0.15mm 的细实线，如图 7-17 中的 9m、11m、12m、13m 等各条等高线。

2. 计曲线

为了读图方便，凡是高程能被 5 倍基本等高距整除的等高线加粗描绘，称为计曲线，如图 7-17 中的 10m、15m 等高线。

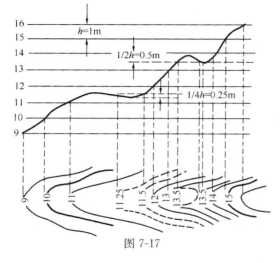

图 7-17

3. 间曲线和助曲线

当首曲线不能显示地貌的特征时，按二分之一基本等高距描绘的等高线称为间曲线，在图上用长虚线表示，如图 7-17 中的 11.5m、13.5m 等高线。有时为显示局部地貌的需要，可以按四分之一基本等高距描绘的等高线，称为助曲线。如图 7-17 中 11.25m 的等高线，一般用短虚线表示。

五、等高线的特性

1. 同一条等高线上各点的高程都相等。

2. 等高线是闭合曲线，如不在本图幅内闭合，则必在图外闭合。

3. 除在悬崖或绝壁处外，等高线在图上不能相交或重合。

4. 等高线的平距小，表示坡度陡，平距大表示坡度缓，平距相等则坡度相等。

5. 等高线与山脊线、山谷线成正交，如图 7-18 所示。

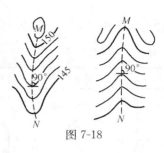

图 7-18

7-6 地籍图的基本知识

地籍图是一种专题地图，专门用以说明土地及其附属物的权属、位置、质量、数量和现状，是国家土地管理的基础性资料，具有法律效力；是土地登记、发证和收取土地税的重要依据。

地籍图也和地形图一样，需进行分幅编号。小于或等于 1∶5000 的地籍图，通常以百万分之一为基础的国际分幅编号的方法进行；小于 1∶5000 的地籍图，采用矩形或正方形分幅，图幅号是按西南角坐标（公里数或整 10m 数）数编号；x 坐标在前，y 坐标在后，中间短线连接。

基本地籍图的比例尺一般为 1∶500 或 1∶1000，城镇宜采用 1∶500，独立工矿和村庄也可采用 1∶2000。

地籍图的内容概括起来可分为两个方面，一是地籍要素，二是地理要素，现分述如下：

一、地籍要素

1. 行政境界

行政境界是指国界、省（自治区、直辖市）界，地区（自治州、盟、地级市）界、县（自治县、旗县级市）界、街道、乡镇界以及村界等，见图 7-19。

2. 土地权属界

土地权属界是指厂矿、企事业单位、机关团体、住户等的用地权属范围线，也以不同宽度的线条表示（参见表 7-4 中的 5、6）。或以围墙、垣栅、道路、河沟等作为土地权属界，它是地籍图的主要内容之一。土地权属界以宗地为单位，凡被权属界址线所封闭的地块称为一宗（或丘）地。

3. 界址点及其编号

土地权属界的转折点及境界与权属界的交点，统称为界址点，均需测定其坐标。界址点应在街道（或街坊）范围内统一编号：先将地籍编号中街道（或街坊）的序号 1、2、3、…… 相应依次改为英文字母 A、B、C、……，再用小一级的字符 1、2、3、…… 顺序加注界址点号，如表 7-5 中的 8。

4. 地籍编号

地籍编号以行政区为单位，按街道、宗两级编号。对于较大城市可按街道、街坊、宗三级编号。地籍号统一自左至右、

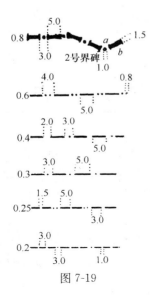

图 7-19

129

自上而下由"1"号开始顺序编号。

1：500、1：1000、1：2000 地籍图图式　　　　　　　表 7-5

编号	符号名称	符　　号	编号	符号名称	符　　号
1	街道（或街坊）号 乡（镇）号	**23**	16	其　他	3.0〇
2	宗（丘）号	34	17	门牌号	41-40 42-39
3	地块号	(1)	18	公　产	公
4	宗（丘）面积	375	19	代管产	代
5	国有土地使用权 界址线	0.3 ———	20	托管产	托
6	未定权属界址线	0.3 —— 1.0 ——	21	拨用产	拨
7	地块界线	0.3 —— 4.0　1.0 ——	22	全民单位自管公产	全
			23	集体单位自管公产	集
8	界址点及编号	L_4	24	私　产	私
9	土地等级	$Ⅲ_5$	25	中外合资产	合
10	商业服务	3.0⊛	26	外　产	外
11	工业、仓储、交通	3.0⊕	27	军　产	军
12	文化、体育、娱乐	3.0⊕ 　0.8	28	其他产	它
13	住　宅	3.0⊛ 1.0	29	钢结构	钢
14	机　关	3.0◉ 1.0	30	钢、钢筋混凝土结构	钢、混凝土
			31	钢筋混凝土结构	混凝土
15	教育、科研、医疗	3.0◎ 1.0	32	混合结构	混
			33	砖木结构	砖
			34	其他结构	简

5. 房产

在地籍图上要表示出房产的产权类别、位置、结构、建筑面积和占地面积等项内容。

根据国家测绘局《地籍测量规范》标准，房产性质划分为公产、代管产、托管产、拨用产、全民单位自管公产、集体单位自管公产、私产、中外合资产、外产、军产和其他产等十一类，其地籍符号见表 7-5 的 18 至 28。

根据国家统计局标准，将房屋结构划分为六类：钢结构、钢和钢筋混凝土结构，钢筋混凝土结构、混合结构、砖木结构和其他结构，其地籍符号见表 7-5 中的 29 至 34。房屋层数指房屋的自然层数。

6. 土地利用类别

根据土地用途的差异，将土地分为若干个一级类与二级类。如在《城镇地籍调查技术规程》中，将城镇土地分为 10 个一级类，24 个二级类。《地籍测量规范》中，则分为 7 个一级类，20 个二级类，如表 7-6 所示，其地籍符号参见表 7-5 中的 11 至 17。

城镇土地利用分类　　　　表 7-6

一级类型	编号	1	2	3	4	5	6	7
	名称	商业服务	工业仓储交通	文化体育娱乐	住宅	机关	教育科研医疗	其他

二级类型	编号	11	12	21	22	23	31	41	51	52	61	62	71	72	73	74	75	76	77	78	79
	名称	商业金融	旅游业	工业	仓储	市内交通、对外交通	文化体育娱乐	住宅	办公机关	宣传	教育科研	医疗	市政	绿地	军事	涉外	宗教	农副业	水域	空隙	其他

7. 土地面积

地籍图上用数字注明一宗地的总面积。

8. 土地等级

土地等级经土地管理部门划定后，必须用规定的符号（表 7-5 中的 9）表示到地籍图上。

二、地理要素

地籍图上，主要表示与地籍要素相关的自然与社会经济要素。它通常包括居民点、道路、水系、测量标志点和地理名称等。

三、识读地籍图示例

图 8-16 是城镇地籍图的一部分。从图中可见以台基东路为界，上部属乐新街道 23 街坊，下部属嘉永街道 12 街坊。23 所相应的英文字母为 W，故其界址点编号为 W_i（图中 i 从 14 到 26）。12 所相应的英文字母为 L，故其界址点编号为 L_i（图中 i 从 54 到 87）。花园酒家的地籍编号为乐新街道 23 街坊第 6 宗，宗内全部为公产，土地利用分类为服务性商业，面积 $3671 \mathrm{m}^2$，土地等级为一等二级，房屋为 9 层钢结构。又如服装店的地籍编号为嘉永街道 12 街坊第 20 宗，属于公产，土地利用分类为服务性商业，面积 $308 \mathrm{m}^2$，是 8 层的钢筋混凝土结构。

思 考 题 与 习 题

1. 何谓地图和地形图？

2. 何谓比例尺的精度？它在测绘工作中有何用途？

3. 比例符号、非比例符号和半比例符号各在什么情况下应用？

4. 何谓等高线？试用等高线绘出山头、洼地、山脊、山谷和鞍部等典型地貌。

5. 等高线有哪些特性？

6. 用规定的符号，将图 7-20 中的山头、鞍部、山脊线和山谷线标示出来（山头△、鞍部○、山脊线——、山谷线……）。

7. 根据等高线的特性，试指出图 7-21 和图 7-22 中哪些等高线画得不正确。

8. 何谓地籍图？

9. 地籍要素指的是什么？

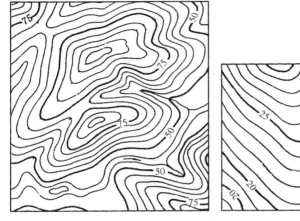

图 7-20

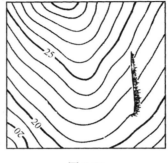

图 7-21

图 7-22

第八章　大比例尺地形图的测绘

控制测量工作结束后，就可根据图根控制点测定地物、地貌特征点的平面位置和高程，并按规定的比例尺和符号缩绘成地形图。测绘地形图的方法有经纬仪测绘法、光电测距仪测绘法、小平板仪与经纬仪联合测绘法和摄影测量方法等。本章主要介绍大比例尺地形图测绘的各项工作，并简单介绍地籍测量。

8-1　测图前的准备工作

测图前，除做好仪器、工具及资料的准备工作外，还应着重做好测图板的准备工作。它包括图纸的准备，绘制坐标格网及展绘控制点等工作。

一、图纸准备

为了保证测图的质量，应选用质地较好的图纸。对于临时性测图，可将图纸直接固定在图板上进行测绘；对于需要长期保存的地形图，为了减少图纸变形，应将图纸裱糊在锌板、铝板或胶合板上。

目前，各测绘部门大多采用聚酯薄膜，其厚度为 0.07～0.1mm，表面经打毛后，便可代替图纸用来测图。聚酯薄膜具有透明度好、伸缩性小、不怕潮湿、牢固耐用等优点。如果表面不清洁，还可用水洗涤，并可直接在底图上着墨复晒蓝图。但聚酯薄膜有易燃、易折和老化等缺点，故在使用过程中应注意防火防折。

二、绘制坐标格网

为了准确地将图根控制点展绘在图纸上，首先要在图纸上精确地绘制 10cm×10cm 的直角坐标格网。绘制坐标格网可用坐标仪或坐标格网尺等专用仪器工具，如无上述仪器工具，则可按下述对角线法绘制。

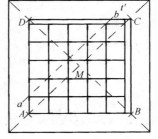

图 8-1

如图 8-1 所示，先在图纸上画出两条对角线，以交点 M 为圆心，取适当长度为半径画弧，在对角线上交得 A、B、C、D 点，用直线连接各点，得矩形 $ABCD$。再从 A、D 两点起各沿 AB、DC 方向每隔 10cm 定一点；从 A、B 两点起各沿 AD、BC 方向每隔 10cm 定一点，连接各对应边的相应点，即得坐标格网。坐标格网画好后，要用直尺检查各格网的交点是否在同一直线上（如图 8-1 中 ab 直线），其偏离值不应超过 0.2mm。用比例尺检查 10cm 小方格网的边长，其值与理论值相差不应超过 0.2mm。小方格网对角线长度（14.14cm）误差不应超过 0.3mm。如超过限差，应重新绘制。

三、展绘控制点

展点前，要按图的分幅位置，将坐标格网线的坐标值注在相应格网边线的外侧（图

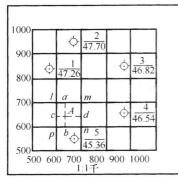

图 8-2

8-2）。展点时，先要根据控制点的坐标，确定所在的方格。如控制点 A 的坐标 $x_A=647.43$m，$y_A=634.52$m，可确定其位置应在 $plmn$ 方格内。然后按 y 坐标值分别从 l、p 点按测图比例尺向右各量 34.52m，得 a、b 两点。同法，从 p、n 点向上各量 47.43m，得 c、d 两点。连接 ab 和 cd，其交点即为 A 点的位置。同法将图幅内所有控制点展绘在图纸上，并在点的右侧以分数形式注明点号及高程，如图中 1、2、……5 点。最后用比例尺量出各相邻控制点之间的距离，与相应的实地距离比较，其差值不应超过图上 0.3mm。

8-2 视 距 测 量

视距测量是用望远镜内视距丝装置（图 8-3），根据几何光学原理同时测定距离和高差的一种方法。这种方法具有操作方便，速度快，不受地面高低起伏限制等优点。虽然精度较低，但能满足测定碎部点位置的精度要求，因此被广泛应用于碎部测量中。

视距测量所用的主要仪器、工具是经纬仪和视距尺。

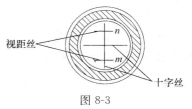

图 8-3

一、视距测量原理

1. 视线水平时的距离与高差公式

如图 8-4 所示，欲测定 A，B 两点间的水平距离 D 及高差 h，可在 A 点安置经纬仪，B 点立视距尺，设望远镜视线水平，瞄准 B 点视距尺，此时视线与视距尺垂直。若尺上 M，N 点成像在十字丝分划板上的两根视距丝 m，n 处，那么尺上 MN 的长度可由上，下视距丝读数之差求得。上，下丝读数之差称为视距间隔或尺间隔。

图 8-4 中 l 为视距间隔，p 为上、下视距丝的间距，f 为物镜焦距，δ 为物镜至仪器中心的距离。

由相似三角形 $m'n'F$ 与 MNF 可得：

$$\frac{d}{f}=\frac{l}{P}, \quad d=\frac{f}{P}l$$

由图看出

$$D=d+f+\delta$$

则 A，B 两点间的水平距离为

$$D=\frac{f}{P}l+f+\delta$$

令 $\frac{f}{P}=K$，$f+\delta=C$

则

$$D=Kl+C \tag{8-1}$$

式中　K、C——视距乘常数和视距加常数。现代常用的内对光望远镜的视距常数，设计时已使 $K=100$，C 接近于零，所以公式（8-1）可改写为

134

$$D=Kl \tag{8-2}$$

同时，由图 8-4 可以看出 A，B 的高差

$$h=i-v \tag{8-3}$$

式中 i——仪器高，是桩顶到仪器横轴中心的高度；

v——瞄准高，是十字丝中丝在尺上的读数。

2. 视线倾斜时的距离与高差公式

在地面起伏较大的地区进行视距测量时，必须使视线倾斜才能读取视距间隔，如图 8-5。由于视线不垂直于视距尺，故不能直接应用上述公式。如果能将视距间隔 MN 换算为与视线垂直的视距间隔 $M'N'$，这样就可按公式（8-2）计算倾斜距离 L，再根据 L 和竖直角 α 算出水平距离 D 及高差 h。因此解决这个问题的关键在于求出 MN 与 $M'N'$ 之间的关系。

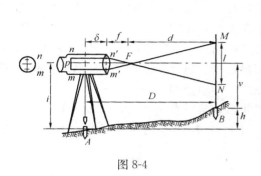

图 8-4   图 8-5

图中 φ 角很小，约为 $34'$，故可把 $\angle GM'M$ 和 $\angle GN'N$ 近似地视为直角，而 $\angle M'GM = \angle N'GN = \alpha$，因此由图可看出 MN 与 $M'N'$ 的关系如下

$$M'N'=M'G+GN'=MG\cos\alpha+GN\cos\alpha$$
$$=(MG+GN)\cos\alpha=MN\cos\alpha$$

设 $M'N'$ 为 l'，则

$$l'=l\cos\alpha$$

根据式（8-2）得倾斜距离

$$L=Kl'=Kl\cos\alpha$$

所以 A，B 的水平距离

$$D=L\cos\alpha=Kl\cos^2\alpha \tag{8-4}$$

由图中看出，A、B 间的高差 h 为

$$h=h'+i-v$$

式中 h'——初算高差。可按下式计算

$$h'=L\sin\alpha=Kl\cos\alpha\sin\alpha$$
$$=\frac{1}{2}Kl\sin 2\alpha \tag{8-5}$$

所以

$$h=\frac{1}{2}Kl\sin 2\alpha+i-v \tag{8-6}$$

根据式（8-4）计算出 A，B 间的水平距离 D 后，高差 h 也可按下式计算：

$$h = D\mathrm{tg}\alpha + i - v \qquad (8\text{-}7)$$

在实际工作中，应尽可能使瞄准高 v 等于仪器高 i，以简化高差 h 的计算。

二、视距测量的观测与计算

施测时，如图 8-5 所示，安置仪器于 A 点，量出仪器高 i，转动照准部瞄准 B 点视距尺，分别读取上、下、中三丝的读数 M、N、V，计算视距间隔 $l = M - N$。再使竖盘指标水准管气泡居中（如为竖盘指标自动补偿装置的经纬仪则无此项操作），读取竖盘读数，并计算竖直角 α。然后按式（8-4）和式（8-7）用计算器计算出水平距离和高差。

三、视距测量误差及注意事项

视距测量的精度较低，在较好的条件下，测距精度约为 $\dfrac{1}{200} \sim \dfrac{1}{300}$。

1. 视距测量的误差

读数误差　用视距丝在视距尺上读数的误差，与尺子最小分划的宽度、水平距离的远近和望远镜放大倍率等因素有关，因此读数误差的大小，视使用的仪器，作业条件而定。

垂直折光影响　视距尺不同部分的光线是通过不同密度的空气层到达望远镜的，越接近地面的光线受折光影响越显著。经验证明，当视线接近地面在视距尺上读数时，垂直折光引起的误差较大，并且这种误差与距离的平方成比例地增加。

视距尺倾斜所引起的误差　视距尺倾斜误差的影响与竖直角有关，如表 8-1 所示。表中 δ 为视距尺倾斜角，α 为竖直角，m'_{D} 为视距尺倾斜时所引起的距离误差。由表 8-1 看出，尺身倾斜对视距精度的影响很大。

表 8-1

α ＼ $\dfrac{m'_{\mathrm{D}}}{D}$	δ			
	$30'$	$1°$	$2°$	$3°$
$5°$	$\dfrac{1}{1310}$	$\dfrac{1}{655}$	$\dfrac{1}{327}$	$\dfrac{1}{218}$
$10°$	$\dfrac{1}{650}$	$\dfrac{1}{325}$	$\dfrac{1}{162}$	$\dfrac{1}{108}$
$20°$	$\dfrac{1}{315}$	$\dfrac{1}{150}$	$\dfrac{1}{80}$	$\dfrac{1}{50}$
$30°$	$\dfrac{1}{200}$	$\dfrac{1}{100}$	$\dfrac{1}{50}$	$\dfrac{1}{30}$

此外，视距乘常数 K 的误差，视距尺分划的误差，竖直角观测的误差以及风力使尺子抖动引起的误差等，都将影响视距测量的精度。

2. 注意事项

（1）为减少垂直折光的影响，观测时应尽可能使视线离地面 1m 以上；

（2）作业时，要将视距尺竖直，并尽量采用带有水准器的视距尺；

（3）要严格测定视距常数，K 值应在 100 ± 0.1 之内，否则应加以改正；

（4）视距尺一般应是厘米刻画的整体尺。如果使用塔尺，应注意检查各节尺的接头是否准确；

（5）要在成像稳定的情况下进行观测。

8-3　小平板仪的构造与使用

平板仪分为大平板仪和小平板仪，其主要特点是图解测量。如图 8-6 所示，设地面上
有 A、B、C 三点，需将这三点测绘于图上，
可在 A 点水平地安置一块图板，板上固定一
张图纸。将地面点 A 沿铅垂方向投影到图纸
上，定出 a 点。设想过 AB、AC 方向作两个
竖直面，则竖直面与图纸的交线 ab、ac 所夹
的角度 $\angle bac$ 就是地面上 $\angle BAC$ 的水平投影。
此时如果测得 AB、AC 的距离，按规定的比
例尺在 ab、ac 方向上定出 b、c 两点，则图纸

图 8-6

上的图形 bac 相似于地面上图形 BAC，这就是平板仪测量原理。

一、小平板仪的构造

如图 8-7a 所示，主要由图板 1，照准器 2 和三脚架 3 所组成。附件有对点器 4 和长盒
罗盘 5。小平板仪的基座多为球窝式接合，如图 8-7b 所示，在三脚架头 a 上有金属的碗状
球窝，球窝内嵌入一个具有同样半径的金属半球 b 和连接螺旋 c，图板由连接螺旋连接在
三脚架上。借助整平螺旋 V 可将图板安置在水平位置，螺旋 V_1 用来控制图板水平方向的
旋转。照准器由具有刻画的直尺、接目觇板、接物觇板及水准器组成，由接目觇板的觇孔
及接物觇板的照准丝构成的视准面来瞄准目标。对点器由金属叉架和垂球组成，借助对点
器可使地面点与图上相应点安置在同一铅垂线上。长盒罗盘用来标定图板方向。

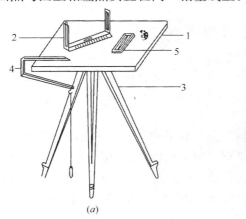

（a）

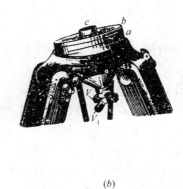

（b）

图 8-7

1—图板；2—照准器；3—三脚架；4—对点器；5—长盒罗盘

二、平板仪的安置

平板仪安置在测站上，包括对点、整平和定向三项工作。由于它们之间的互相影响，
很难一次就把平板仪安置好，必须先用目估法将平板粗略定向、整平和对点，再以相反的
顺序进行精确的对点、整平和定向。

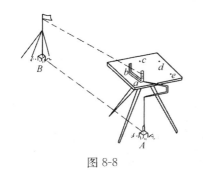

图 8-8

1. 对点

如图 8-8 所示，对点就是使图上已知点 a 和地面上相应的测站点 A 位于同一铅垂线上。对点时，将对点器的尖端对准图上 a 点，移动脚架使垂球尖对准地面点 A。对点的容许误差与比例尺大小有关，一般规定为 $0.05\text{mm} \times M$，M 为比例尺分母。具体要求见表 8-2。

表 8-2

测图比例尺	对点容许误差（cm）	对点的方法	测图比例尺	对点容许误差（cm）	对点的方法
1：500	2.5	对点器对点	1：2000	10	目估法对点
1：1000	5	对点器对点	1：5000	25	目估法对点

2. 整平

整平的目的是使图板处于水平位置。放松整平螺旋 V，倾仰图板使照准仪上的水准管气泡居中，当安放照准器在两个互相垂直的方向上水准管气泡都居中时，测图板即水平，再拧紧整平螺旋。

3. 定向

定向就是使图上的已知方向线与地面上相应的方向线一致或平行。用已知方向定向时，将照准器的直尺边紧靠已知直线 ab（图 8-8），松开螺旋 V_1（见图 8-7b），转动图板，使照准器瞄准地面点 B，固定图板，这就完成了定向工作。

定向误差对于测定点位的精度影响较大，用已知直线定向时，其定向精度与定向用的直线长度有关，直线越长，定向精度越高。

8-4 碎部测量的方法

碎部测量就是测定碎部点的平面位置和高程。下面分别介绍碎部点的选择和碎部测量的方法。

一、碎部点的选择

前已述及碎部点应选地物、地貌的特征点。对于地物，碎部点应选在地物轮廓线的方向变化处，如房角点，道路转折点，交叉点，河岸线转弯点以及独立地物的中心点等。连接这些特征点，便得到与实地相似的地物形状。由于地物形状极不规则，一般规定主要地物凸凹部分在图上大于 0.4mm 均应表示出来，小于 0.4mm 时，可用直线连接。对于地貌来说，碎部点应选在最能反应地貌特征的山脊线、山谷线等地性线上。如山顶、鞍部、山脊、山谷、山坡、山脚等坡度变化及方向变化处，如图 8-9 所示。根据这些特征点的高程勾绘等高线，即可将地貌在图上表示出来。为了能真实地表示实地情况，在地面平坦或坡度无显著变化地区，碎部点的间距和测碎部点的最大视距，应符合表 8-3 的规定。城市建筑区的最大视距，参见

图 8-9

表 8-4。

表 8-3

测图比例尺	地形点最大间距 (m)	最 大 视 距（m）	
		主要地物点	次要地物点和地形点
1：500	15	60	100
1：1000	30	100	150
1：2000	50	130	250
1：5000	100	300	350

表 8-4

测图比例尺	最 大 视 距（m）	
	主要地物点	次要地物点和地形点
1：500	50（量距）	70
1：1000	80	120
1：2000	120	200

二、经纬仪测绘法

经纬仪测绘法的实质是按极坐标定点进行测图，观测时先将经纬仪安置在测站上，绘图板安置于测站旁，用经纬仪测定碎部点的方向与已知方向之间的夹角、测站点至碎部点的距离和碎部点的高程。然后根据测定数据用量角器和比例尺把碎部点的位置展绘在图纸上，并在点的右侧注明其高程，再对照实地描绘地形。此法操作简单，灵活，适用于各类地区的地形图测绘。操作步骤如下：

1. 安置仪器　如图 8-10 所示，安置仪器于测站点（控制点 A）上，量取仪器高 i，填入手簿。

2. 定向　置水平度盘读数为 $0°00'00''$，后视另一控制点 B。

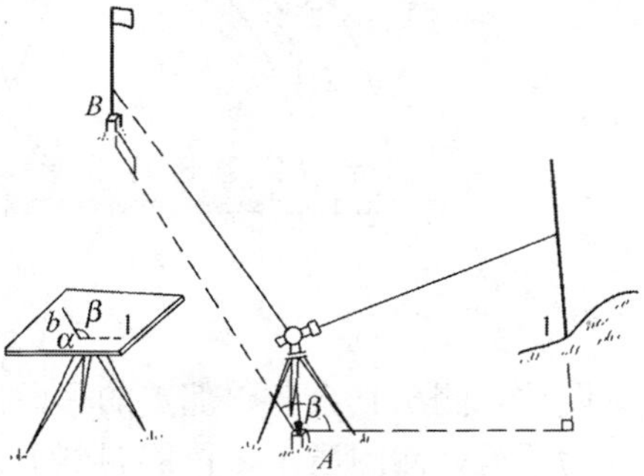

图 8-10

3. 立尺　立尺员依次将尺立在地物、地貌特征点上。立尺前，立尺员应弄清实测范围和实地情况，选定立尺点，并与观测员、绘图员共同商定跑尺路线。

4. 观测　转动照准部，瞄准点 1 的标尺，读视距间隔 l，中丝读数 V，竖盘读数 L 及水平角 β。

5. 记录　将测得的视距间隔、中丝读数、竖盘读数及水平角依次填入手簿，如表 8-5 所示。有些手簿视距间隔栏为视距 Kl，由观测者直接读出视距值。对于有特殊作用的碎部点，如房角、山头、鞍部等，应在备注中加以说明。

6. 计算　依视距 Kl，竖盘读数 L 或竖直角 α，按 8-2 节所述方法用计算器计算出碎部点的水平距离和高程。

测站：A　后视点：B　仪器高 $i=1.42$m　指标差 $x=0$　测站高 $H_A=207.40$m

点号	尺间隔 l (m)	中丝读数 (m)	竖盘读数 L	竖直角 α	初算高差 h' (m)	改正数 $(i-v)$ (m)	改正后高差 h (m)	水平角 β	水平距离 (m)	高程 (m)	点号	备注
1	0.760	1.42	93°28′	−3°28′	−4.59	0	−4.59	114°00′	75.7	202.81	1	山脚
2	0.750	2.42	93°00′	−3°00′	−3.92	−1.00	−4.92	132°30′	74.8	202.48	2	山脚
3	0.514	1.42	91°45′	−1°45′	−1.57	0	−1.57	147°00′	51.4	205.83	3	鞍部
4	0.257	1.42	87°26′	+2°34′	+1.15	0	+1.15	178°25′	25.6	208.55	4	山顶

7. 展绘碎部点　用细针将量角器的圆心插在图上测站点 a 处，转动量角器，将量角器上等于 β 角值（碎部点 1 为 $114°00'$）的刻划线对准起始方向线 ab（图 8-11），此时量角器的零方向便是碎部点 1 的方向，然后用测图比例尺按测得的水平距离在该方向上定出点 1 的位置，并在点的右侧注明其高程。

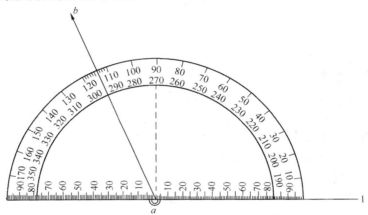

图 8-11

同法，测出其余各碎部点的平面位置与高程，绘于图上，并随测随绘等高线和地物。

为了检查测图质量，仪器搬到下一测站时，应先观测前站所测的某些明显碎部点，以检查由两个测站测得该点平面位置和高程是否相符。如相差较大，则应查明原因，纠正错误，再继续进行测绘。

若测区面积较大，可分成若干图幅，分别测绘，最后拼接成全区地形图。为了相邻图幅的拼接，每幅图应测出图廓外 5mm。

三、光电测距仪测绘法

光电测距仪测绘地形图与经纬仪测绘法基本相同，所不同者是用光电测距来代替经纬仪视距法。

先在测站上安置测距仪，量出仪器高 i；后视另一控制点进行定向，使水平度盘读数为 $0°00'00''$。

立尺员将测距仪的单棱镜装在专用的测杆上，并读出棱镜标志中心在测杆上的高度 v，可使 $v=i$。立尺时将棱镜面向测距仪立于碎部点上。

观测时，瞄准棱镜的标志中心。测出斜距 L，竖直角 α，读出水平度盘读数 β，并作记录。

将 α、L 输入计算器，计算平距 D 和碎部点高程 H。然后，与经纬仪测绘法一样，将碎部点展绘于图上。

四、小平板仪与经纬仪联合测图法

这种方法的特点是将小平仪安置在测站上，以描绘测站至碎部点的方向，而将经纬仪安置在测站旁边，以测定经纬仪至碎部点的距离和高差。最后用方向与距离交会的方法定出碎部点在图上的位置。具体作法如下：

如图 8-12，先将经纬仪安置在测站 A 附近 1~2m 的 A' 点，量出 AA' 的距离和经纬仪的仪高 i。立尺于 A 点上，经纬仪视线水平时瞄准尺子并读取中丝读数 l，求得 A' 点的高程（$H'_A = H_A + l - i$）。然后将小平板仪安置于 A 点上，以图纸上已知直线 ab 瞄准 B 点进行定向。再用照准器瞄准经纬仪的垂球线，在图纸上画出方向线 aa' 并按测图比例尺将 A' 点缩

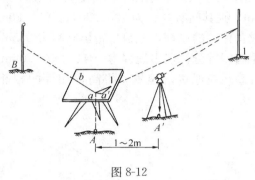

图 8-12

绘在图上，定出 a' 点。测图时，观测员以照准器直尺边缘切于图上 a 点，瞄准碎部点 1 的尺子，在图纸上画出方向线 $a1$。此时经纬仪也瞄准 1 点，用视距法测出 A' 点至 1 点的水平距离和高差。在图纸上以 a' 为圆心，以 $A'1$ 距离为半径，与 $a1$ 方向交出 1 点，点旁注以高程。同法，可测得其他碎部点的位置。

在工矿企业测绘地形图时，为满足改建或扩建的需要，对于厂房角点、地下管线检查井中心及烟囱中心等主要地物，要测出其坐标和高程。在此情况下，水平角要用经纬仪观测半个测回，距离用钢尺丈量，高程用水准测量方法观测。

五、碎部测量注意事项

1. 观测人员在读取竖盘读数时，要注意检查竖盘指标水准管气泡是否居中；每观测 20~30 个碎部点后，应重新瞄准起始方向检查其变化情况。经纬仪测绘法起始方向度盘读数偏差不得超过 $4'$，小平板仪测绘时起始方向偏差在图上不得大于 0.3mm。

2. 立尺人员应将标尺竖直，并随时观察立尺点周围情况，弄清碎部点之间的关系，地形复杂时还需绘出草图，以协助绘图人员作好绘图工作。

3. 绘图人员要注意图面正确整洁，注记清晰，并做到随测点，随展绘，随检查。

4. 当每站工作结束后，应进行检查，在确认地物、地貌无测错或漏测时，方可迁站。

8-5 地形图的绘制

在外业工作中，当碎部点展绘在图上后，就可对照实地随时描绘地物和等高线。如果测区较大，由多幅图拼接而成，还应及时对各图幅衔接处进行拼接检查，经过检查与整饰，才能获得合乎要求的地形图。

一、地物描绘

地物要按地形图图式规定的符号表示。房屋轮廓需用直线连接起来，而道路、河流的弯曲部分则是逐点连成光滑的曲线。不能依比例描绘的地物，应按规定的非比例符号表示。

二、等高线勾绘

勾绘等高线时，首先用铅笔轻轻描绘出山脊线、山谷线等地性线，再根据碎部点的高程勾绘等高线。不能用等高线表示的地貌，如悬崖、峭壁、土堆、冲沟、雨裂等，应按图式规定的符号表示。

由于碎部点是选在地面坡度变化处，因此相邻点之间可视为均匀坡度。这样可在两相邻碎部点的连线上，按平距与高差成比例的关系，内插出两点间各条等高线通过的位置。如图 8-13 所示，地面上两碎部点 C 和 A 的高程分别为 202.8m 及 207.4m，若取等高距为 1m，则其间有高程为 203、204、205、206 及 207m 等五条等高线通过。根据平距与高差成正比例的原理，先目估定出高程为 203m 的 m 点和高程为 207m 的 q 点，然后将 mq 的距离四等分，定出高程为 204、205、206m 的 n、o、p 点。同法定出其他相邻两碎部点间等高线应通过的位置。将高程相等的相邻点连成光滑的曲线，即为等高线，如图 8-14 所示。

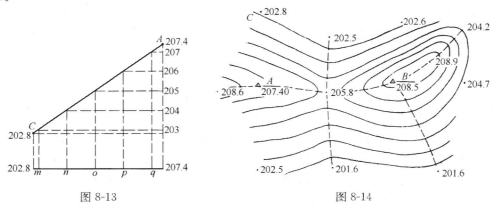

图 8-13   图 8-14

勾绘等高线时，要对照实地情况，先画计曲线，后画首曲线，并注意等高线通过山脊线、山谷线的走向。地形图等高距的选择与测图比例尺和地面坡度有关，参见表 8-6。

表 8-6

地面倾斜角	比 例 尺				备 注
	1：500	1：1000	1：2000	1：5000	
0°～6°	0.5m	0.5m	1m	2m	等高距为 0.5m 时，地形点高程可注至 cm，其余均注至 dm
6°～15°	0.5m	1m	2m	5m	
15°以上	1m	1m	2m	5m	

三、地形图的拼接、检查与整饰

1. 地形图的拼接

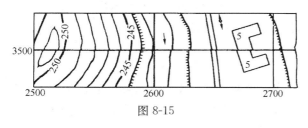

图 8-15

测区面积较大时，整个测区必须划分为若干幅图进行施测。这样，在相邻图幅连接处，由于测量误差和绘图误差的影响，无论是地物轮廓线，还是等高线往往不能完全吻合。图 8-15 表示相邻左、右两图幅相邻边的衔接情况，房屋、河流、等高线都有偏差。拼接时，用宽 5～6cm 的透明纸蒙在左图幅的接图边上，用铅笔把坐标格网线、地物、地貌描绘在透明纸上，然后再把透明纸按坐标格网线位置蒙在右图幅衔接边上，同样用铅笔描绘地物和地貌；当用聚酯薄膜进行测图时，不必描绘图边，利用其自身的透明性，可将相邻两幅图的坐标格网线重叠；若相邻处的地物、地貌偏差不超过表8-7中规定的 $2\sqrt{2}$ 倍时，则可取其平均位置，并据此改正相邻图幅的地物、地貌位置。

2. 地形图的检查

为了确保地形图质量，除施测过程中加强检查外，在地形图测完后，必须对成图质量作一次全面检查。

表 8-7

地区类别	点位中误差（图上 mm）	邻近地物点间距中误差（图上 mm）	等高线高程中误差（等高距）			
			平　地	丘陵地	山　地	高山地
山地、高山地和设站施测困难的旧街坊内部	0.75	0.6	1/3	1/2	2/3	1
城市建筑区和平地、丘陵地	0.5	0.4				

（1）室内检查

室内检查的内容有：图上地物、地貌是否清晰易读；各种符号注记是否正确；等高线与地形点的高程是否相符，有无矛盾可疑之处；图边拼接有无问题等。如发现错误或疑点，应到野外进行实地检查修改。

（2）外业检查

巡视检查　根据室内检查的情况，有计划地确定巡视路线，进行实地对照查看。主要检查地物、地貌有无遗漏；等高线是否逼真合理；符号、注记是否正确等。

仪器设站检查　根据室内检查和巡视检查发现的问题，到野外设站检查，除对发现的问题进行修正和补测外，还要对本测站所测地形进行检查，看原测地形图是否符合要求。仪器检查量每幅图一般为 10% 左右。

3. 地形图的整饰

当原图经过拼接和检查后，还应清绘和整饰，使图面更加合理，清晰、美观。整饰的顺序是先图内后图外；先地物后地貌；先注记后符号。图上的注记、地物以及等高线均按规定的图式进行注记和绘制，但应注意等高线不能通过注记和地物。最后，应按图式要求写出图名、图号、比例尺、坐标系统及高程系统、施测单位、测绘者及测绘日期等。

8-6　地籍测量简介

一、地籍测量的任务和作用

地籍是反映土地及其附属物的权属、位置、数量、质量和利用现状等基本状况的资料。测定和调查地籍资料并编绘成地籍图的工作，称为地籍测量。它的工作任务包括下列几项：

  1. 地籍平面控制测量；

  2. 测定行政区划界和土地权属界的位置及界址点的坐标；

  3. 调查土地使用单位名称或个人姓名、住址和门牌号、土地编号、土地数量、面积、利用状况、土地类别及房产属性等；

  4. 由测定和调查获取的资料和数据编制地籍数字册和地籍图，计算土地权属范围面积；

  5. 进行地籍更新测量，包括地籍图的修测、重测和地籍簿册的修编工作。

  地籍测量获取的资料和信息，在我国社会主义四化建设事业中具有很重要的作用：

  1. 为土地整治、土地利用、土地规划和制定土地政策提供可靠的依据。

  2. 为土地登记和颁发土地证，保护土地所有者和使用者的合法权益提供法律依据。可见，地籍测量成果具有法律效力。

  3. 为研究和制定征收土地税或土地使用费的收费标准提供正确的科学的依据。

  4. 为科学研究作参考资料用。现在很多学科都与土地有关，各学科对地籍资料的要求相应增多了。

  地籍工作人员必须按照有关部门制定的规范和规程进行工作，特别是地产权属境界的界址点位置必须满足规定的精度。界址点的正确与否，涉及个人和单位的权益问题。同时地籍资料应不断更新，以保持它的准确性和现势性。

二、地籍平面控制测量

  根据我国"地籍测量规范"的规定，地籍控制测量包括基本控制点测量和地籍图根控制点测量。基本控制点包括国家各等级大地控制点、城镇地籍控制网二、三、四等控制点和一、二级小三角（或导线）控制点。以上各等级控制点，除二级外，均可作为地籍测量的首级控制。在较小地区二级控制点也可作首级控制。

  上述各等级控制点的施测方法、精度要求以及各项技术规定，可参阅有关规程和规范。

  地籍图根控制点是在各等级基本控制点的基础上加密施测的，主要供测绘地籍图和恢复地籍界址点使用。其施测方法可采用第六章所述的导线测量、小三角测量和交会法等。

  小地区地籍平面控制网应尽量与国家（或城市）已建立的高级控制网（点）连测，若无法连测，也可建立独立的地籍控制网。

三、地籍图的测绘与地籍调查

  地形图是地物（也称地形要素）和地貌的综合；地籍图则是必要的地形要素和地籍要素的综合。必要的地形要素是指房屋、围墙、栏栅、道路、水系等地物和地理名称。地籍要素是指行政境界、权属界线、界址点、房产性质及土地编号、土地利用、类别、等级、面积等。地籍图还应按规定符号展绘各等级控制点和地籍图根埋石点。此外，地籍图的测绘坐标系统、图幅分幅与编号以及地籍细部测绘技术等与地形图测绘基本相同。

  1. 地籍图的测绘方法

  （1）编绘法

  编绘法是利用符合地籍规范精度要求的已有地形图、影像平面图复制成二底图，在二底图上加测地籍要素，保留必要的地形要素，经着墨后，制作成地籍图的工作底图，再在工作底图上用薄膜透绘，清绘整饰后，制作成正式的地籍图。此法，具有成图速度快，成本低的优点，但精度较低，是我国目前普遍采用的为解决地籍管理中急需用图的一种方法。

（2）平板仪测量

可选用经纬仪测绘法，小平板仪与经纬仪联合测绘法，光电测距仪测绘法及大平板仪测量等进行实地测绘。操作方法见 8-4 节。平板仪测量成图速度慢，成本高，适用于乡镇精度要求不高的小范围地籍测量。

（3）航空摄影测量

航测法地籍测量既克服平板仪法效率低、成本高的缺点，又弥补精度低的不足。而且图幅正规，规格统一，适用于测制大面积地籍图。其成图方法见 8-8 节。

（4）全站型速测仪测量

用全站仪观测，可自动计算并显示界址点和碎部点的三维坐标 X、Y、H，也可用电子记录器自动记录，通过传输设备将数据输入计算机进行处理，再与绘图机连接进行自动绘图。这是一种高精度、高速度、高效率的自动化测图方法。采用数字化测图，是建立数字（坐标）地籍图和地形图的理想方法。

2. 地籍调查

地籍调查的主要内容包括土地权属、房产情况、土地利用类别及土地等级等。

土地权属调查的单元是一宗地（或丘）。凡被界址线所封闭，由土地使用者使用的一块地，就称一宗地。一宗地原则上由一个土地使用者使用，但由几个土地使用者使用又难以完全划清的也合称一宗地。权属调查是要查清权属主名称、地址和门牌、地号、境界与四至的关系，以及利用状况等；房产情况调查是查明产权类别、房屋结构、层数、门牌号，占地面积和建筑面积等；土地利用类别调查主要是查清土地利用类型及分布，并量算出各类土地分类面积。

地籍调查是一项十分细致和严肃的工作。因此调查人员应认真按照有关部门制定的法规、条例和实施细则进行，同时应取得当地政府的有关部门的支持，必要时，应组成由测量人员、国土（政府）部门、地产户主三方一起实地调查，以利于调查工作的顺利开展和确保调查结果的可靠性。

地籍调查结果应编制成地籍簿册，并按规定方法、符号表示在地籍图上。

图 8-16 是城镇地籍图的一个示例。

四、土地面积量算

面积的量算有多种方法，比较常用的方法主要有解析法、方格法、求积仪法及图解法等，见 9-3 节所述。这些方法是对单一图形而言的。在地籍测量工作中，往往要求计算土地使用单位（如县、乡、村等）的地类面积或土地总面积分类汇总表。

为保证量算面积正确可靠，量算时应按下列几点要求进行：

1. 量算面积应在聚酯薄膜原图上进行。当用其他图纸时，必须考虑图纸变形的影响。

2. 面积计算不论采用何种方法，均应独立进行两次量算。两次量算结果的较差 ΔS 应满足下式：

$$\Delta S \leqslant 0.0003M\sqrt{S} \tag{8-8}$$

式中　S——量算面积；

　　　M——原图比例尺分母。

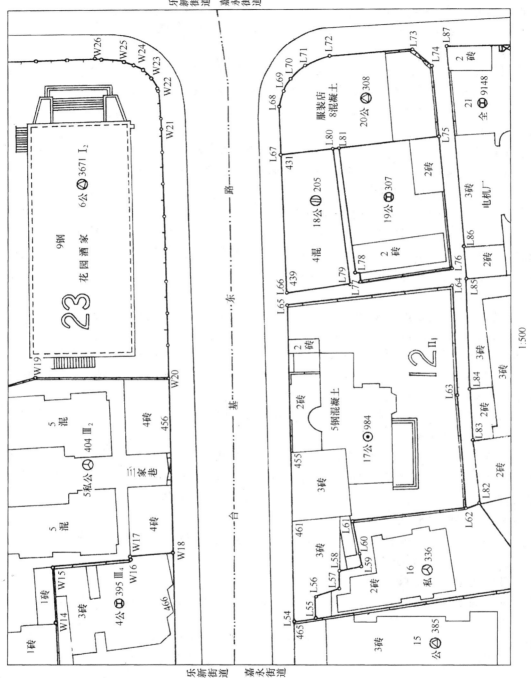

图 8-16

3. 量算面积采用两级控制，两级平差的原则。

第一级以图幅理论面积为首级控制。当各区块面积之和与图幅理论面积之差小于±0.0025S_0（S_0为图幅理论面积）时，将闭合差按比例配赋给各区块，得出分区的控制面积。

146

第二级以平差后的区块面积为二级控制。当区块内各宗地的面积之和与区块面积之差的限差，其相对误差小于 1/100 时，将闭合差按比例配赋给各宗地，得出各宗地面积的平差值。

闭合差的平差配赋步骤如下：

（1）计算平差改正系数 K

$$K = \frac{\Delta S}{S_0} \tag{8-9}$$

式中　ΔS——闭合差；

　　　S_0——控制面积（图幅理论面积或平差后的区块面积）。

（2）计算各碎部图形面积（未经平差的各区块面积或宗地面积）的改正数 V_i。改正数的符号与闭合差的符号相反，即

$$V_i = -KS_i' \tag{8-10}$$

式中　S_i'——各碎部图形的量算面积。

（3）计算各碎部图形平差改正后的面积 S_i

$$S_i = S_i' + V_i$$

（4）检核　用 $\Sigma S_i - S_0 = 0$ 进行检核

采用实测坐标解析法计算的面积和用实量边长计算的区块面积只参与闭合差的计算，原则上不参与闭合差的配赋。

8-7　全站型电子速测仪

全站型电子速测仪主要由电子经纬仪、光电测距仪和微处理机构成，可在一个测站上同时测角和测距，并能自动计算出待定点的坐标和高程。更重要的是通过传输的接口把全站型速测仪野外采集的数据终端与计算机、绘图机连接起来，配以数据处理软件和绘图软件，即可实现测图的自动化。

按电子速测仪的结构，可分成整体式和组合式两类。

图 8-17 是瑞士威特厂生产的 TC1000 电子速测仪，属整体式。其特点是电子经纬仪和测距仪共用一个望远镜并安装在同一外壳内，用于同时测角和测距。在望远镜盘左或盘右两个位置上都备有一个键盘和两个液晶显示器，或在位置 1 备有键盘和显示器，在位置 2 有插入式数据记录模块 REC。键盘上有 14 个双重功能的键。经纬仪、测距仪和数字记录器，包括附加的数字数据的输入，如点号、编码块等等均由经纬仪键盘控制。仪器的测角精度为 $\pm 3''$，在一般气象条件下，测程为 4km，在良好条件下，可达 5.5km，测距精度为 3mm+2ppm。

现将 TC1000 不带记录的操作方法简述于下：

1. 安置仪器；

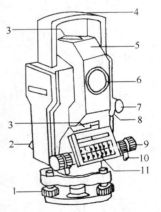

图 8-17

1—脚螺旋；2—键盘；3—光学瞄准器；4—手柄；5—带有集成电路的光电测距仪望远镜；6—角度和距离测量的共轭光轴；7—竖直微动装置；8—竖直制动；9—水平微动装置；10—水平制动装置；

11—键盘或在位置 2 的卡盘

2. 瞄准反射镜中心；

3. 角度和距离测量。

$\boxed{\text{ON}}$ 开机，屏幕上简短地显示软件类型，然后测量水平角和竖直角。

$\boxed{\text{OFF}}$ 关机，按最后一个键或指令后 3 分钟，仪器自动关闭。

$\boxed{\text{Q←}}$ 打开或关闭显示器和十字丝照明。按 $\boxed{\text{REP}}$ 可改变十字丝的亮度，其等级从 0～3，按 $\boxed{\text{RUN}}$ 贮存新的亮度。

$\boxed{\text{TEST}}$ 0 显示电池电压，强度从 1～9。

$\boxed{\text{CE}}$ 退出 $\boxed{\text{TEST}}$ 功能。按 $\boxed{\text{RUN}}$ 消除错误的输入，按一次消除一个数字。消除信息。

$\boxed{\text{DSP}}$ $\boxed{\text{HZ⊿}}$ 显示水平度盘读数。贮存自动施加的水平视准差。

$\boxed{\text{DSP}}$ $\boxed{\text{V⊿}}$ 显示竖直度盘读数。贮存自动施加的竖直指标差。

$\boxed{\text{SET}}$ $\boxed{5}$ 40 $\boxed{\text{RUN}}$ ——$\boxed{\text{REP}}$—— $\boxed{\text{RUN}}$ 安置角度测量单位。按 $\boxed{\text{REP}}$ 按下列顺序变更单位：

400gon；

360°十进制；

360°六十进制；

6400 密位。

$\boxed{\text{SET}}$ $\boxed{\text{HZ}_0}$ $\boxed{\text{RUN}}$ 安置水平度盘读数为 0。

$\boxed{\text{SET}}$ $\boxed{\text{HZ}_0}$ 245.5730 $\boxed{\text{RUN}}$ 安置水平度盘读数为 $245°57'30''$。

$\boxed{\text{SET}}$ $\boxed{5}$ 41 $\boxed{\text{RUN}}$ ——$\boxed{\text{REP}}$—— $\boxed{\text{RUN}}$ 安置距离测量单位（米或英尺），按 $\boxed{\text{REP}}$ 可交替变更。

$\boxed{\text{SET}}$ $\boxed{\frac{\text{ppm}}{\text{mm}}}$ ppm $\boxed{\text{RUN}}$ $\boxed{\text{RUN}}$ 输入比例改正±399ppm

$\boxed{\text{SET}}$ $\boxed{\frac{\text{ppm}}{\text{mm}}}$ ppm $\boxed{\text{RUN}}$ mm $\boxed{\text{RUN}}$ 输入比例改正和棱镜常数±999mm。

$\boxed{\text{DIST}}$ 测量距离，在测量距离期间，在右边的显示屏上显示短的水平线。

$\boxed{\text{DSP}}$ $\boxed{\text{HZ⊿}}$ 显示水平度盘读数和水平距离。

$\boxed{\text{REP}}$ $\boxed{\text{DIST}}$ 开始跟踪。

$\boxed{\text{STOP}}$ 停止距离测量。

$\boxed{\text{SET}}$ $\boxed{5}$ 69 $\boxed{\text{RUN}}$ ——$\boxed{\text{REP}}$—— $\boxed{\text{RUN}}$ 给 $\boxed{\text{DIST}}$ 键赋予测量程序；

DIST 正常距离测量；

DI 快速测量；

DIL 连续距离测量。可显示全部测量的算术平均值、测量的次数 n 和单次测量的标准偏差 S（单位：mm），在测距期间或其后用 $\boxed{\text{TEST}}$ 8 显示 S 和 n。

关机后，正常距离测量总是赋予 $\boxed{\text{DIST}}$ 键。

4. 觇点的高程和坐标

$\boxed{\text{SET}}$ $\boxed{\begin{matrix} E_0 \ N_0 \\ H_0 \end{matrix}}$ E_0 $\boxed{\text{RUN}}$ N_0 $\boxed{\text{RUN}}$ $\boxed{\text{RUN}}$ 输入测站坐标，安置到 0.000m，输入不带数字的小数点。

$\boxed{\text{SET}}$ $\boxed{\begin{matrix} E_0 \ N_0 \\ H_0 \end{matrix}}$ E_0 $\boxed{\text{RUN}}$ N_0 $\boxed{\text{RUN}}$ H_0 $\boxed{\text{RUN}}$ 输入测站坐标和高程。

$\boxed{\text{DIST}}$ 开始距离测量。

$\boxed{\text{DSP}}$ $\boxed{\text{H}\triangle}$ 显示觇点的高程和高差。

$\boxed{\text{DSP}}$ $\boxed{\text{EN}}$ 显示觇点的坐标。

若需数据记录时，先要选择记录设备并安置到经纬仪上。如可用 REC 模块插在望远镜位置 2 的卡盘上，或用数据传输电缆把 GRE_3（或 GRE_4）数据终端和经纬仪连接起来。经安置标准参数、标准记录格式及觇点的编号、编码后，即可进行下一步的测量、记录、计算、传输等各项操作。

组合式全站型电子速测仪的特点是，电子经纬仪和光电测距仪既可组合在一起又可分开使用。其典型的仪器是威特厂和克恩厂的产品，如威特厂的 T1000、T2000 电子经纬仪配以测距仪 DI1000、DI2000、DI_4、DI_5 和克恩厂的 E_1、E_2 电子经纬仪配以测距仪 DM502、DM503 等。

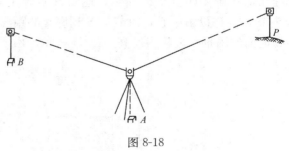

图 8-18

图 8-18 为 TC-1000 电子速测仪进行碎部测量的示意图。观测程序如下：

1. 安置仪器于测站 A 上，量仪器高 i，输入测站点的坐标和高程：

$\boxed{\text{SET}}$ $\boxed{\begin{matrix} E_0 \ N_0 \\ H_0 \end{matrix}}$ E_0 $\boxed{\text{RUN}}$ N_0 $\boxed{\text{RUN}}$ H_0 $\boxed{\text{RUN}}$

E_0、N_0——测站点的 y、x 坐标；

H_0——测站点的高程与仪器高之和。

2. 后视另一控制点 B，输入 AB 边的方位角 Z_0。

$\boxed{\text{SET}}$ Z_0 $\boxed{\text{RUN}}$

3. 瞄准任意碎部点 P，此时观测值为 D（斜距）、β（水平角）、α（竖直角，即 $90°$ 减天顶距 Z）和 V（反射镜的高度），仪器即能自动计算及显示碎部点的三维坐标 x_p、y_p 和 H_p。

8-8 航空摄影测量简介

航空摄影测量是利用航空摄影相片测绘地形图的一种方法，与白纸测图相比，它不仅可将大量外业测量工作改到室内完成，还具有成图速度快、精度均匀、成本低、不受气候季节限制等优点。因此，国家测绘部门采用这种方法测制 1：1 万～1：10 万国家基本图；工农业部门也用它来测制 1：2000、1：5000 等大比例尺地形图，并编制像片平面图供工程规划设计用。

一、航摄像片的基本知识

航空摄影是用航空摄影机在飞机上对地面进行摄影，所摄得的像片是测图的基本资料。航摄像片的质量直接影响到航测内、外业的工作量，测图精度及成本等。因此，航摄时一般要在晴朗无云的天气进行，按选定的航高在测区内规划好的航线上飞行，对地面作连续摄影。航摄像片影像范围的大小，叫像幅。通常采用的像幅有 18×18cm、23×23cm 等。航空摄影得到的像片要能覆盖整个测区面积，并有一定重叠度。所谓重叠度是指两张相邻像片之间重叠影像的长度，如图 8-19 所示。航摄规范规定航向重叠为 $60\% \sim 65\%$，最小不得小于 53%，旁向重叠为 $15\% \sim 30\%$。航摄负片四周有框标标志，依据框标可以量测出像点坐标。航摄像片与地形图相比有以下特点：

1. 投影方面的差别

地形图是铅垂投影，将地面上的地物、地貌铅垂投影到水平面上绘制而成。而航摄像片是中心投影。如图 8-20 所示，地面 A 点发出的光线通过航摄仪镜头 S 交底片于 a 点，镜头节点 S 是投影中心。由节点 S 到底片的距离为摄影机焦距，以 f_K 表示。由镜头节点 S 到地面的铅垂距离称为航高，以 H 表示。由图则可得像片的比例尺为

$$\frac{1}{M} = \frac{oa}{OA} = \frac{f_K}{H} \tag{8-11}$$

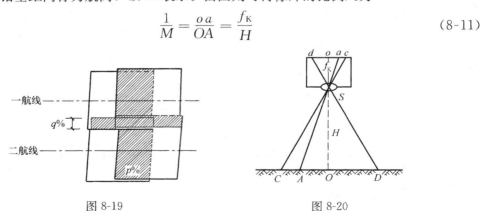

图 8-19　　　　　　　　　　　　　图 8-20

2. 中心投影引起的像点位移

由图 8-20 及航摄像片比例尺公式可知，只有当地面绝对平坦摄影时像片又能严格水平，这时中心摄影图才与地形图所要求的铅垂投影保持一致。当像片水平而地面起伏时，如图 8-21 所示，A、B 为两个地面点，它们对基准面 T_0 的高差为 $+h_a$ 和 $-h_b$，A_0、B_0 为地面点在基准面 T_0 上的铅垂投影，a、b 为地面点在像片上的投影，线段 aa_0、bb_0 即为由地面起伏引起的在中心投影像片上产生的像点位移，也称投影误差。

投影误差的大小与地面点对基准面 T_0 的高差成正比例，高差越大投影误差越大。在基准面上的地面点，投影误差为零。由此可见投影误差可随着选择基准面的高度不同而变，因此，在航测内业中，可根据少量的地面已知高程点，采取分层投影的方法，将投影误差限制在一定的范围内，使之不影响地形图的精度。

3. 航摄像片倾斜误差

当航摄像片倾斜时，如图 8-22 所示，本来在水平像片上的 a_0、b_0、c_0、d_0 四个点，由于像片倾斜产生位移成为在倾斜像片上的 a、b、c、d 四点，这种 a_0a、b_0b、……等叫做倾斜误差。由于倾斜误差的存在会使像片各处的比例尺不一致。因此，航测内业中可利用少量的地面已知控制点，采取像片纠正的方法予以消除。

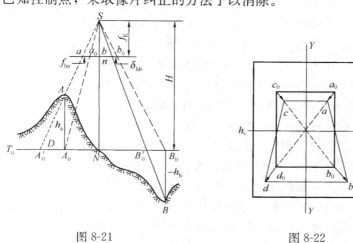

图 8-21   图 8-22

二、航测成图的方法

1. 地物综合测图法

地物综合测图法的成图过程如图 8-23 所示。首先进行航空摄影，大比例尺测图航摄时，像片倾角不应大于 2°，并适当选择比例尺。成图比例尺为 1：1000 时，航摄比例尺一般为 1：3500～1：6000；成图比例尺为 1：2000 时，航摄比例尺为 1：6000～1：12000。

航空摄影完成后，底片要及时冲洗出来并进行检查，察看底片是否符合要求。航摄像片由于摄影时航高变化、像片倾斜以及地面起伏而产生各种误差，需要用一定数量的已知平面坐标和高程的控制点作为依据来加以纠正，

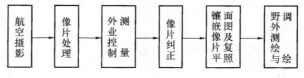

图 8-23

因此要进行外业控制测量，测定少量外业控制点；又以这些外业控制点为基础，在室内进一步加密，以满足内业成图的需要。航摄像片纠正是利用纠正仪进行的，目的是使倾斜像片变成为规定比例尺的水平像片。把纠正好的像片拼接在一起，将重叠部分切除，镶嵌起来便成为像片平面图。像片平面图经野外地物调绘和地貌测绘后，再经内业退色整饰，便得到了航测地形原图。

地物综合法主要适用于平坦地区。

2. 立体摄影测量法

立体摄影测量法的成图过程如图 8-24 所示。除同样进行航空摄影、像片处理、外业

| 航空摄影 | 像片处理 | 航测外业（控制测量及调绘） | 内业控制点加密 | 内业测图 | 清绘及整饰 |

图 8-24

控制测量和调绘以及内业控制点加密外，主要的特点是根据立体像对建立与地面相似的几何模型，通过模型量测，同时确定地面点的平面位置和高程，从而获得地形的铅垂投影。此法不受地形高差的限制，主要适用于山区和丘陵地区。

下面简单介绍一下立体摄影测量的概念。人用双眼观察物体，所以能辨别出物体的远近和高低，产生立体感觉，是由于同一物点，分别在两只眼球的视网膜上造成的影像点的位置有差异的缘故。如图 8-25，由于视网膜上 $\overparen{a_1b_1}$ 和 $\overparen{a_2b_2}$ 的长度（称生理视差）不等，其差数 $P=\overparen{a_1b_1}-\overparen{a_2b_2}$，叫做生理视差较，不同的生理视差较传到大脑皮层的视觉中心，便会感知生理视差较而产生对相应地物点 A、B 的远近感觉。从这个原理出发，如果在人的两眼前分别放置玻璃片 P_1 和 P_2，并将两眼看到的 A、B 两地物点的影像 a_1'、b_1' 和 a_2'、b_2' 分别记录在该两块玻璃片上，然后去掉 A、B 两点。当两眼分别看到玻璃片上的影像 $a_1'b_1'$ 和 $a_2'b_2'$ 时，则同样可以感知生理视差较，而感到眼前有远近不同的 A、B 两个地物点。所以从两个摄影站对同一物体摄取两张像片可以看出立体。

立体摄影测量中应用的精密立体测图仪，其测图原理是摄影过程的几何反转。如图 8-26，P_1、P_2 为相邻两张航空摄影像片（称为立体像对）。地面上任意一点 M 的反射光线，分别在两张像片上构成的像点 m_1 和 m_2，称为相应像点。反过来，如果将 m_1 和 m_2 的光线投影下来，则相应光线也一定会相交在原来的 M 点上。因此，当将两张像片放回与原航摄仪相同的投影器内，保持摄影时的空中位置，并在像片上方设置光源，投影后相应光线必成对相交在原地面点上，构成一个与原地面完全相似的立体模型。从图 8-25 中可以看出，此模型的大小与投影器之间的距离（称为摄影基线）成正比。实际工作中，不可能采用与实地大小相同的模型，而是将投影器 S_2 在保持与投影器 S_1 的相应位置不变的

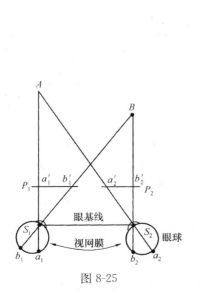

图 8-25

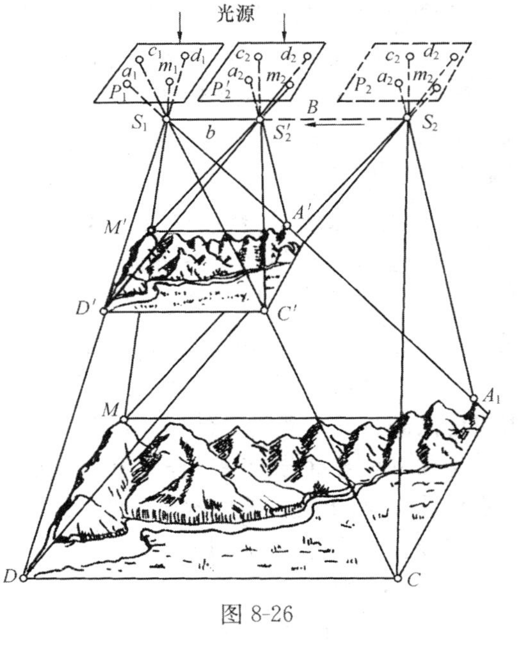

图 8-26

条件下，沿摄影基线方向移动到 S'_2 位置，即使摄影基线长 B 缩小为 b（称为投影基线长），这样就得到了与地面完全相似而缩小很多倍的地面模型，用此模型作为测绘地物、地貌的依据。各种精密立体测图仪都是根据上述摄影过程几何反转的原理建立几何模型并测制地形图的。

此外，国内外正在用正射投影技术，将中心投影的航摄像片转换为铅垂投影的摄像地图，它与现行的线划图相比，具有内容信息丰富、形象直观逼真、便于阅读和量测等优点。

思 考 题 与 习 题

1. 测图前有哪些准备工作？控制点展绘后，怎样检查其正确性？

2. 根据下列视距测量记录表中的数据，计算水平距离及高程。

测站 A，后视点 B，仪器高 $i=1.50$m，测站高程 $=234.50$m

点号	尺间隔 (m)	中丝读数 (m)	竖盘读数	竖直角	初算高差 (m)	改正数 (m)	改正后高差 (m)	水平角	水平距离 (m)	测点高程 (m)	备　注
1	0.395	1.50	84°36′					43°30′			
2	0.575	1.50	85°18′					69°22′			
3	0.614	2.50	93°15′					105°00′			
⋮											

注：望远镜视线水平时，竖盘读数为90°，望远镜视线向上倾斜时，读数减少。

3. 试述经纬仪测绘法在一个测站测绘地形图的工作步骤。

4. 根据图 8-27 上各碎部点的平面位置和高程，试勾绘等高距为 1m 的等高线。

5. 为了确保地形图质量，应采取哪些主要措施？

6. 试述地籍测量的任务和作用。

7. 地籍图与地形图有什么区别？

8. 航摄像片与地形图的差别有哪些？

9. 试述精密立体测图仪测图的基本原理。

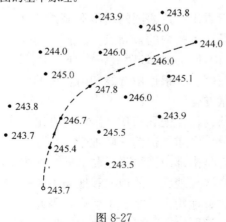

图 8-27

第九章 地 形 图 的 应 用

大比例尺地形图是建筑工程规划设计和施工中的重要地形资料。特别是在规划设计阶段，不仅要以地形图为底图，进行总平面的布设，而且还要根据需要，在地形图上进行一定的量算工作，以便因地制宜地进行合理的规划和设计。

9-1 地 形 图 的 识 读

为了正确地应用地形图，首先要能看懂地形图。地形图是用各种规定的符号和注记表示地物、地貌及其他有关资料。通过对这些符号和注记的识读，可使地形图成为展现在人们面前的实地立体模型，以判断其相互关系和自然形态这就是地形图识读的主要目的。

现以"大王庄"地形图为例，说明地形图识读的一般方法和步骤。

一、图外注记识读

首先了解测图的年月和测绘单位，以判定地形图的新旧；然后了解图的比例尺、坐标系统、高程系统和基本等高距以及图幅范围和接图表。"大王庄"地形图的比例尺为1：2千，左上角接图表注明了相邻图幅的图名，图幅四角注有3°带高斯平面直角坐标。

二、地物识读

这幅图北部有较大的居民点大王庄，侯家和三口塘，中部有汪家凹；沿着这些居民点的南侧有一条公路。公路南侧有一条河，大致与公路平行，流向由东向西；河流两侧均为稻田。南部山坡上有茶、松等经济林。山头上和居民点附近埋设有三角点和导线点等控制点；在汪家凹西侧有拦水坝和小型水库。

三、地貌识读

根据等高线的注记可以看出，这幅图的基本等高距为1m。图幅南部为山区，东南角山顶的高程为123.18m，是本图幅内的最高点。山脚处的高程为35m，故本图幅内的高差最大不到100m。图幅南部山地形态比较明显，山脊、山谷由东向西排列，西南角有两处鞍部，山脊线和山谷线比较明显。根据山脊线和山谷线的位置、走向以及等高线的疏密可以看出整个山地地貌的起伏变化。

图幅北部为稻田区，从高程注记和田坎方向可以看出：东部高而西部低。西部高程约为26m，是本图幅的最低处。图东北部为丘陵地带。

整个图幅内的地貌形态是南部山区最高，北部低，而中部偏北沿河流处最低。

在识读地形图时，还应注意地面上的地物和地貌不是一成不变的。由于城乡建设事业的迅速发展，地面上的地物、地貌也随之发生变化，因此，在应用地形图进行规划以及解决工程设计和施工中的各种问题时，除了细致地识读地形图外，还需进行实地勘察，以便对建设用地作全面正确地了解。

9-2 地形图应用的基本内容

一、求图上某点的坐标和高程

1. 确定点的坐标

如图 9-1，欲确定图上 p 点的坐标，首先根据图廓坐标注记和点 p 的图上位置，绘出坐标方格 $abcd$，再按比例尺（1∶1000）量取 af 和 ak 的长度

$$af = 80.2\text{m}$$

$$ak = 50.3\text{m}$$

则
$$x_p = x_a + af = 20100 + 80.2 = 20180.2\text{m}$$

$$y_p = y_a + ak = 10200 + 50.3 = 10250.3\text{m}$$

为了校核，还应量取 ab 和 ad 的长度。但是，由于图纸会产生伸缩，使方格边长往往不等于理论长度 l（本例 $l=100$m）。为了使求得的坐标值精确，可采用下式进行计算

$$x_p = x_a + \frac{l}{ab} \cdot af$$

$$y_p = y_a + \frac{l}{ad} \cdot ak \tag{9-1}$$

2. 确定点的高程

在地形图上的任一点，可以根据等高线及高程标记确定其高程。如图 9-2，p 点正好在等高线上，则其高程与所在的等高线高程相同，从图上看为 27m。如果所求点不在等高线上，如图中的 k 点，则过 k 点作一条大致垂直于相邻等高线的线段 mn，量取 mn 的长度 d，再量取 mk 的长度 d_1，k 点的高程 H_k 可按比例内插求得

$$H_k = H_m + \Delta h = H_m + \frac{d_1}{d}h \tag{9-2}$$

式中 H_m 为 m 点的高程，h 为等高距，在图 9-2 中 $h=1$m。

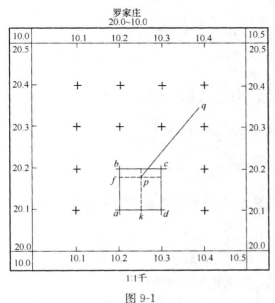

图 9-1

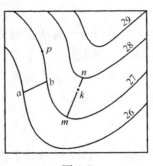

图 9-2

在图上求某点的高程时，通常可以根据相邻两等高线的高程目估确定。例如，图 9-2 中 k 点高程可估计为 27.7m，因此，其高程精度低于等高线本身的精度。规范中规定，在平坦地区，等高线的高程中误差不应超过 1/3 等高距；丘陵地区，不应超过 1/2 等高距；山区，不应超过一个等高距。由此可见，如果等高距为 1m，则平坦地区等高线本身的高程误差允许到 0.3m、丘陵地区为 0.5m，山区可达 1m。所以，用目估确定点的高程是允许的。

二、确定图上直线的长度、坐标方位角及坡度

1. 确定图上直线的长度

（1）直接量测

用卡规在图上直接卡出线段长度，再与图示比例尺比量，即可得其水平距离。也可以用毫米尺量取图上长度并按比例尺换算为水平距离，但后者受图纸伸缩的影响。

（2）根据两点的坐标计算水平距离

当距离较长时，为了消除图纸变形的影响以提高精度，可用两点的坐标计算距离。如图 9-1 求 qp 的水平距离，首先按式（9-1）求出两点的坐标值 x_q、y_q 和 x_p、y_p，然后按下式计算水平距离

$$D_{qp} = \sqrt{(x_p - x_q)^2 + (y_p - y_q)^2} = \sqrt{\triangle x_{qp}^2 + \triangle y_{qp}^2} \tag{9-3}$$

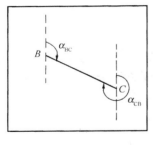

图 9-3

2. 求某直线的坐标方位角

（1）图解法

如图 9-3，求直线 BC 的坐标方位角时，可先过 B、C 两点精确地作平行于坐标格网纵线的直线，然后用量角器量测 BC 的坐标方位角 α_{BC} 和 CB 的坐标方位角 α_{CB}。

同一直线的正、反坐标方位角之差应为 180°。但是由于量测存在误差，设量测结果为 α_{BC}' 和 α_{CB}'，则可按下式计算 α_{BC}

$$\alpha_{BC} = \frac{1}{2}(\alpha_{BC}' + \alpha_{CB}' \pm 180°) \tag{9-4}$$

按图 9-3 的情况，上式右边括弧中应取"一"号。

（2）解析法

先求出 B、C 两点的坐标，然后再按下式计算 BC 的坐标方位角

$$\alpha_{BC} = \text{arctg} \frac{y_C - y_B}{x_C - x_B} = \text{arctg} \frac{\Delta y_{BC}}{\Delta x_{BC}} \tag{9-5}$$

当直线较长时，解析法可取得较好的结果。

3. 确定直线的坡度

设地面两点间的水平距离为 D，高差为 h，而高差与水平距离之比称为坡度，以 i 表示，则 i 可用下式计算

$$i = \frac{h}{D} = \frac{h}{d \cdot M} \tag{9-6}$$

式中 d 为两点在图上的长度以米为单位，M 为地形图比例尺分母。

如图 9-2 中的 a、b 两点，其高差 h 为 1m，若量得 ab 图上的长为 1cm，并设地形图比

例尺为 $1:5000$，则 ab 线的地面坡度为

$$i = \frac{h}{d \cdot M} = \frac{1}{0.01 \times 5000} = \frac{1}{50} = 2\%$$

坡度 i 常以百分率或千分率表示。

如果两点间的距离较长，中间通过疏密不等的等高线，则上式所求地面坡度为两点间的平均坡度。

9-3 图形面积的量算

在规划设计中，常需要在地形图上量算一定轮廓范围内的面积。下面介绍几种常用的方法

一、透明方格纸法

如图 9-4，要计算曲线内的面积，先将毫米透明方格纸覆盖在图形上，数出图形内完整的方格数 n_1 和不完整的方格数 n_2，则面积 A 可按下式计算

$$A = \left(n_1 + \frac{1}{2}n_2\right)\frac{M^2}{10^6} \quad \text{m}^2 \tag{9-7}$$

式中 M 为地形图比例尺分母。

二、平行线法

如图 9-5，将绘有等距平行线的透明纸覆盖在图形上，使两条平行线与图形边缘相切，则相邻两平行线间截割的图形面积可近似视为梯形。梯形的高为平行线间距 h，图形截割各平行线的长度为 l_1、l_2、$\cdots$ l_n，则各梯形面积分别为：

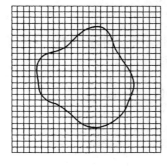

图 9-4   图 9-5

$$S_1 = \frac{1}{2}h(0 + l_1)$$

$$S_2 = \frac{1}{2}h(l_1 + l_2)$$

$$\cdots\cdots$$

$$S_n = \frac{1}{2}h(l_{n-1} + l_n)$$

$$S_{n+1} = \frac{1}{2}h(l_n + 0),$$

则总面积 A 为：

$$A = S_1 + S_2 + \cdots\cdots + S_n + S_{n+1} = h\sum_{i=1}^{n} l_i \qquad (9\text{-}8)$$

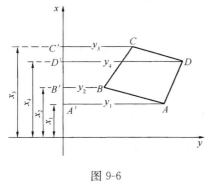

图 9-6

三、解析法

如果图形为任意多边形，且各顶点的坐标已在图上量出或已在实地测定，可利用各点坐标以解析法计算面积。

如图 9-6 所示，为一任意四边形 $ABCD$，各顶点编号按顺时针编为 1、2、3、4。可以看出，面积 $ABCD$（P）等于面积 $C'CDD'$（P_1）加面积 $D'DAA'$（P_2）再减去面积 $C'CBB'$（P_3）和面积 $B'BAA'$（P_4）。

即
$$P = P_1 + P_2 - P_3 - P_4$$

这里，P 代表该四边形的面积。

设 A、B、C、D 各顶点的坐标为 (x_1,y_1)、(x_2,y_2)、(x_3,y_3)、(x_4,y_4)，则：

$$2P = (y_3 + y_4)(x_3 - x_4) + (y_4 + y_1)(x_4 - x_1)$$
$$- (y_3 + y_2)(x_3 - x_2) - (y_2 + y_1)(x_2 - x_1)$$
$$= - y_3x_4 + y_4x_3 - y_4x_1 + y_1x_4 + y_3x_2 - y_2x_3 + y_2x_1 - y_1x_2$$
$$= x_1(y_2 - y_4) + x_2(y_3 - y_1) + x_3(y_4 - y_2) + x_4(y_1 - y_3)$$

若图形有 n 个顶点，则上式可扩展为

$$2P = x_1(y_2 - y_n) + x_2(y_3 - y_1) + \cdots\cdots + x_n(y_1 - y_{n-1})$$

即
$$P = \frac{1}{2}\sum_{i=1}^{n} x_i(y_{i+1} - y_{i-1}) \qquad (9\text{-}9)$$

注意，当 $i=1$ 时 y_{i-1} 用 y_n。上式是将各顶点投影于 x 轴算得的。若将各顶点投影于 y 轴，同法可推出

$$P = \frac{1}{2}\sum_{i=1}^{n} y_i(x_{i-1} - x_{i+1}) \qquad (9\text{-}10)$$

注意，当 $i=1$ 时式中 x_{i-1} 用 x_n。

式（9-9）和式（9-10）可以互为计算检核。

四、求积仪法

求积仪是一种专门供图上量算面积的仪器，其优点是操作简便、速度快、适用于任意曲线图形的面积量算，且能保证一定的精度。

1. 电子求积仪

电子求积仪是采用集成电路制造的一种新型求积仪。性能优越，可靠性好，操作简便。图 9-7 是日本牛方商会生产的 X-PLAN360 型电子求积仪。该仪器不仅能量测面积，且同时可量测线长。当图形为多边形时，不须描迹各边，只要依次描对各顶点，就可自动显示面积和线长（周边长）。

（1）X-PLAN360d 型求积仪的构造

1）键盘。

$\boxed{\text{CE/C}}$ 清除键。可清除数值或错误。

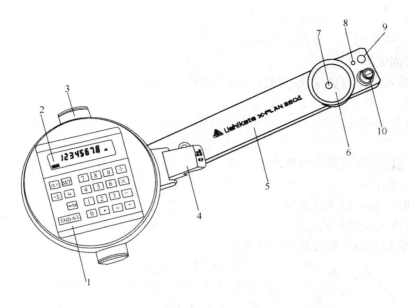

图 9-7

1—键盘；2—显示盘；3—滚轮；4—描杆固定扳手；5—描杆；6—描迹放大镜；7—描点；
8—LED 表示；9—测定方式变换开关；10—START/POINT 开关

按 CE/C 和 +Σ 可清除累积值。

按 CE/C 和 →M 可清除记忆值。

+Σ　累积测定值时按此键。

END A/L　完成键。每次测定完毕时按此键，即立刻显示测定面积值。第二次按此
　　　　键，显示测定的线长值。反复按此键，则反复显示其面积值及线长值。

SET　单位、比例尺选择键。
　　　第一次按此键，选择单位。第二次按此键，设定纵比例尺（R）。第三次按此
　　　键，设定横比例尺（R'）。

▲　恢复键。
　　每按此键一次，记忆值（M）、平均值（$\overline{X}$），测定次数（n）、累积值（Σ）将依
　　次显示。手指离开此键，数值自动消失。

→M　记忆键。按此键可记忆测定值。

0～9　数值键。
　　　　结合 SET 键，可作为指定单位键。

·　小数点键。

+ − × ÷ =　加减乘除和等号键。

2）显示窗。

可显示八位数字、负号和小数点。也可显示单位、机能和记忆等。

3）滚轮。

该型求积仪采用人工钻石耐磨滚轮。

4）描杆固定扳手。

抬起扳手，电源自动接通，描杆就可自由移动。

5）描杆。

6）描迹放大镜。

7）描点。

把所要描迹的线或顶点对准此点。

8）LED 表示。

此灯亮时，表示连续线描测。

9）测定方式变换开关。

连续线描和点描两种方式的切换开关。

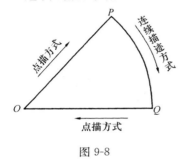

图 9-8

10）START/POINT 开关。

指示测定开关。点描时也可以指定各个顶点。

（2）X-PLAN360d 型求积仪的使用

如图 9-8 所示，欲求其扇形面积和周长，其作业步骤如下：

1）电源 ON

将固定扳手（4）按照 ON 指示方向扳起，接通电源。

2）设定单位

m

按 ③ 键后，显示窗上即闪示"m"（打开电源后单位自动变为 m，故可省略输入单位步骤）。

3）设定比例尺

按 SET 键显示窗闪示"R"，同时会显示"1"，此时将比例尺分母置入，然后再按 SET 键。

4）以点描方式（POINT MODE）开始测定。

将描迹放大镜中心点（描点 7）对准图上 O 点之后，按下 START/POINT 开关（10），然后将描镜移至 P 点，并使描点（7）对准 P 点，按 START/POINT 开关。

5）由 P 点到 Q 点的测定

按下测定方式变换开关（9），以连续描迹方式沿 PQ 曲线描迹至 Q 点。

6）由 Q 点至 O 点的测定

在 Q 点再次将测定方式变换开关按一下，使变为描点方式后，将描镜移至 O 点，并使描点（7）对准 O 点，按下 START/POINT 开关。

7）面积和线长的确定

按下 END A/L 键，即显示出有比例尺和单位的面积值。再次按下 END A/L 键，即显示线长值，同时显示出"LINE"。

8）关电源

将测杆固定扳手（4）依 OFF 的指示方向按下，即可切断电源。

2. 机械式求积仪

机械式求积仪由极臂、描迹臂（航臂）和计数器三部分组成（图 9-9）。

极臂是控制求积仪运行方向的拉杆，它使求积仪整体只能以极点为中心作弧形运行。在极臂的一端有一重锤，重锤的下面有一短针，使用时短针借重锤的重量刺入图纸固定不动，短针端点称为求积仪的极点。极臂的另一端有一圆头的短柄，短柄可以插在接合套的圆洞内，接合套又套在描迹臂上（用制动螺旋和微动螺旋连接），把极臂和描迹臂铰连成一体。在描迹臂一端有一描迹针（航针），描迹针旁有一支撑描迹针的小圆柱和一手柄（有的求积仪用描迹放大镜代替描迹针和小圆柱）。自描迹针尖端至短柄旋转轴的距离称为描迹臂的臂长，它是可以调节的。极臂长是指极点至短柄旋转轴的距离，是一定的。

计数器是求积仪上最重要的部件，它由计数盘、计数轮和游标组成。当描迹臂移动时，计数轮随着转动，计数轮转动一周时，计数盘转动一格。计数盘共分十格，由 0 至 9 注有数字。计数轮分为 10 等分，每一等分又分成 10 个小格。在计数轮旁有游标，可读出计数轮一格的 $\frac{1}{10}$。在计数器上可以读出 4 位数，首先从计数盘上读得千位数，然后在计数轮上读取百位数和十位数，最后按游标读取个位数，如图 9-10，读数为 2337。

使用时，当图形面积不大时，可将极点放在图形外，定好描迹臂长度和极点位置，把描迹针放在轮廓的某一点 A 上，作一记号，读出起始读数 n_1，然后描迹针严格绕轮廓线顺时针方向描摹一周，回到起点，读出终了读数 n_2，则图形面积 P 为

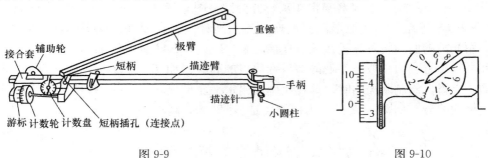

图 9-9　　　　　　　　　　　　　　　　图 9-10

$$P = C(n_2 - n_1) \tag{9-11}$$

式中 C 为一定描迹臂长的求积仪分划值。

当图形较大时，可以分块量算（极点在图形外），也可将极点放在图形内，操作方法同前。当极点在图形内时，图形面积按下式计算

$$P = C(n_2 - n_1) + Q \tag{9-12}$$

式中 Q 为加常数。C 和 Q 值都可在仪器说明书中查取。

求积仪分划值可以自行测定，即在图纸上精确画一已知面积 P 的几何图形（例如正方形、圆形），安好描迹臂的长度，把求积仪极点放在图形之外，使描迹针沿图形轮廓绕行一周，得到起始读数 n_1 和终了读数 n_2，则 C 值为

$$C = \frac{P}{n_2 - n_1} \tag{9-13}$$

有些求积仪中附有检验杆，一端有小针，可固定于图板上；另一端有小孔，可以插入描迹

针，而小针与小孔的长度是精确知道的，因此以小针为圆心，绕行一周的面积也是已知的。用检验杆测定分划值较精确和方便。

9-4　按一定方向绘制纵断面图

在各种线路工程设计中，为了进行填挖方量的概算，以及合理地确定线路的纵坡，都需要了解沿线路方向的地面起伏情况，为此，常需利用地形图绘制沿指定方向的纵断面图。

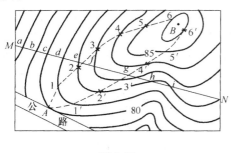

图 9-11　　　　　　　　　　　　　　图 9-12

如图 9-11，欲沿 MN 方向绘制断面图，可在绘图纸或方格纸上绘制 MN 水平线（如图 9-12），过 M 点作 MN 的垂线作为高程轴线。然后在地形图上用卡规自 M 点分别卡出 M 点至 a、b、c、……i、N 各点的距离，并分别在图 9-12 上自 M 点沿 MN 方向截出相应的 a、b……N 等点。再在地形图上读取各点的高程，按高程轴线向上画出相应的垂线。最后，用光滑的曲线将各高程线顶点连接起来，即得 MN 方向的断面图。

断面过山脊、山顶或山谷处的高程变化点的高程（如 f、g 和 h、i 点之间），可用比例内插法求得。绘制断面图时，高程比例尺比水平比例尺大 10～20 倍是为了使地面的起伏变化更加明显。如图 9-12 的水平比例尺是 1∶2000，高程比例尺为 1∶200。

9-5　在地形图上按限制的坡度选定最短线路

在道路、管线、渠道等工程设计时，都要求线路在不超过某一限制坡度的条件下，选择一条最短路线或等坡度线。

如图 9-11，设从公路上的 A 点到高地 B 点要选择一条公路线，要求其坡度不大于 5%（限制坡度）。设计用的地形图比例尺为 1∶2000，等高距为 1m。为了满足限制坡度的要求，根据式（9-6）计算出该路线经过相邻等高线之间的最小水平距离 d

$$d = \frac{h}{i \cdot M} = \frac{1}{0.05 \times 2000} = 0.01m = 1cm$$

于是，以 A 点为圆心，以 d 为半径画弧交 81m 等高线于点 1，再以点 1 为圆心，以 d 为半径画弧，交 82m 等高线于点 2，依此类推，直到 B 点附近为止。然后连接 A、1、2……B，便在图上得到符合限制坡度的路线。这只是 A 到 B 的路线之一，为了便于选线比较，还需另选一条路线，如 A1'2'……B。同时考虑其他因素，如少占农田，建筑费用最少，避开塌方或崩裂地带等，以便确定路线的最佳方案。

如遇等高线之间的平距大于1cm，以1cm为半径的圆弧将不会与等高线相交。这说明坡度小于限制坡度。在这种情况下，路线方向可按最短距离绘出。

9-6　在地形图上确定汇水面积

修筑道路时有时要跨越河流或山谷，这时就必须建桥梁或涵洞；兴修水库必须筑坝拦水。而桥梁、涵洞孔径的大小，水坝的设计位置与坝高，水库的蓄水量等，都要根据汇集于这个地区的水流量来确定。汇集水流量的面积称为汇水面积。

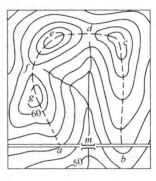

由于雨水是沿山脊线（分水线）向两侧山坡分流，所以汇水面积的边界线是由一系列的山脊线连接而成的。如图9-13所示，一条公路经过山谷，拟在m处架桥或修涵洞，其孔径大小应根据流经该处的流水量决定，而流水量又与山谷的汇水面积有关。由图可以看出，由山脊线 bc、cd、de、ef、fg、ga 与公路上的 ab 线段所围成的面积，就是这个山谷的汇水面积。量测该面积的大小，再结合气象水文资料，便可进一步确定流经公路m处的水量，从而对桥梁或涵洞的孔径设计提供依据。

图 9-13

确定汇水面积的边界线时，应注意以下几点：

1. 边界线（除公路 ab 段外）应与山脊线一致，且与等高线垂直；
2. 边界线是经过一系列的山脊线、山头和鞍部的曲线，并与河谷的指定断面（公路或水坝的中心线）闭合。

9-7　地形图在平整土地中的应用

在各种工程建设中，除对建筑物要作合理的平面布置外，往往还要对原地貌作必要的改造，以便适于布置各类建筑物，排除地面水以及满足交通运输和敷设地下管线等。这种地貌改造称之为平整土地。

在平整土地工作中，常需预算土、石方的工程量，即利用地形图进行填挖土（石）方量的概算。其方法有多种，其中方格法（或设计等高线法）是应用最广泛的一种。下面分两种情况介绍该方法。

一、要求平整成水平面

如图9-14，假设要求将原地貌按挖填土方量平衡的原则改造成平面，其步骤如下：

1. 在地形图图上绘方格网

在地形图上拟建场地内绘制方格网。方格网的大小取决于地形复杂程度、地形图比例尺大小，以及土方概算的精度要求。例如在设计阶段采用1：5百的地形图时，根据地形复杂情况，一般边长为10m或20m。方格网绘制完后，根据地形图上的等高线，用内插法求出每一方格顶点的地面高程，并注记在相应方格顶点的右上方，如图9-14所示。

2. 计算设计高程

先将每一方格顶点的高程加起来除以4，得到各方格的平均高程，再把每个方格的平

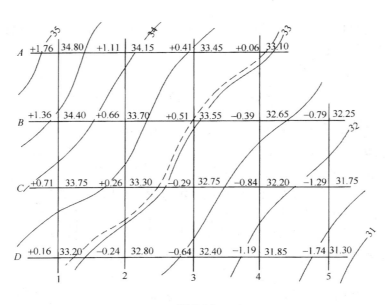

图 9-14

均高程相加除以方格总数，就得到设计高程 H_0。

$$H_0 = \frac{H_1 + H_2 + \cdots + H_n}{n}$$

式中 H_i 为每一方格的平均高程；n 为方格总数。

从设计高程 H_0 的计算方法和图 9-14 可以看出：方格网的角点 A1、A4、B5、D1、D5 的高程只用了一次，边点 A2、A3、B1、C1、D2、D3⋯⋯的高程用了两次，拐点 B4 的高程用了三次，而中间点 B2、B3、C2、C3⋯⋯的高程都用了四次，因此，设计高程的计算公式可写为：

$$H_0 = (\sum H_{角} + 2\sum H_{边} + 3\sum H_{拐} + 4\sum H_{中})/4n \tag{9-14}$$

将方格顶点的高程（图 9-14）代入式（9-14），即可计算出设计高程为 33.04m。在图上内插出 33.04m 等高线（图中虚线），称为填挖边界线。

3. 计算挖、填高度

根据设计高程和方格顶点的高程，可以计算出每一方格顶点的挖、填高度，即：

$$挖、填高度 = 地面高程 - 设计高程 \tag{9-15}$$

将图中各方格顶点的挖、填高度写于相应方格顶点的左上方。正号为挖深，负号为填高。

4. 计算挖、填土方量

挖、填土方量可按角点、边点、拐点和中点分别按下式列表计算。

$$
\left.
\begin{aligned}
&角点： &&挖(填)高 \times \tfrac{1}{4}方格面积 \\[2ex]
&边点： &&挖(填)高 \times \tfrac{1}{2}方格面积 \\[2ex]
&拐点： &&挖(填)高 \times \tfrac{3}{4}方格面积 \\[2ex]
&中点： &&挖(填)高 \times 1\,方格面积
\end{aligned}
\right\} \tag{9-16}
$$

例如图 9-15 所示：设每一方格面积为 400m²，计算的设计高程是 25.2m，每一方格的挖深或填高数据已分别按式（9-15）计算出，并已注记在相应方格顶点的左上方。于是，可按式（9-16）列表（见表 9-1）分别计算出挖方量和填方量。从计算结果可以看出，挖方量和填方量是相等的，满足"挖、填平衡"的要求。

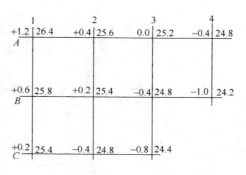

图 9-15

表 9-1

点　号	挖深（m）	填高（m）	所占面积（m²）	挖方量（m³）	填方量（m³）
A_1	+1.2		100	120	
A_2	+0.4		200	80	
A_3	0.0		200	0	
A_4		−0.4	100		40
B_1	+0.6		200	120	
B_2	+0.2		400	80	
B_3		−0.4	300		120
B_4		−1.0	100		100
C_1	+0.2		100	20	
C_2		−0.4	200		80
C_3		−0.8	100		80
				Σ：420	Σ：420

二、要求按设计等高线整理成倾斜面

将原地形改造成某一坡度的倾斜面，一般可根据填、挖平衡的原则，绘出设计倾斜面的等高线。但是有时要求所设计的倾斜面必须包含不能改动的某些高程点（称为设计斜面的控制高程点），例如，已有道路的中线高程点；永久性或大型建筑物的外墙地坪高程等。如图 9-16，设 a、b、c 三点为控制高程点，其地面高程分别为 54.6m，51.3m 和 53.7m。要求将原地形改造成通过 a、b、c 三点的倾斜面，其步骤如下：

1. 确定设计等高线的平距

过 a、b 二点作直线，用比例内插法在 ab 线上求出高程为 54、53、52m……各点的位置，也就是设计等高线应经过 ab 线上的相应位置，如 d、e、f、g……等点。

2. 确定设计等高线的方向

在 ab 直线上求出一点 k，使其高程等于 c 点的高程（53.7m）。过 kc 连一线，则 kc 方向就是设计等高线的方向。

3. 插绘设计倾斜面的等高线

过 d、e、f、g……各点作 kc 的平行线（图中的虚线），即为设计倾斜面的等高线。过设计等高线和原同高程的等高线交点的连线，如图中连接 1、2、3、4、5 等点，就可得到挖、填边界线。图中绘有短线的一侧为填土区，另一侧为挖土区。

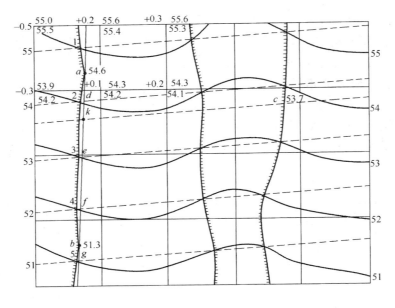

图 9-16

4. 计算挖、填土方量

与前一方法相同，首先在图上绘方格网，并确定各方格顶点的挖深和填高量。不同之处是各方格顶点的设计高程是根据设计等高线内插求得的，并注记在方格顶点的右下方。其填高和挖深量仍记在各顶点的左上方。挖方量和填方量的计算和前一方法相同。

思 考 题 与 习 题

1. 识读地形图的主要目的是什么？主要从哪几个方面进行？

2. 利用图 9-17 完成下列作业（地形图比例尺为 1：2 千）

（1）图解高程点 76.8m 和高程点 63.4m 的坐标。

（2）求上述两个高程点之间的水平距离和坐标方位角。

（3）绘制高程点 92.5 至导线点 580 之间的断面图。

3. 欲在汪家凹（图 9-18，比例尺为 1：2 千）村北进行土地平整，其设计要求如下：

（1）平整后要求成为高程为 44m 的水平面；

（2）平整场地的位置：以 533 导线点为起点向东 60m，向北 50m。

根据设计要求绘出边长为 10m 的方格网，求出挖、填土方量。

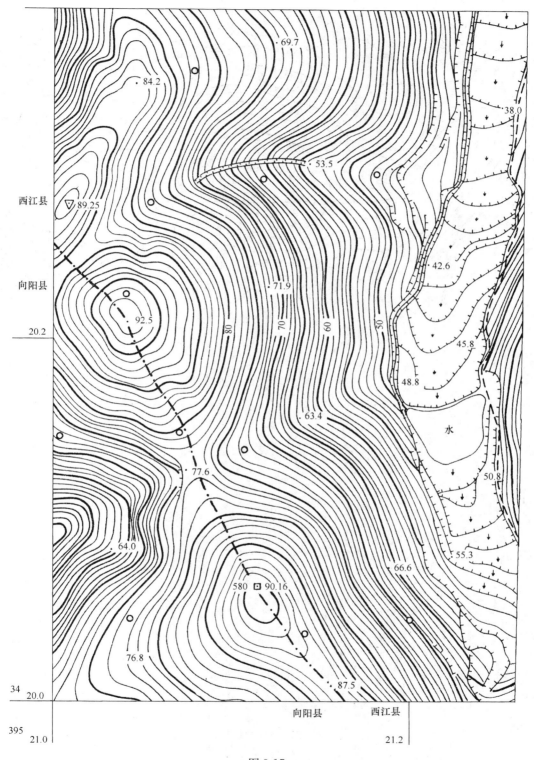

图 9-17

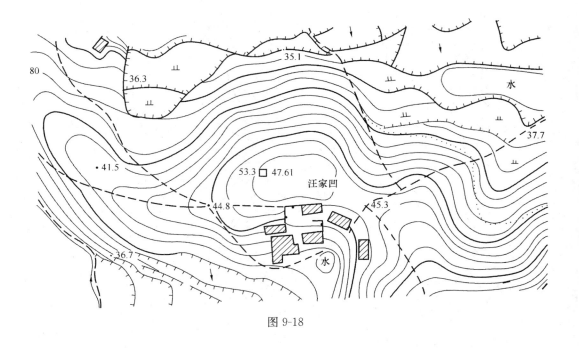

图 9-18

80

36.3

35.1

水

37.7

· 41.5

53.3 □ 47.61

汪家凹

44.8

45.3

36.7

水

第十章 测设的基本工作

测设工作是根据工程设计图纸上待建的建筑物、构筑物的轴线位置、尺寸及其高程，算出待建的建、构筑物各特征点（或轴线交点）与控制点（或已建成建筑物特征点）之间的距离、角度、高差等测设数据，然后以地面控制点为根据，将待建的建、构筑物的特征点在实地桩定出来，以便施工。

不论测设对象是建筑物还是构筑物，测设的基本工作是测设已知的水平距离、水平角度和高程。

10-1 水平距离、水平角和高程的测设

一、测设已知的水平距离

在地面上丈量两点间的水平距离时，首先是用尺子量出两点间的距离，再进行必要的改正，以求得准确的实地水平距离。而测设已知的水平距离时，其程序恰恰相反，现将其作法叙述如下：

1. 一般方法

测设已知距离时，线段起点和方向是已知的。若要求以一般精度进行测设，可在给定的方向，根据给定的距离值，从起点用钢尺丈量的一般方法，量得线段的另一端点。为了检核起见，应往返丈量测设的距离，往返丈量的较差，若在限差之内，取其平均值作为最后结果。

2. 精确方法

当测设精度要求较高时，应按钢尺量距的精密方法进行测设，具体作业步骤如下：

（1）将经纬仪安置在 A 点上，并标定给定的直线方向，沿该方向概量并在地面上打下尺段桩和终点桩。桩顶刻十字标志；

（2）用水准仪测定各相邻桩桩顶之间的高差；

（3）按精密丈量的方法先量出整尺段的距离，并加尺长改正、温度改正和高差改正，计算每尺段的长度及各尺段长度之和，得最后结果为 D_0；

（4）用已知应测设的水平距离 D 减去 D_0 得余长 q，即 $D - D_0 = q$。然后计算余长段应测设的距离 q'

$$q' = q - \Delta l_d - \Delta l_t - \Delta l_h \tag{10-1}$$

式中　Δl_d、Δl_t、Δl_h 为余长段相应的三项改正。

（5）根据 q' 在地面上测设余长段，并在终点桩上作出标志，即为所测设的终点 B。如终点超过了原打的终点桩时，应另打终点桩。

【**例 10-1**】　设拟测设 AB 的水平距离 $D = 78.000\text{m}$，概量后并打下两个整尺段桩和一个终点桩。经水准测量测得相邻桩之间的高差为 $h_1 = 0.250\text{m}$、$h_2 = -0.212\text{m}$、$h_3 =$

0.115m。精密丈量时所用钢尺名义长度 $l_0 = 30$m，实际长度 $l' = 29.997$m，膨胀系数 $\alpha = 1.25 \times 10^{-5}$，检定钢尺的标准温度为 $t_0 = 20℃$。求测设时在地面上应量出的长度 D'。

设量得第一尺段长度 l_1 为 29.925m，温度 $t_1 = 4℃$，则

$$D_1 = l_1 + \frac{l' - l_0}{l_0} l_1 + \alpha(t_1 - t_0) \cdot l_1 + \left(\frac{-h_1^2}{2l_1}\right)$$

$$= 29.925 + (-3.0 \times 10^{-3}) + (-6.0 \times 10^{-3}) + (-1.0 \times 10^{-3})$$

$$= 29.9150\text{m}$$

第二尺段的丈量长度 l_2 为 29.973m，温度 $t_2 = 5℃$

$$D_2 = l_2 + \frac{l' - l_0}{l_0} l_2 + \alpha(t_2 - t_0) \cdot l_2 + \left(\frac{-h_2^2}{2l_2}\right)$$

$$= 29.973 - (3.0 \times 10^{-3}) + (-5.6 \times 10^{-3}) + (-0.7 \times 10^{-3})$$

$$= 29.9637\text{m}$$

于是

$$D_0 = D_1 + D_2 = 29.9150 + 29.9637 = 59.8787\text{m}$$

$$q = D - D_0 = 78.000 - 59.8787 = 18.1213\text{m}$$

余长在地面桩上应量取的长度为（设此时温度 $t_3 = 7℃$）

$$q' = q - \Delta l_d - \Delta l_t - \Delta l_h = 18.1213 - \frac{l' - l_0}{l_0} q - \alpha(t_3 - t_0) \cdot q - \left(\frac{-h_3^2}{2q}\right)$$

$$= 18.1213 - (-1.8 \times 10^{-3}) - (-2.9 \times 10^{-3}) - (-0.4 \times 10^{-3})$$

$$= 18.1264\text{m}$$

测设的长度 $D' = D_1 + D_2 + q' = 29.9150 + 29.9637 + 18.1264 = 78.0051$m

3. 用红外测距仪测设水平距离

如图 10-1，安置红外测距仪于 A 点，瞄准已知方向。沿此方向移动反光棱镜位置，使仪器显示值略大于测设的距离 D，定出 C' 点。在 C' 点安置反光棱镜，测出反光棱镜的竖直角 α 及斜距 S（加气象改正）。计算水平距离 $D' = S\cos\alpha$，求出 D' 与应测设的水平距离 D 之差 $\Delta D = D - D'$。根据 ΔD 的符号在实地用小钢尺沿已知方向改正 C' 至 C 点，并用木桩标定其点位。为了检核，应将反光棱镜安置于 C 点再实测 AC 的距离，若不符合应再次进行改正，直到测设的距离符合限差为止。

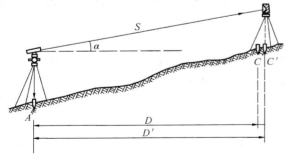

图 10-1

如果用具有跟踪功能的测距仪或电子速测仪测设水平距离，则更为方便，它能自动进行气象改正及将倾斜距离归算成平距并直接显示。测设时，将仪器安置在 A 点，瞄准已知方向，测出气象要素气温及气压，并输入仪器，此时按功能键盘上的测量水平距离和自动跟踪键（或钮），一人手持反光棱镜杆（杆上圆水准气泡居中，以保持反光棱镜杆竖直）立在 C 点附近。只要观测者指挥手持棱镜者沿已知方向线前后移动棱镜，观测者即能在速测仪显示屏上测得瞬时水平距离。当显示值等于待测设的已知水平距离值，即可定出 C 点。

二、测设已知水平角

测设已知水平角是根据水平角的已知数据和一个已知方向，把该角的另一个方向测设在地面上。测设方法如下：

1. 一般方法

当测设水平角的精度要求不高时，可用盘左、盘右取中数的方法，如图 10-2 所示。设地面上已有 OA 方向线，从 OA 向右测设已知水平角 β 值。为此，将经纬仪安置在 O 点，用盘左瞄准 A 点，读取度盘数值；松开水平制动螺旋，旋转照准部，使度盘读数增加 β 角值，在此视线方向

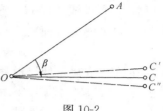

图 10-2

上定出 C' 点。为了消除仪器误差和提高测设精度，用盘右重复上述步骤，再测设一次，得 C'' 点，取 C' 和 C'' 的中点 C，则 $\angle AOC$ 就是要测设的 β 角。此法又称盘左盘右分中法。

2. 精确方法

测设水平角的精度要求较高时，可采用作垂线改正的方法，以提高测设的精度。如图 10-3 所示，在 O 点安置经纬仪，先用一般方法测设 β 角，在地面上定出 C 点；再用测回法测几个测回，较精确地测得 $\angle AOC$ 为 β_1，再测出 OC 的距离。即可按下式计算出垂直改正值 CC_0

$$CC_0 = OC \operatorname{tg}(\beta - \beta_1) \approx OC \times \frac{(\beta - \beta_1)''}{\rho''} \qquad (10\text{-}2)$$

在改正时应注意方向，具体改正的方法是：当 CC_0 为正时，即 β 大于 β_1，过 C 点作 OC 的垂线，再从 C 点沿垂线方向外侧量 CC_0 定出点 C_0，则 $\angle AOC_0$ 就是要测设的 β 角；反之则向内侧改正。为检查测设是否正确，还需进行检查测量。

【例 10-2】　设 $OC = 60.500 \mathrm{m}$，$\beta - \beta_1 = +30''$；则

$$CC_0 = 60.500 \times \frac{30''}{206265''} = +0.009 \mathrm{m}$$

过 C 点作 OC 的垂线，再从 C 点沿垂线方向向 $\angle AOC$ 外侧量垂距 0.009m，定出 C_0 点，则 $\angle AOC_0$ 即为要测设的 β 角。

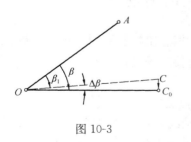

图 10-3

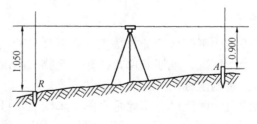

图 10-4

三、测设已知高程

测设由设计所给定的高程是根据施工现场已有的水准点引测的。它与水准测量不同之处在于：不是测定两固定点之间的高差，而是根据一个已知高程的水准点，测设设计所给定点的高程。在建筑设计和施工的过程中，为了计算方便，一般把建筑物的室内地坪用 ±0.000 标高表示，基础、门窗等的标高都是以 ±0.000 为依据，相对于 ±0.000 测设的。

假设在设计图纸上查得建筑物的室内地坪高程为 $H_A=8.500$m，而附近有一个水准点 R（图 10-4），其高程为 8.350m，现要求把建筑物的室内地坪标高测设到木桩 A 上。如图 10-4，在木桩 A 和水准点 R 之间安置水准仪，先在水准点 R 上立尺，若尺上读数为 1.050m，则视线高程 $H_i=8.350+1.050=9.400$m。根据视线高程和室内地坪高程即可算出 A 点尺上的应有读数为

$$b = H_i - H_A = 9.400 - 8.500 = 0.900\text{m}$$

然后在 A 点立尺，使尺根紧贴木桩一侧上下移动，直至水准仪水平视线在尺上的读数为 0.900m 时，紧靠尺底在木桩上划一道红线，此线就是室内地坪±0.000 标高的位置。

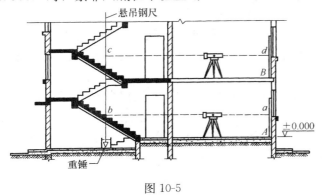

图 10-5

当要测定楼层的标高或安装厂房内的吊车轨道时，只用水准尺已无法测定点位的高程，就必须采用高程传递法，即用钢尺将地面水准点的高程（或室内地坪±0.000）传递到楼层地坪上或吊车梁上所设的临时水准点，然后再根据临时水准点测设所求各点的高程。

图 10-5 所示是向楼层上进行高程传递的示意图。向楼层上传递高程可利用楼梯间，将检定过的钢尺悬吊在楼梯处，零点一端向下，挂以重锤，并放入油桶中。然后即可用水准仪逐层引测，楼层 B 点的标高为

$$H_B = H_A + a - b + c - d \tag{10-3}$$

式中　a、b、c、d——标尺读数；

　　　　H_A——为楼底层±0.000 室内地坪高程。

为了检核，可采用改变悬吊钢尺位置后，再用上述方法进行读数，两次测得的高程较差不应超过 3mm。

10-2　点的平面位置的测设

测设点的平面位置的方法主要有下列几种，可根据施工控制网的形式，控制点的分布情况、地形情况、现场条件及待建建筑物的测设精度要求等进行选择。

一、直角坐标法

当建筑物附近已有彼此垂直的主轴线时，可采用此法。

如图 10-6 所示，OA、OB 为两条互相垂直的主轴线，建筑物的两个轴线 MQ、PQ 分别与 OA、OB 平行。设计总平面图中已给定车间的四个角点 M、N、P、Q 的坐标，现以 M 点为例，介绍其测设方法。

设 O 点坐标 $x_0=0$，$y_0=0$，M 点的坐标 x，y 已知，先在 O 点上安置经纬仪，瞄准 A 点，沿 OA 方向从 O 点向 A 测设距离 y 得 C 点；然后将仪器搬至 C 点，仍瞄准 A 点，向左测设 90°角，沿此方向从 C 点测设距离 x 即得 M 点，并沿此方向测设出 N 点。同法测设出 P 点和 Q 点。最后应检查建筑物的四角是否等于 90°，各边是否等于设计长度，误

差在允许范围之内即可。

上述方法计算简单，施测方便、精度较高，是应用较广泛的一种方法。

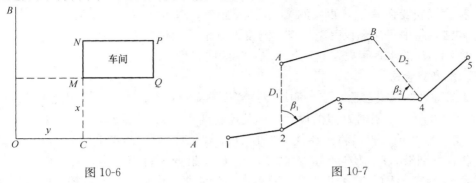

图 10-6　　　　　　　　　　　　　　　　图 10-7

二、极坐标法

极坐标法是根据水平角和距离测设点的平面位置。适用于测设距离较短，且便于量距的情况。

图 10-7 中 A、B 是某建筑物轴线的两个端点，附近有测量控制点 1、2、3、4、5，用下列公式可计算测设数据 β_1、β_2 和 D_1、D_2。

设 α_{2A}、α_{4B}、α_{23}、α_{43} 表示相应直线的坐标方位角；控制点 1、2、3、4 和轴线端点 A、B 的坐标均为已知，则：

$$\alpha_{2A} = tg^{-1} \frac{Y_A - Y_2}{X_A - X_2}$$

$$\alpha_{4B} = tg^{-1} \frac{Y_B - Y_4}{X_B - X_4}$$

$$\beta_1 = \alpha_{23} - \alpha_{2A}$$

$$\beta_2 = \alpha_{4B} - \alpha_{43}$$

$$D_1 = \frac{Y_A - Y_2}{\sin\alpha_{2A}} = \frac{X_A - X_2}{\cos\alpha_{2A}}$$

$$D_2 = \frac{Y_B - Y_4}{\sin\alpha_{4B}} = \frac{X_B - X_4}{\cos\alpha_{4B}}$$

根据上式计算的 β 和 D，即可进行轴线端点的测设。

测设 A 点时，在点 2 安置经纬仪，先测设出 β_1 角，在 2A 方向线上用钢尺测设 D_1，即得 A 点；再搬仪器至点 4，用同法定出 B 点。最后丈量 AB 的距离，应与设计的长度一致，以资检核。

如果使用电子速测仪测设 A、B 点的平面位置（图 10-7），则非常方便，它不受测设长度的限制，测法如下：

1. 把电子速测仪安置在 2 点，置水平度盘读数为 $0°00'00''$，并瞄准 3 点。

2. 用手工输入 A 点的设计坐标和控制点 2、3 点的坐标，就能自动计算出放样数据：水平角 β_1 和水平距离 D_1。

3. 照准部转动一已知角度 β_1，并沿视线方向，由观测者指挥持镜者把棱镜在 2A 方向上前后移动棱镜位置，当显示屏上显示的数值正好等于放样值 D 时，指挥持镜者定点，即得 A 点。

4. 把棱镜安置在 A 点，再实测 2A 的水平距离，以资检核。

5. 同法，将电子速测仪移至 4 点，测设 B 点的平面位置。

6. 实测 AB 的水平距离，它应等于 AB 轴线的长度，以资检核。

三、角度交会法

此法又称方向线交会法。当待测设点远离控制点且不便量距时，采用此法较为适宜。

如图 10-8 所示，根据 P 点的设计坐标及控制点 A、B、C 的坐标，首先算出测设数据 β_1、γ_1、β_2、γ_2 角值。然后将经纬仪安置在 A，B，C 三个控制点上测设 β_1，γ_1，β_2，γ_2 各角。并且分别沿 AP、BP、CP 方向线，在 P 点附近各打两个小木桩，桩顶上钉上小钉，以表示 AP、BP、CP 的方向线。将各方向的两个方向桩上的小钉用细线绳拉紧，即可交出 AP、BP、CP 三个方向的交点，此点即为所求的 P 点。

由于测设误差，若三条方向线不交于一点时，会出现一个很小的三角形，称为误差三角形。当误差三角形边长在允许范围内时，可取误差三角形的重心作为 P 点的点位。如超限，则应重新交会。

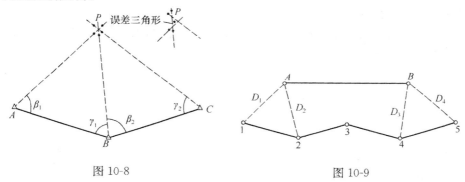

图 10-8   图 10-9

四、距离交会法

距离交会法是根据两段已知距离交会出点的平面位置。如建筑场地平坦，量距方便，且控制点离测设点又不超过一整尺的长度时，用此法比较适宜。在施工中细部位置测设常用此法。

具体作法如图 10-9 所示，设 A、B 是设计管道的两个转折点，从设计图纸上求得 A、B 点距附近控制点的距离为 D_1、D_2，D_3、D_4。用钢尺分别从控制点 1、2 量取 D_1、D_2，其交点即为 A 点的位置。同法定出 B 点。为了检核，还应量 AB 长度与设计长度比较，其误差应在允许范围之内。

10-3   已知坡度直线的测设

测设指定的坡度线，在道路建筑、敷设上、下水管道及排水沟等工程上应用较广泛。如图 10-10 所示，设地面上 A 点高程是 H_A，现要从 A 点沿 AB 方向测设出一条坡度 i 为 $-10‰$ 的直线。先根据已定坡度和 AB 两点间的水平距离 D 计算出 B 点的高程：

$$H_B = H_A - iD \qquad\qquad (10\text{-}4)$$

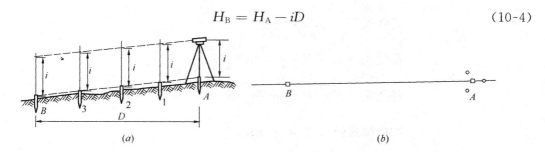

图 10-10

再用 10-1 节所述测设已知高程的方法，把 B 点的高程测设出来。在坡度线中间的各点即可用经纬仪的倾斜视线进行标定。若坡度不大也可用水准仪。用水准仪测设计，在 A 点安置仪器（图 10-10a），使一个脚螺旋在 AB 方向线上，而另两个脚螺旋的连线垂直于 AB 线（图 10-10b）；量取仪器高 i，用望远镜瞄准 B 点上的水准尺，旋转 AB 方向上的脚螺旋，使视线倾斜，对准尺上读数为仪器高 i 值，此时仪器的视线即平行于设计的坡度线。在中间点 1、2、3 处打木桩，然后在桩顶上立水准尺使其读数皆等于仪器高 i，这样各桩顶的连线就是测设在地面上的坡度线。如果条件允许，采用激光经纬仪及激光水准仪代替经纬仪及水准仪，则测设坡度线的中间点更为方便，因为在中间尺上可根据光斑在尺上的位置，调整尺子的高低。

10-4　圆曲线的测设

道路工程勘测的主要工作包括踏勘选线、中线测量、曲线测设和纵横断面测量等，本节仅介绍圆曲线测设，其他内容参阅第十二章有关部分。

另外，现代办公楼、旅馆、饭店、医院、交通建筑物等建筑平面图形常被设计成圆弧形。有的整个建筑为圆弧形，有的建筑物是由一组或数组圆弧曲线与其他平面图形组合而成，也需测设圆曲线。

圆曲线的测设通常分两步进行。如图 10-11，先测设曲线上起控制作用的主点（曲线起点 ZY、曲线中点 QZ 和曲线终点 YZ）；依据主点再测设曲线上每隔一定距离的加密细部点，用以详细标定圆曲线的形状和位置。图中偏角 α，根据所测的线路转折角（右角或左角）算得；R 为圆曲线半径，根据地形条件及工程要求选定。

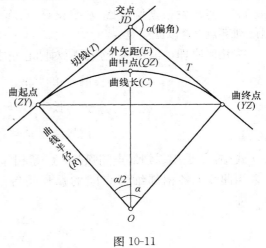

图 10-11

一、圆曲线主点测设

1. 圆曲线要素计算

由图 10-11 可以看出，若 α、R 为已知，则

$$切线长 \quad T = R \cdot \operatorname{tg} \frac{\alpha}{2}$$

$$曲线长 \quad L = R \cdot \frac{\alpha}{\rho} = R \cdot \alpha° \frac{\pi}{180°}$$

$$外矢距 \quad E = R \cdot \sec \frac{\alpha}{2} - R = R\left(\sec \frac{\alpha}{2} - 1\right) \qquad (10\text{-}5)$$

$$圆曲线弦长 \quad C = 2 \cdot R \sin \frac{\alpha}{2}$$

$$切曲差 \quad J = 2T - L$$

2. 主点的测设方法

置经纬仪于 JD，望远镜后视 ZY 方向，自 JD 点沿此方向量切线长 T，打下曲线起点桩。然后转动望远镜前视 YZ 方向，自 JD 点沿方向量切线长 T，打下曲线终点桩。再以 YZ 为零方向，测设水平角 $\left(\frac{180 - \alpha}{2}\right)$，可得两切线的分角线方向，沿此方向，从 JD 量外矢矩 E，打下曲线中点桩。

二、圆曲线的详细测设

由于曲线较长，除了测定三个主点外，还要在曲线上每隔一定距离测设一些细部点（如图 10-12 中的 1、2、3 等点），这样就能把圆曲线的形状和位置详细的桩定于实施。在实测时一般规定：$R \geqslant 150\text{m}$ 时，曲线上每隔 20m 测设一个细部点；$150\text{m} > R > 50\text{m}$ 时，曲线上每隔 10m 测设一个细部点；$R < 50\text{m}$ 时，曲线上每隔 5m 测设一个细部点。下面介绍几种常用的圆曲线细部点放样方法，在实际工作中，可结合地形情况、精度要求和仪器条件合理选用。

1. 偏角法

根据偏角 Δ（即数学上的弦切角）和弦长 C' 测设细部点，如图 10-12 所示。从 ZY（或 YZ）点出发根据偏角 Δ_1 及弦长 C'（$ZY-1$）测设细部点 1，根据 Δ_2 及弦长 C'（1-2）测设细部点 2，以此类推。

按几何原理，偏角等于弦长所对圆心角之半，则：

$$偏角 \quad \Delta_1 = \frac{1}{2} \frac{l}{R} \cdot \rho''$$

$$弦长 \quad C' = 2R\sin\Delta_1 \qquad (10\text{-}6)$$

$$弦弧差 \quad \delta = C' - l = -\frac{l^3}{24R^2}$$

式中：l 是相邻细部点间弧长，C' 是相邻细部点间之弦长。

当曲线上各相邻细部点间的弧长均等于 l 时，则各细部点的偏角均为 Δ_1 的整倍数，即：

$$\Delta_2 = 2\Delta_1$$
$$\Delta_3 = 3\Delta_1$$
$$\vdots$$
$$\Delta_n = n\Delta_1$$

由图 10-12 可知，中点（QZ）的偏角 Δ_{QZ} 是 $\alpha/4$，终点（YZ）的偏角 $\Delta_{终}$ 为 $\alpha/2$，用这两个偏角值，作为测设检核。

用偏角法测设各细部点的具体步骤如下：

（1）检核三个主点（ZY、QZ、YZ）的位置，看原先测设的主点位置是否有误。

（2）安置经纬仪于 ZY 点，将水平度盘配置为 0°00′00″，照准 JD 点。

（3）向右转动照准部，将度盘读数对准 1 点之偏角值 Δ_1，用钢尺沿 ZY-1 方向测设整弦长 C' 以标定细部点 1。继续转动照准部，将度盘读数对准 2 点之偏角值 Δ_2，并从点 1 起量弦长 C' 与 ZY-2 方向相交（即距离与方向交会），以定细部点 2，依法逐一测设曲线上所有细部点。

（4）最后应闭合于曲线终点 YZ。即转动照准部，将度盘读数对准 YZ 点的偏角值 $\Delta_{\text{终}} = \dfrac{\alpha}{2}$，由曲线上最后一个细部点起量出尾段弧长（曲线终点与相邻细部点间弧长不一定是整弧长 l）相应的弦长与视线方向相交，应为先前测设的主点 YZ。如两者不重合，其闭合差一般不得超过如下规定：

半径方向（横向）　　　　±0.1m

切线方向（纵向）　　　　$\pm\dfrac{L}{2000}$ 或 $\pm\dfrac{L}{1000}$（L 为曲线长）

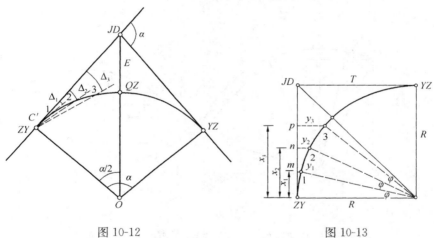

图 10-12　　　　　　　　　　　　　　图 10-13

此法灵活性较大，但存在测点误差累积的缺点。为提高测设精度，可将经纬仪安置在 ZY 和 YZ 点，分别向中点 QZ 测设曲线，以减少误差的累积。

2. 直角坐标法（切线支距法）

直角坐标法又叫切线支距法，以曲线起点 ZY 或终点 YZ 为坐标原点，以切线为 X 轴，切线的垂线为 Y 轴，如图 10-13 所示。根据坐标 x_i、y_i 来测设曲线上各细部点。设各细部点间弧长为 l，所对的圆心角为 φ，则：

$$\left.\begin{aligned} x_i &= R \cdot \sin(i \cdot \varphi) \\ y_i &= R[1 - \cos(i \cdot \varphi)] \\ \varphi &= \frac{l}{R} \cdot \frac{180°}{\pi} \end{aligned}\right\} \tag{10-7}$$

已知 R，又定出 l 值后即可求出 x_i、y_i。l 值一般为 10m（即每隔 10m 测设一个细部点）、20m、30m、……。测设前可按上述公式计算，将算得结果列表备用。测设的具体步骤如下：

（1）首先检核先前测设的三个主点 ZY、QZ、YZ 的点位有无错误。

（2）参看图 10-13，用钢尺沿切线 $ZY\text{-}JD$ 方向测设 x_1、x_2、x_3、……，并在地面上桩定出垂足 m、n、p、……。

（3）在垂足 m、n、p、……处用经纬仪、直角尺或以"勾股弦"法作切线的垂线，分别在各自的垂线上测设 y_1、y_2、y_3、……，以桩定细部点 1、2、3、……等。

（4）为了避免支距过长，影响测设精度，可用同法，从 $YZ\text{-}JD$ 切线方向上测设圆曲线另一半弧上的细部点。

3. 弦线支距法

弦线支距法测设圆曲线是将曲线等分成若干段，则每段弦长：

$$C' = 2R\sin\frac{\varphi}{2} \tag{10-8}$$

如 P 点为弦线中点，则：

$$OP = \sqrt{R^2 - \left(\frac{C'}{2}\right)^2} \tag{10-9}$$

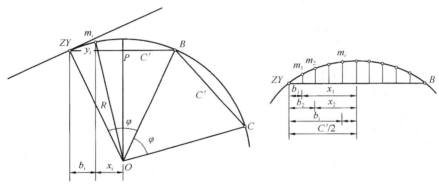

图 10-14

如图 10-14 所示，测设曲线上细部点时，又将弦长 C' 再分成若干等长段（一般每段弦长为 2～4m）。设圆曲线上细部点 m_i，它在弦上的垂足到 P 点的距离为 x_i，距 $ZY\text{-}B$ 弦为 y_i，当 x_i 值确定后，即可求得相应的 y_i 值：

$$y_i = \sqrt{R^2 - x_i^2} - OP \tag{10-10}$$

$$b_i = \frac{C'}{2} - x_i \tag{10-11}$$

$$b'_i = \frac{C'}{2} + x_i\text{（在 }PB\text{ 段内）} \tag{10-12}$$

为了计算和量距方便，分段弦长 x_i 值应尽量取整数，圆曲线中间点的 $y_{中}$ 值为

$$y_{中} = R - OP$$

测设前应计算出各细部点的 x_i、y_i 值列表备用。此法的具体测设步骤为：

经纬仪安置于 ZY 点，将水平度盘读数配置成 $0°00'00''$ 后，转动照准部瞄准 JD，再顺时针转动照准部测设 $\varphi/2$ 角（弦切角），得出弦线方向（$ZY\text{-}B$），沿此方向用钢尺量取 b_i（或 b'_i）可定出弦线上的各分段点，最后用直角尺（或"勾股弦"法）测设出相应的 y_i 值，即可桩定出曲线上各细部点 m_1、m_2、……、m_n。同法再测曲线右半部分的各细

部点。

思 考 题 与 习 题

1. 在地面上要设置一般 28.000m 的水平距离 AB，所使用的钢尺方程式为 $l_t = 30 + 0.005 + 0.000012$ $(t-20°) \times 30$m。测设时钢尺的温度为 12℃，所施于钢尺的拉力与检定时的拉力相同。概量后测得 AB 两点间桩顶的高差 $h = +0.40$m，试计算在地面上需要量出的长度。

2. 在地面上要求测设一个直角，先用一般方法测设出 $\angle AOB$，再测量该角若干测回取平均值为 $\angle AOB = 90°00'30''$，如图 10-15 所示。又知 OB 的长度为 150m，问在垂直于 OB 的方向上，B 点应该移动多少距离才能得到 90°的角？

3. 利用高程为 7.531m 的水准点，测设高程为 7.831m 的室内 ±0.000标高。设尺立在水准点上时，按水准仪的水平视线在尺上画了一条线，问在该尺上的什么地方再画一条线，才能使视线对准此线时，尺子底部就在 ±0.000 高程的位置。

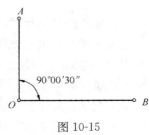

图 10-15

4. 已知 $\alpha_{MN} = 300°04'$，已知点 M 的坐标为 $x_M = 14.22$m，$y_M = 86.71$m；若要测设坐标为 $x_A = 42.34$m，$y_A = 85.00$m 的 A 点，试计算仪器安置在 M 点用极坐标法测设 A 点所需的数据。

5. 已知路线的转角 $\alpha = 39°15'$，又选定曲线半径 $R = 220$m，试计算用偏角法测设圆曲线主点及细部点的放样数据（曲线上每隔 20m 定一点）。

6. 根据上题的已知数据，再计算用直角坐标法和弦线支距法测设圆曲线所需要的放样数据，并简述它们的测设方法。

第十一章 工业与民用建筑中的施工测量

11-1 施工测量概述

一、施工测量的目的和内容

施工测量的目的是把设计的建筑物、构筑物的平面位置和高程，按设计要求以一定的精度测设在地面上，作为施工的依据。并在施工过程中进行一系列的测量工作，以衔接和指导各工序间的施工。

施工测量贯穿于整个施工过程中。从场地平整、建筑物定位、基础施工，到建筑物构件的安装等，都需要进行施工测量，才能使建筑物、构筑物各部分的尺寸、位置符合设计要求。有些工程竣工后，为了便于维修和扩建，还必须测出竣工图。有些高大或特殊的建筑物建成后，还要定期进行变形观测，以便积累资料，掌握变形的规律，为今后建筑物的设计、维护和使用提供资料。

二、施工测量的特点

测绘地形图是将地面上的地物、地貌测绘在图纸上，而施工放样则和它相反，是将设计图纸上的建筑物、构筑物按其设计位置测设到相应的地面上。

测设精度的要求取决于建筑物或构筑物的大小、材料、用途和施工方法等因素。一般高层建筑物的测设精度应高于低层建筑物，钢结构厂房的测设精度应高于钢筋混凝土结构厂房，装配式建筑物的测设精度应高于非装配式建筑物。

施工测量工作与工程质量及施工进度有着密切的联系。测量人员必须了解设计的内容、性质及其对测量工作的精度要求，熟悉图纸上的尺寸和高程数据，了解施工的全过程，并掌握施工现场的变动情况，使施工测量工作能够与施工密切配合。

另外，施工现场工种多，交叉作业频繁，并有大量土、石方填挖，地面变动很大，又有动力机械的震动，因此各种测量标志必须埋设稳固且在不易破坏的位置。还应做到妥善保护，经常检查，如有破坏，应及时恢复。

三、施工测量的原则

施工现场上有各种建筑物、构筑物，且分布较广，往往又不是同时开工兴建。为了保证各个建筑物、构筑物的平面和高程位置都符合设计要求，互相连成统一的整体，施工测量和测绘地形图一样，也要遵循"从整体到局部，先控制后碎部"的原则。即先在施工现场建立统一的平面控制网和高程控制网，然后以此为基础，测设出各个建筑物和构筑物的位置。

施工测量的检核工作也很重要，必须采用各种不同的方法加强外业和内业的检核工作。

四、准备工作

在施工测量之前，应建立健全的测量组织和检查制度。并核对设计图纸，检查总尺寸和分尺寸是否一致，总平面图和大样详图尺寸是否一致，不符之处要向设计单位提出，进行修正。然后对施工现场进行实地踏勘，根据实际情况编制测设详图，计算测设数据。对施工测量所使用的仪器，工具应进行检验、校正，否则不能使用。工作中必须注意人身和仪器的安全，特别是在高空和危险地区进行测量时，必须采取防护措施。

11-2　建筑场地上的施工控制测量

在勘测时期已建立有控制网，但是由于它是为测图而建立的，未考虑施工的要求，控制点的分布、密度和精度，都难以满足施工测量的要求。另外，由于平整场地控制点大多被破坏。因此，在施工之前，建筑场地上要重新建立专门的施工控制网。

在大中型建筑施工场地上，施工控制网多用正方形或矩形格网组成，称为建筑方格网（或矩形网）。在面积不大又不十分复杂的建筑场地上，常布置一条或几条基线，作为施工测量的平面控制，称为建筑基线。下面分别简单地介绍这两种控制形式。

一、建筑方格网

1. 建筑方格网的坐标系统

在设计和施工部门，为了工作上的方便，常采用一种独立坐标系统，称为施工坐标系或建筑坐标系。如图 11-1 所示，施工坐标系的纵轴通常用 A 表示，横轴用 B 表示，施工坐标也叫 A、B 坐标。

施工坐标系的 A 轴和 B 轴，应与厂区主要建筑物或主要道路、管线方向平行。坐标原点设在总平面图的西南角，使所有建筑物和构筑物的设计坐标均为正值。施工坐标系与国家测量坐标系之间的关系，可用施工坐标系原点 O' 的测量系坐标 x'_0、y'_0 及 $O'A$ 轴的坐标方位角 α 来确定。在进行施工测量时，上述数据由勘测设计单位给出。

2. 建筑方格网的布设

（1）建筑方格网的布置和主轴线的选择

建筑方格网的布置，应根据建筑设计总平面图上各建筑物、构筑物、道路及各种管线的布设情况，结合现场的地形情况拟定。如图 11-2 所示，布置时应先选定建筑方格网的主轴线 MN 和 CD，然后再布置方格网。方格网的形式可布置成正方形或矩形，当场区面积较大时，常分两级。首级可采用"十"字形，"口"字形或"田"字形，然后再加密方格网。当场区面积不大时，尽量布置成全面方格网。

布网时，如图 11-2 所示，方格网的主轴线应布设在厂区的中部，并与主要建筑物的基本轴线平行。方格网的折角应严格成 90°。方格网的边长一般为 $100 \sim 200$m；矩形方格网的边长视建筑物的大小和分布而定，为了便于使用，边长尽可能为 50m 或它的整倍数。方格网的边应保证通视且便于测距和测角，点位标石应能长期保存。

（2）确定主点的施工坐标

如图 11-3，MN、CD 为建筑方格网的主轴线，它是建筑方格网扩展的基础。当场区很大时，主轴线很长，一般只测设其中的一段，如图中的 AOB 段，该段上 A、O、B 点是主轴线的定位点，称主点。主点的施工坐标一般由设计单位给出，也可在总平面图上用

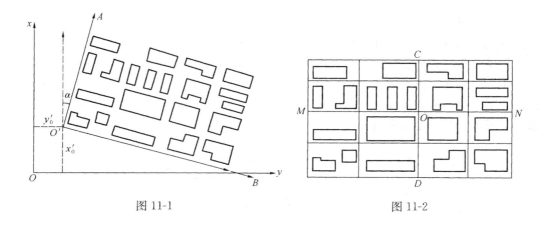

图 11-1　　　　　　　　　　　　　　　　图 11-2

图解法求得一点的施工坐标后，再按主轴线的长度推算其他主点的施工坐标。

（3）求算主点的测量坐标

当施工坐标系与国家测量坐标系不一致时在施工方格网测设之前，应把主点的施工坐标换算为测量坐标，以便求算测设数据。

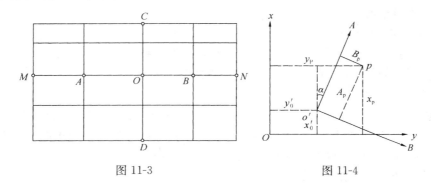

图 11-3　　　　　　　　　　　图 11-4

如图 11-4 所示，设已知 p 点的施工坐标为 A_p 和 B_p，换算为测量坐标时，可按下式计算：

$$\left.\begin{aligned} x_p = x'_0 + A_p\cos\alpha - B_p\sin\alpha \\ y_p = y'_0 + A_p\sin\alpha + B_p\cos\alpha \end{aligned}\right\} \tag{11-1}$$

3. 建筑方格网的测设

图 11-5 中的 1、2、3 点是测量控制点，A、O、B 为主轴线的主点。首先将 A、O、B 三点的施工坐标换算成测量坐标，再根据它们的坐标反算出测设数据 D_1、D_2、D_3 和 β_1、β_2、β_3，然后按极坐标法分别测设出 A、O、B 三个主点的概略位置，如图 11-6，以 A'、O'、B' 表示，并用混凝土桩把主点固定下来。混凝土桩顶部常设置一块 $10\text{cm} \times 10\text{cm}$ 的铁板，供调整点位使用。由于主点测设误差的影响，致使三个主点一般不在一条直线上，因此需在 O' 点上安置经纬仪，精确测量 $\angle A'O'B'$ 的角值 β，β 与 $180°$ 之差超过限差时应进行调整时，各主点应沿 AOB 的垂线方向移动同一改正值 δ，使三主点成一直线，δ 值可按式（11-2）计算。图 11-6 中，u 和 r 角均很小，故

182

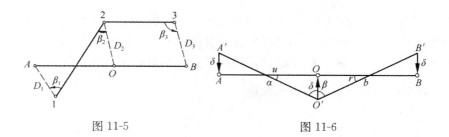

图 11-5 图 11-6

$$u = \frac{\delta}{\frac{a}{2}}\rho = \frac{2\delta}{a}\rho \left.\vphantom{\frac{\delta}{\frac{a}{2}}}\right\}$$

$$r = \frac{\delta}{\frac{b}{2}}\rho = \frac{2\delta}{b}\rho \left.\vphantom{\frac{\delta}{\frac{b}{2}}}\right\}$$

而 $$180° - \beta = u + r = \left(\frac{2\delta}{a} + \frac{2\delta}{b}\right)\rho = 2\delta\left(\frac{a+b}{ab}\right)\rho$$

$$\delta = \frac{ab}{2(a+b)}\frac{1}{\rho}(180° - \beta) \tag{11-2}$$

移动 A'、O'、B' 三点之后再测量 $\angle AOB$，如果测得的结果与 $180°$ 之差仍超限，应再进行调整，直到误差在允许范围之内为止。

A、O、B 三个主点测设好后，如图 11-7 所示，将经纬仪安置在 O 点，瞄准 A 点，分别向左、向右转 $90°$，测设出另一主轴线 COD，同样用混凝土桩在地上定出其概略位置 C' 和 D'，再精确测出 $\angle AOC'$ 和 $\angle AOD'$，分别算出它们与 $90°$ 之差 ε_1 和 ε_2。并计算出改正值 l_1 和 l_2

$$l = L\frac{\varepsilon''}{\rho''} \tag{11-3}$$

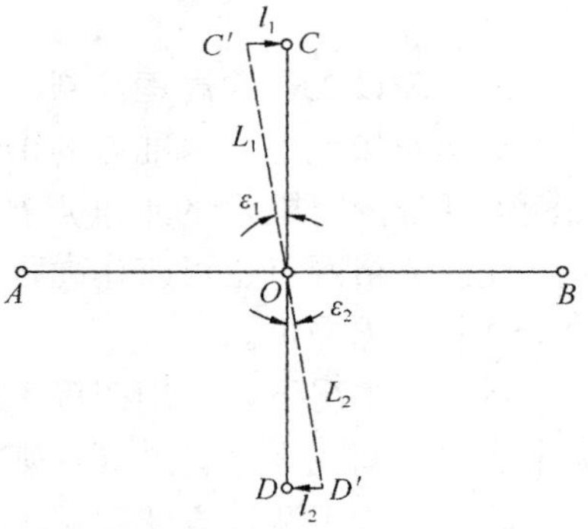

图 11-7

式中 L——OC' 或 OD' 间的距离。

C、D 两点定出后，还应实测改正后的 $\angle COD$，它与 $180°$ 之差应在限差范围内。然后精密丈量出 OA、OB、OC、OD 的距离，在铁板上刻出其点位。

主轴线测设好后，分别在主轴线端点上安置经纬仪，均以 O 点为起始方向，分别向左、向右测出 $90°$ 角，这样就交会出田字形方格网点。为了进行校核，还要安置经纬仪于方格网点上，测量其角值是否为 $90°$，并测量各相邻点间的距离，看它是否与设计边长相等，误差均应在允许范围之内。此后再以基本方格网点为基础，加密方格网中其余各点。

二、建筑基线

建筑基线的布置也是根据建筑物的分布，场地的地形和原有控制点的状况而选定的。建筑基线应靠近主要建筑物，并与其轴线平行，以便采用直角坐标法进行测设，通常可布置如图 11-8 所示的几种形式。

为了便于检查建筑基线点有无变动，基线点数不应少于三个。

根据建筑物的设计坐标和附近已有的测量控制点，在图上选定建筑基线的位置，求算测设数据，并在地面上测设出来。如图 11-9 所示，根据测量控制点 1、2，用极坐标法分别测设出 A、O、B 三个点。然后把经纬仪安置在 O 点，观测 $\angle AOB$ 是否等于 $90°$，其不符值不应超过 $\pm 24''$。丈量 OA、OB 两段距离，分别与设计距离相比较，其不符值不应大于 $\dfrac{1}{10000}$。否则，应进行必要的点位调整。

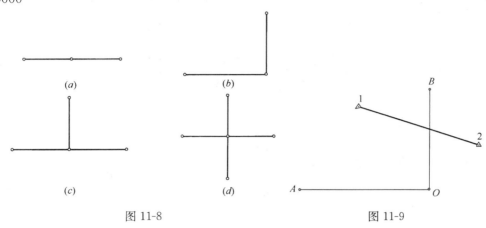

图 11-8   图 11-9

三、测设工作的高程控制

在建筑场地上，水准点的密度应尽可能满足安置一次仪器即可测设出所需的高程点。而测绘地形图时敷设的水准点往往是不够的，因此，还需增设一些水准点。在一般情况下，建筑方格网点也可兼作高程控制点。只要在方格网点桩面上中心点旁边设置一个突出的半球状标志即可。

在一般情况下，采用四等水准测量方法（详见第六章）测定各水准点的高程，而对连续生产的车间或下水管道等，则需采用三等水准测量的方法测定各水准点的高程。

此外，为了测设方便和减少误差，在一般厂房的内部或附近应专门设置 ± 0.000 水准点。但需注意设计中各建、构筑物的 ± 0.000 的高程不一定相等，应严格加以区别。

11-3   民用建筑施工中的测量工作

民用建筑指的是住宅、办公楼、食堂、俱乐部、医院和学校等建筑物。施工测量的任务是按照设计的要求，把建筑物的位置测设到地面上，并配合施工以保证工程质量。

一、测设前的准备工作

1. 熟悉图纸。设计图纸是施工测量的依据，在测设前，应熟悉建筑物的设计图纸，了解施工的建筑物与相邻地物的相互关系，以及建筑物的尺寸和施工的要求等。测设时必须具备下列图纸资料。

总平面图（图 11-10）是施工测设

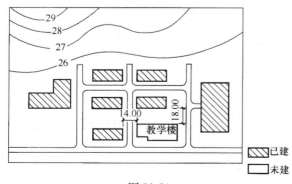

图 11-10

184

的总体依据，建筑物就是根据总平面图上所给的尺寸关系进行定位的。

建筑平面图（图 11-11），给出建筑物各定位辅线间的尺寸关系及室内地坪标高等。

基础平面图，给出基础轴线间的尺寸关系和编号。

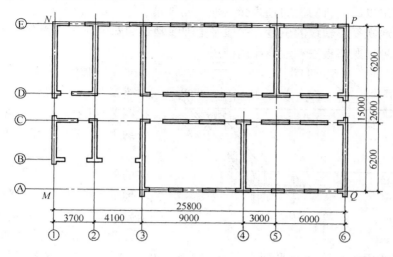

图 11-11

基础详图（即基础大样图），给出基础设计宽度、形式及基础边线与轴线的尺寸关系。

还有立面图和剖面图，它们给出基础、地坪，门窗、楼板、屋架和屋面等设计高程，是高程测设的主要依据。

2. 现场踏勘，目的是为了解现场的地物、地貌和原有测量控制点的分布情况，并调查与施工测量有关的问题。

3. 平整和清理施工现场，以便进行测设工作。

4. 拟定测设计划和绘制测设草图，对各设计图纸的有关尺寸及测设数据应仔细核对，以免出现差错。

二、民用建筑物的定位

建筑物的定位，就是把建筑物外廓各轴线交点（如图 11-11 中的 M、N、P 和 Q）测设在地面上，然后再根据这些点进行细部放样。下面介绍根据已有建筑物测设拟建建筑物的方法。测设时，要先建立建筑基线作为控制。

如图 11-12 所示，首先用钢尺沿着宿舍楼的东、西墙，延长出一小段距离 l 得 a、b 两点，用小木桩标定之。将经纬仪安置在 a 点上，瞄准 b 点，并从 b 沿 ab 方向量出 14.240m 得 c 点（因教学楼的外墙厚 37cm，轴线偏里，离外墙皮 24cm），再继续沿 ab 方向从 c 点起量

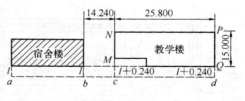

图 11-12

25.800m 得 d 点，cd 线就是用于测设教学楼平面位置的建筑基线。然后将经纬仪分别安置在 c、d 两点上，后视 a 点并转 90°沿视线方向量出距离 l+0.240m，得 M、Q 两点，再继续量出 15.000m 得 N、P 两点。M、N、P、Q 四点即为教学楼外廓定位轴线的交点。

最后，检查 NP 的距离是否等于 25.800m，∠N 和∠P 是否等于 90°。误差在 $\frac{1}{5000}$ 和 1′之

内即可。

如现场已有建筑方格网或建筑基线时，可直接采用直角坐标法进行定位。

三、龙门板和轴线控制桩的设置

建筑物定位以后，所测设的轴线交点桩（或称角桩），在开挖基槽时将被破坏。施工时为了能方便地恢复各轴线的位置，一般是把轴线延长到安全地点，并作好标志。延长轴线的方法有两种：龙门板法和轴线控制桩法。

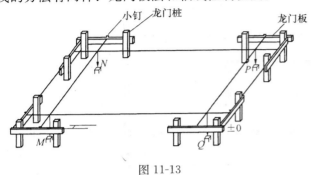

图 11-13

龙门板法适用于一般小型的民用建筑物，为了方便施工，在建筑物四角与隔墙两端基槽开挖边线以外约 1.5～2m 处钉设龙门桩（如图 11-13 所示）。桩要钉得竖直、牢固，桩的外侧面与基槽平行。根据建筑场地的水准点，用水准仪在龙门桩上测设建筑物±0.000 标高线。根据±0.000 标高线把龙门板钉在龙门桩上，使龙门板的顶面在一个水平面上，且与±0.000 标高线一致。安置经纬仪于 N 点，瞄准 P 点，沿视线方向在龙门板上定出一点，用小钉标志，纵转望远镜在 N 点的龙门板上也钉一小钉。同法将各轴线引测到龙门板上。

轴线控制桩设置在基槽外基础轴线的延长线上，作为开槽后各施工阶段确定轴线位置的依据（见图 11-14）。轴线控制桩离基槽外边线的距离根据施工场地的条件而定。如果附近有已建的建筑物，也可将轴线投设在建筑物的墙上。为了保证控制桩的精度，施工中往往将控制桩与定位桩一起测设，有时先控制桩，再测设定位桩。

四、基础施工的测量工作

基础开挖前，根据轴线控制桩（或龙门板）的轴线位置和基础宽度，并顾及到基础挖深应放坡的尺寸，在地面上用白灰放出基槽边线（或称基础开挖线）。

开挖基槽时，不得超挖基底，要随时注意挖土的深度，当基槽挖到离槽底 0.300～0.500m 时，用水准仪在槽壁上每隔 2～3m 和拐角处钉一个水平桩，如图 11-15 所示，用以控制挖槽深度及作为清理槽底和铺设垫层的依据。

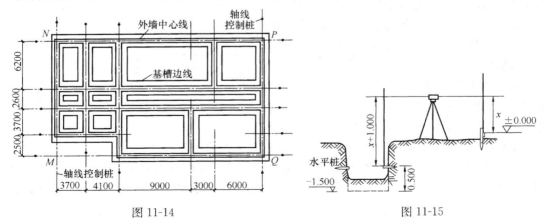

图 11-14

图 11-15

11-4　复杂民用建筑物施工测量

近年来，随着旅游建筑、公共建筑的发展，在施工测量中经常遇到各种平面图形比较复杂的建筑物和构筑物，例如圆弧形、椭圆形、双曲线形和抛物线形等，如图 11-16 所示。测设这样的建筑物，要根据平面曲线的数学方程式，根据曲线变化的规律，进行适当的计算，求出测设数据。然后按建筑设计总平面图的要求，利用施工现场的测量控制点和一定的测量方法，先测设出建筑物的主要轴线，根据主要轴线再进行细部测设。测设椭圆的方法有：

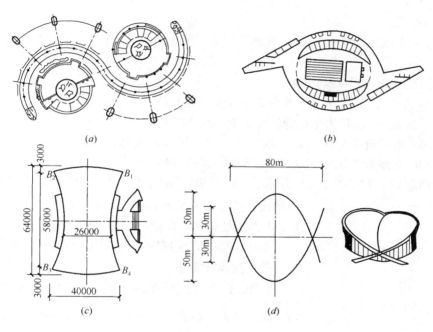

图 11-16

（a）某公共汽车站圆形平面图；（b）某游泳馆椭圆形平面图；（c）某会议厅
双曲线形平面图；（d）某体育馆抛物线形平面图及立面图

一、直接拉线法

1. 如图 11-17（a），先在实地测设出椭圆的长轴 AB 和短轴 CD。

2. 计算椭圆的焦距值 c，确定焦点 F_1、F_2 的位置（$F_1O = F_2O = c$），椭圆方程式为 $\left(\dfrac{x^2}{a^2} + \dfrac{y^2}{b^2} = 1\right)$

$$c = \sqrt{a^2 - b^2} \tag{11-4}$$

3. 取一细铁丝，使其长度等于 $F_1C + F_2C$（见图 11-17b），将铁丝两端固定在 F_1 和 F_2，用铁笔套住铁丝拉紧缓缓移动，即可将椭圆画于实地，然后每隔若干距离弧长打桩标志之。

此法适用于测设长短轴较小的椭圆。

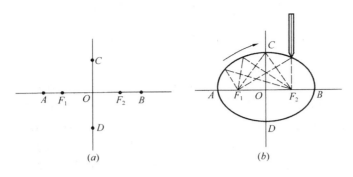

图 11-17

二、四心圆法

先在图纸上求出四个圆心的位置和半径值，再到实地去测设。作图方法如下（见图 11-18）：

1. 作椭圆的长轴 AB 和短轴 CD；

2. 以 O 为圆心，OA 为半径作圆弧，交 CD 延长线于 E 点；

3. 以 C 为圆心，CE 为半径作圆弧，交 AC 于 F 点；

4. 作 AF 的垂直平分线，交长轴于 O_1，交短轴（或其延长线）于 O_2；

5. 在 OB 上截取 $OO_3 = OO_1$，在 OC 轴上截取 $OO_4 = OO_2$；

6. 分别以 O_1、O_2、O_3、O_4 为圆心，以 O_1A、O_2C、O_3B、O_4D 为半径作圆弧，使各弧段在 O_2O_1、O_2O_3 和 O_4O_1、O_4O_3 的延长线上的 G、I、H、J 四点处相交，即得近似的椭圆曲线。

实地测设时，该椭圆可当成四段圆弧进行测设。

三、坐标计算法

如图 11-19，通过椭圆中心建立直角坐标系，椭圆的长、短轴即为该坐标系的 x、y 轴。已知椭圆方程式为 $\dfrac{x^2}{a^2} + \dfrac{y^2}{b^2} = 1$，将 $x = 0$、1、2、……m 代入方程，求出相应的 y 值，将结果列表表示。实地测设时，根据相应的 x_i、y_i 值即可定出椭圆上 $x > 0$ 的点位。根据对称原理，按上述相似方

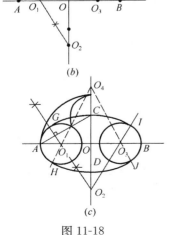

图 11-18

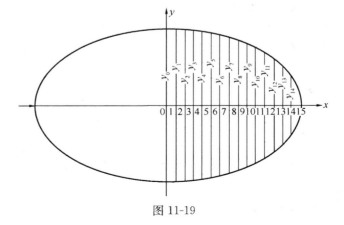

图 11-19

188

法可定出另一半椭圆的点位。

【例 11-1】 某体育馆平面形状为椭圆形，设计图纸提供的椭圆形平面的长、短轴设计尺寸为：长轴 $2a=80$m，短轴 $2b=60$m，周围设 44 根柱子（各柱柱中心位于椭圆周上），平面图形如图 11-20 所示。

现场施工放线的方法步骤如下：

1. 根据设计提供的长、短轴尺寸，首先在图纸上用四心圆法作一椭圆。如图 11-21 所示。

图解求得：

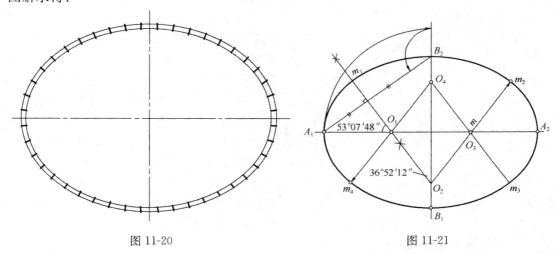

图 11-20   图 11-21

（1）四段圆弧的圆心与椭圆中心 O 的距离

$$OO_1=OO_3=15.000\text{m}$$

$$OO_2=OO_4=20.000\text{m}$$

（2）长轴方向圆弧半径　$R_1=b+OO_2=50.000$m

短轴方向圆弧半径　$R_2=a-OO_1=25.000$m

R_1 与短轴的夹角 $\alpha_1=36°52'12''$

R_2 与长轴的夹角 $\alpha_2=53°07'48''$

（3）计算整个椭圆线周长

长轴方向圆弧长：$\left(R_1\times2\alpha_1\times\dfrac{\pi}{180°}\right)\times2=128.700$m

短轴方向圆弧长：$\left(R_2\times2\alpha_2\times\dfrac{\pi}{180°}\right)\times2=92.729$m

椭圆周长：　　　　　　$128.700+92.729=221.429$m

（4）周围 44 根柱子的柱距为

$$221.429\div44=5.032\text{m}$$

2. 根据设计总平面图上该椭圆形建筑物的长、短轴方向，椭圆焦点、中心与建筑方格网（或与其他相邻建筑物）的关系，按前节所述的测设方法在现场定出椭圆平面的中心点及长、短轴的方位桩。

3. 将经纬仪安置在椭圆中心 O，望远镜照准长、短轴方向，沿此方向分别用钢尺量 OO_1、OO_3、OO_2、OO_4 距离，认真钉好木桩，并在桩上用铁钉定出四个圆心 O_1、O_2、O_3、O_4 位置。

4. 将经纬仪安置于 O_2 点，瞄准 O_1、O_3，从 O_1 点沿 O_2O_1、O_2O_3 方向分别用钢尺量距离 R_2，即可桩定出长、短方向圆弧的交界点 m_1 和 m_2。将经纬仪安置于 O_4，用同法即可桩定出 m_3 和 m_4。

5. 用 10-4 节介绍的圆曲线测设方法，每隔一定距离测设一个曲线细部点，逐一划线连接，所得的封闭图形，即为所要确定的过 44 根柱子中心的平面椭圆曲线。

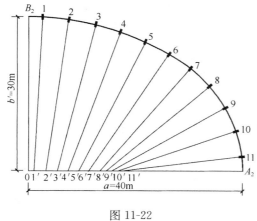

图 11-22

6. 根据设计要求，1 号柱位于从 B_2 点起顺时针方向量柱距的一半，即可定出 1 号柱中心位置。再从 1 号柱中心顺时针沿椭圆周量一个柱间距，得 2 号柱柱中心位置。同法，可将 44 根柱的柱中心位置在实地桩定出来。这里应注意先前计算的柱间距（5.032m）是弧长，而实际测设的是柱间距的弦长，故测设前还应计算出柱间距的弦弧差，以便修正。本例以 R_1 为半径的圆弧段内，柱间距弦弧差为 2mm；以 R_2 为半径的圆弧段内，柱间距弦弧差为 9mm。

7. 确定四周矩形柱的方位

如图 11-22 所示，椭圆形平面四周矩形柱柱轴线的方位，应该以椭圆周上柱中心点（1、2、…、44）的法线方向为最合理方位。为此，以椭圆中心 O 点为坐标原点，根据几何原理先计算出 1、2、…、44 号柱中心的坐标值 x_i，y_i（$i=1、2、…、44$）。实际只需计算第 I 象限的 1~11 号柱中心坐标。根据对称性其他象限柱中心坐标亦即求得。而椭圆周上（x_i，y_i）点的法线方程为

$$(x'_i - x_i) \frac{y_i}{b^2} - (y'_i - y_i) \frac{x_i}{a^2} = 0 \tag{11-5}$$

式中 x'_i，y'_i 分别为过椭圆上（x_i，y_i）点的法线上的动点。如果设 $y'_i = 0$，再将柱中心坐标代入（11-5）式，即可求得过柱中心的法线在椭圆长轴上的截距 x'_i。同样由于对称性仅需计算第 I 象限内的法线在椭圆长轴上的截距值。本例计算的第 I 象限内 11 个截距值如下：

$$x'_1 = 1.100\text{m} \qquad x'_2 = 3.290\text{m} \qquad x'_3 = 5.446\text{m}$$

$$x'_4 = 7.548\text{m} \qquad x'_5 = 9.572\text{m} \qquad x'_6 = 11.500\text{m}$$

$$x'_7 = 13.310\text{m} \qquad x'_8 = 14.896\text{m} \qquad x'_9 = 16.144\text{m}$$

$$x'_{10} = 17.005\text{m} \qquad x'_{11} = 17.445\text{m}$$

根据以上计算的 $\pm x'_i$（$i=1、2、…、11$）值，将经纬仪安置在椭圆中心 O 点，望远镜瞄准 A_2（或 A_1）点。沿此方向量取 $\pm x'_i$ 值，桩定出 O 点左、右侧各 11 个截距点 $1'$、

2′、…、11′。再将经纬仪安置于 1′点，瞄准椭圆周上 1 号柱中心点，即得 1 号柱的柱轴线方位，其余 2、3、…各柱柱轴线方位的确定同前。

8. 当四周柱中心位置及矩形柱柱轴线方位确定后，即可在实地桩定出每根柱子的轴线桩，并按设计基础大样图上的尺寸，测设出每根柱子柱基基坑开挖线，用灰线标明。

每根柱子的轴线桩应稳定，离基坑开挖边界有一定距离，并妥善保护，以便施工过程中多次重复使用，并便于检查，复核和验收之用。

11-5 工业厂房控制网的测设

工业厂房一般均采用厂房矩形控制网作为厂房的基本控制，下面着重介绍依据建筑方格网，采用直角坐标法进行定位的方法。

图 11-23 中 M、N、P、Q 四点是厂房最外边的四条轴线的交点，从设计图纸上已知 N、Q 两点的坐标。T、U、R、S 为布置在基坑开挖范围以外的厂房矩形控制网的四个角点，称为厂房控制桩。

根据已知数据计算出 $H—J$、$J—K$、$I—T$、$I—U$、$K—S$、$K—R$ 等各段长度。首先在地面上定出 I、K 两点。然后，将经纬仪分别安置在 I、K 点上，后视方格网点 H，用盘左盘右分中法向右测设 90°角。沿此方向用钢尺精确量出 $I—T$、$I—U$、$K—S$、$K—R$ 等四段距离，即得厂房矩形控制网 T、U、R、S 四点，并用大木桩标定之。最后，检查 $\angle U$、$\angle R$ 是否等于 90°，$U—R$ 是否等于其设计长度。对一般厂房来说，角度误差不应超过 ±10″和边长误差不得超过 $\dfrac{1}{10000}$。

对于小型厂房，也可采用民用建筑的测设方法，即直接测设厂房四个角点，然后，将轴线投测至轴线控制桩或龙门板上。

对大型或设备基础复杂的厂房，应先测设厂房控制网的主轴线，再根据主轴线测设厂房矩形控制网。如图 11-24 所示，以定位轴线 Ⓑ轴和⑤轴为主轴线，T、U、R、S 是厂房矩形控制网的四个控制点。

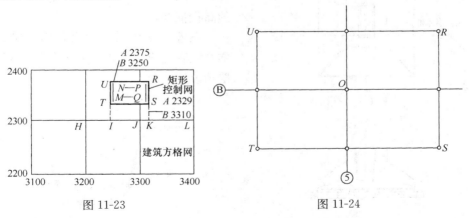

图 11-23   图 11-24

11-6　厂房柱列轴线的测设和柱基施工测量

一、柱列轴线的测设

图 11-25 所示，Ⓐ、Ⓑ、Ⓒ和①、②、③……等轴线均为柱列轴线。检查厂房矩形控制网的精度符合要求后，即可根据柱间距和跨间距用钢尺沿矩形网各边量出各轴线控制桩的位置，并打入大木桩，钉上小钉，作为测设基坑和施工安装的依据。

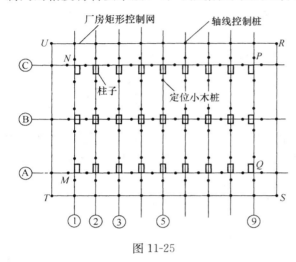

图 11-25

二、柱基的测设

柱基测设就是根据基础平面图和基础大样图的有关尺寸，把基坑开挖的边线用白灰标示出来以便挖坑。为此安置两架经纬仪在相应的轴线控制桩（如图 11-25 中的Ⓐ、Ⓑ、Ⓒ和①、②、……等点）上交出各柱基的位置（即定位轴线的交点）。

图 11-26 所示，是杯型基坑大样图。按照基础大样图的尺寸，用特制的角尺，在定位轴线Ⓐ和⑤上，放出基坑开挖线，用灰线标明开挖范围。并在坑边缘外侧一定距离处订设定位小木桩，钉上小钉，作为修坑及立模板的依据。

在进行柱基测设时，应注意定位轴线不一定都是基础中心线，有时一个厂房的柱基类型不一、尺寸各异，放样时应特别注意。

三、基坑的高程测设

当基坑挖到一定深度时，应在坑壁四周离坑底设计高程 0.3～0.5m 处设置几个水平桩，如图 11-27 所示，作为基坑修坡和清底的高程依据。

此外还应在基坑内测设出垫层的高程，即在坑底设置小木桩，使桩顶面恰好等于垫层的设计高程。

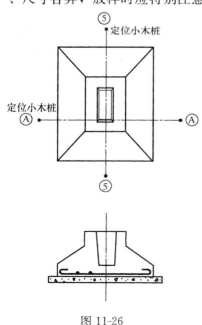

图 11-26

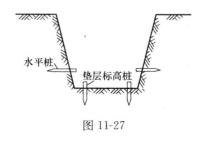

图 11-27

四、基础模板的定位

打好垫层之后，根据坑边定位小木桩，用拉线的方法，吊垂球把柱基定位线投到垫层上，用墨斗弹出墨线，用红漆画出标记，作为柱基立模板和布置基础钢筋网的依据。立模时，将模板底线对准垫层上的定位线，并用垂球检查模板是否竖直。最后将柱基顶面设计高程测设在模板内壁。

11-7 工业厂房构件的安装测量

装配式单层工业厂房主要由柱、吊车梁、屋架、天窗架和屋面板等主要构件组成。在吊装每个构件时，有绑扎、起吊、就位、临时固定、校正和最后固定等几道操作工序。下面着重介绍柱子、吊车梁及吊车轨道等构件在安装时的校正工作。

一、柱子安装测量

1. 柱子安装的精度要求

（1）柱脚中心线应对准柱列轴线，允许偏差为 ±5mm。

（2）牛腿面的高程与设计高程一致，其误差不应超过：

柱高在 5m 以下为 ±5mm；

柱高在 5m 以上为 ±8mm。

（3）柱的全高竖向允许偏差值为 $\frac{1}{1000}$ 柱高，但不应超过 20mm。

2. 吊装前的准备工作

柱子吊装前，应根据轴线控制桩，把定位轴线投测到杯形基础的顶面上，并用红油漆画上"▲"标明，如图 11-28 所示。同时还要在杯口内壁，测出一条高程线，从高程线起向下量取一整分米数即到杯底的设计高程。

在柱子的三个测面弹出柱中心线，每一面又需分为上、中、下三点，并画小三角形"▲"标志，以便安装校正（图 11-30）。

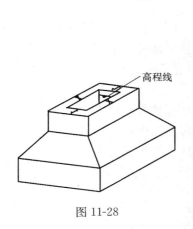

图 11-28

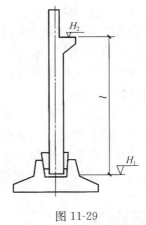

图 11-29

3. 柱长的检查与杯底找平

通常柱底到牛腿面的设计长度 l 加上杯底高程 H_1 应等于牛腿面的高程 H_2（图

11-29)，即

$$H_2 = H_1 + l$$

但柱子在预制时，由于模板制作和模板变形等原因，不可能使柱子的实际尺寸与设计尺寸一样，为了解决这个问题，往往在浇注基础时把杯形基础底面高程降低 2～5cm，然后用钢尺从牛腿顶面沿柱边量到柱底，根据这根柱子的实际长度，用 1:2 水泥砂浆在杯底进行找平，使牛腿面符合设计高程。

4. 安装柱子时的竖直校正

柱子插入杯口后，首先应使柱身基本竖直，再令其侧面所弹的中心线与基础轴线重合。用木楔或钢楔初步固定，然后进行竖直校正。校正时用两架经纬仪分别安置在柱基纵横轴线附近，如图11-30所示，离柱子的距离约为柱高的 1.5 倍。先瞄准柱子中心线的底部，然后固定照准部，再仰视柱子中心线顶部。如重合，则柱子在这个方向上就是竖直的。如果不重合，应进行调整，直到柱子两个侧面的中心线都竖直为止。

由于纵轴方向上柱距很小，通常把仪器安置在纵轴的一侧，在此方向上，安置一次仪器可校正数根柱子，如图 11-31 所示。

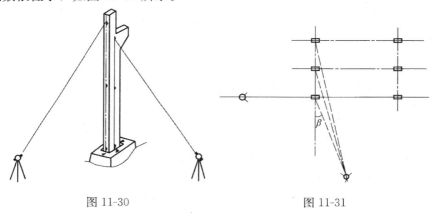

图 11-30　　　　　　　　　　　图 11-31

5. 柱子校正的注意事项

（1）校正用的经纬仪事前应经过严格检校，因为校正柱子竖直时，往往只用盘左或盘右观测，仪器误差影响很大，操作时还应注意使照准部水准管气泡严格居中。

（2）柱子在两个方向的垂直度都校正好后，应再复查平面位置，看柱子下部的中线是否仍对准基础的轴线。

（3）当校正变截面的柱子时，经纬仪必需放在轴线上校正，否则容易产生差错。

（4）在阳光照射下校正柱子垂直度时，要考虑温度影响，因为柱子受太阳照射后，柱子向阴面弯曲，使柱顶有一个水平位移。为此应在早晨或阴天时校正。

（5）当安置一次仪器校正几根柱子时，仪器偏离轴线的角度 β 最好不超过 15°（图11-31）。

二、吊车梁的安装测量

安装前先弹出吊车梁顶面中心线和吊车梁两端中心线，要将吊车轨道中心线投到牛腿面上。其步骤是：如图11-32，利用厂房中心线 A_1A_1，根据设计轨距在地面上测设出吊车轨道中心线 $A'A'$ 和 $B'B'$。然后分别安置经纬仪于吊车轨中线的一个端点 A' 上，瞄准另一

端点 A'，仰起望远镜，即可将吊车轨道中线投测到每根柱子的牛腿面上并弹以墨线。然后，根据牛腿面上的中心线和梁端中心线，将吊车梁安装在牛腿上。吊车梁安装完后，应检查吊车梁的高程，可将水准仪安置在地面上，在柱子侧面测设 +50cm 的标高线，再用钢尺从该线沿柱子侧面向上量出至梁面的高度，检查梁面标高是否正确，然后在梁下用铁板调整梁面高程，使之符合设计要求。

三、吊车轨道安装测量

安装吊车轨道前，须先对梁上的中心线进行检测，此项检测多用平行线法。如图 11-32，首先在地面上从吊车轨中心线向厂房中心线方向量出长度 a（1m），得平行线 $A''A$ 和 $B''B$。然后安置经纬仪于平行线一端 A'' 上，瞄准另一端点，固定照准部，仰起望远镜投测。此时另一人在梁上移动横放的木尺，当视线正对准尺上一米刻划时，尺的零点应与梁面上的中线重合。如不重合应予以改正，可用撬杠移动吊车梁，使吊车梁中线至 $A''A$（或 $B''B$）的间距等于 1m 为止。

吊车轨道按中心线安装就位后，可将水准仪安置在吊车梁上，水准尺直接放在轨顶上进行检测，每隔 3m 测一点高程，与设计高程相比较，误差应在 ±3mm 以内。还要用钢尺检查两吊车轨道间跨距，与设计跨距相比较，误差不得超过 ±5mm。

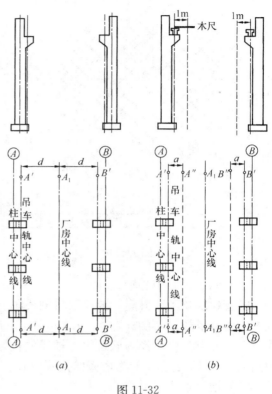

图 11-32

11-8　高层建筑物施工测量

一、高层建筑物的轴线投测

高层建筑物施工测量中的主要问题是控制竖向偏差，也就是各层轴线如何精确地向上引测的问题。《钢筋混凝土高层建筑结构设计与施工规定》中指出：竖向误差在本层内不得超过 5mm，全楼的累积误差不得超过 20mm。

高层建筑物轴线的投测，一般分为经纬仪引桩投测法和激光铅垂仪投测法两种，下面分别介绍这两种方法。

1. 经纬仪引桩投测法

现以南京金陵饭店为例介绍经纬仪引桩投测法如下：

（1）选择中心轴线

图 11-33 为金陵饭店平面位置示意图，用经纬仪将建筑物定位之后，地面上已标出①、②、③、…和Ⓐ、Ⓑ、Ⓒ、…等各轴线，其中Ⓒ轴与③轴作为中心轴线。根据楼层的

高度和场地情况，在距塔楼尽可能远的地方，钉出四个轴线控制桩 C、C'、3 和 $3'$。

当基础工程完工之后，用经纬仪将③轴和Ⓒ轴精确地投测在塔楼底部，并标定之，如图 11-34 中的 a、a'、b 和 b'。

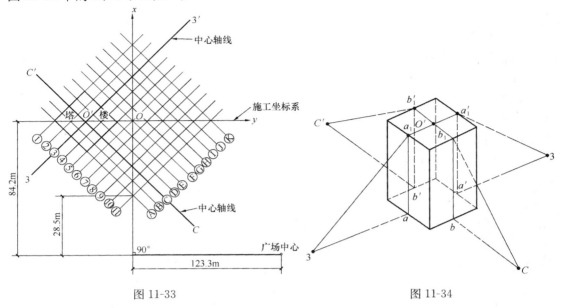

图 11-33 图 11-34

（2）向上投测中心轴线

随着建筑物不断升高，要逐层将轴线向上传递，可将经纬仪安置在③轴和Ⓒ轴的控制桩上，瞄准塔楼底部的标志 a、a'、b 和 b'，用盘左和盘右两个竖盘位置向上投测到每层楼板上，并取其中点作为该层中心轴线的投影点，如图 11-34 的 a_1、a'_1、b_1 和 b'_1，$a_1a'_1$ 和 $b_1b'_1$ 两线的交点 O' 即为塔楼的投测中心。

（3）增设轴线引桩

当楼房逐渐增高，而轴线控制桩距建筑物又较近时，望远镜的仰角较大，操作不便，投测精度将随仰角的增大而降低。为此，要将原中心轴线控制桩引测到更远的安全地方，或者附近大楼的屋顶上。具体作法是将经纬仪安置在已经投上去的中心轴线上，瞄准地面上原有的轴线控制桩 C 和 C'、3 和 $3'$，将轴线引测到远处，如图 11-35 的 C_1 和 C'_1 即为新的Ⓒ轴控制桩。更高的各层中心轴线可将经纬仪安置在新的引桩上，按上述方法继续进行投测。

（4）注意事项

经纬仪一定要经过严格检校才能使用，尤其是照准部水准管轴应严格垂直于竖轴，作业时要仔细整平。

为了减小外界条件（如日照和大风等）的不利影响，投测工作在阴天及无风天气进行为宜。

2. 激光铅垂仪投测法

有关激光铅垂仪的构造、工作原理和操作方法，将在本章第九节中介绍，这里仅就投测点位的布置和预留孔洞问题作些简要说明。

为了把建筑物的平面定位轴线投测至各层上去，每条轴线至少需要两个投测点。根据梁、柱的结构尺寸，投测点距轴线 500～800mm 为宜，其平面布置如图 11-36 所示。

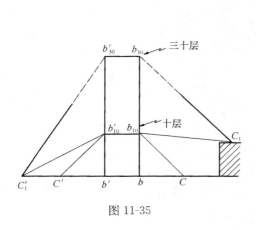

图 11-35

图 11-36

为了使激光束能从底层投测到各层楼板上，在每层楼板的投测点处，需要预留孔洞，洞口大小一般在 300×300mm 左右。

二、高层建筑物的高程传递

首层墙体砌到 1.5m 高后，用水准仪在内墙面上测设一条"＋50"的水平线，作为首层地面施工及室内装修的标高依据。以后每砌高一层，就从楼梯间用钢尺从下层的"＋50"标高线，向上量出层高，测出上一楼层的"＋50"标高线。根据情况也可用 10-1 节的吊钢尺法向上传递高程。

11-9　激光定位技术在施工测量中的应用

激光定位仪器主要由氦氖激光器和发射望远镜构成。这种仪器提供了一条空间可见的红色激光束。该光束发散角很小，可成为理想的定位基准线。如果配以光电接收装置，不仅可以提高精度，还可在机械化自动化施工中进行动态导向定位。基于这些优点，所以激光定位仪器得到了迅速发展，相继出现了多种激光定位仪器。

下面介绍几种典型激光定位仪器及其应用。

一、激光定位仪器

1. 激光水准仪

图 11-37 所示是一种国产激光水准仪，它是在 DS3 型水准仪望远镜筒上固装激光装置而制成的。激光装置是由氦氖激光器和棱镜导光系统所组成。

仪器的激光光路如图 11-38 所示。从氦氖激光器发射的激光束，经棱镜转向聚光镜组，通过针孔光阑到达分光镜，再经分光镜折向望远镜系统的调焦镜和物镜射出激光束。

图 11-37

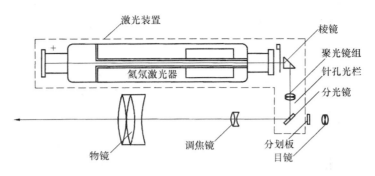

图 11-38

使用激光水准仪时，首先按水准仪的操作方法安置，整平仪器，并瞄准目标。然后接好激光电源，开启电源开关，待激光器正常起辉后，将工作电流调至 5mA 左右，这时将有最强的激光输出，在目标上得到明亮的红色光斑。

2. 激光经纬仪

图 11-39 所示为瑞士 Wild 厂生产的激光经纬仪，它是利用配套的 GL01 激光附件装配在该厂 T_{14}、T_{16} 和 T_2 型光学经纬仪上，组成激光经纬仪。激光附件由激光目镜、光导管、氦氖激光器和激光电源组成。换装激光附件比较简便，只要取下标准目镜，换上激光目镜，再将激光器和激光电源分别装在三脚架的两条腿上即可。这时通过光导管就将激光束导入望远镜发射系统。这种激光附件还可以装在该厂 N_2 和 N_3 型水准仪上，组成激光水准仪。

这种激光装置由于使用光导管作为光线传递，重量轻且便于随望远镜转动瞄准任意目标，还可通过望远镜目镜直接瞄准或观察激光光斑。

3. 激光铅垂仪

激光铅垂仪是一种专用的铅直定位仪器，适用于高烟筒、高塔架和高层建筑的铅直定位测量。

图 11-40 所示为一种国产激光铅垂仪的示意图。仪器的竖轴是一个空心筒轴，两端

图 11-39

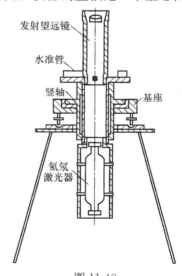

图 11-40

有螺扣连接望远镜和激光器的套筒，将激光器安在筒轴的下端，望远镜安在上端，构成向上发射的激光铅垂仪。也可反向安装，成为向下发射的激光铅垂仪。

将仪器对中、整平后，接通激光电源，起辉激光器，便可铅直发射激光束。

4. 激光平面仪

激光平面仪主要由激光准直器、转镜扫描装置、安平机构和电源等部件组成。激光准直器竖直地安置在仪器内。转镜扫描装置如图 11-41 所示，激光束沿五角棱镜旋转轴 OO' 入射时，出射光束为水平光束，当五角棱镜在电机驱动下水平旋转时，出射光束成为激光平面，可以同时测定扫描范围内任意点的高程。

图 11-42 为日本测机舍公司生产的自动安平激光平面仪"LP3A"，除主机外还配有二个受光器（即光电接受靶）。受光器上有条形受光板、液晶显示屏和受光灵敏度切换钮，此钮从 L 转至 H，受光感应灵敏度由低感度（±2.5mm）转变到高感度（±0.8mm），可根据测量要求进行选择。受光器也可通过卡具安装在水准尺或测量杆上，即可测出任意点的标高或用以检测水平面等。

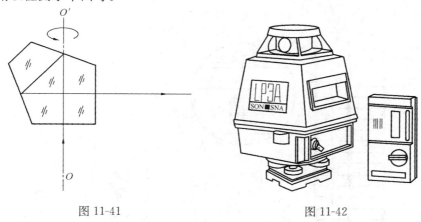

图 11-41　　　　　　　　　　　　　图 11-42

二、激光定位仪器的应用

激光定位仪器可以提供可见的空间基准线或基准面，施工人员可主动地进行定位工作，它具有直观、精确、高效率等优点，尤其在阴暗或夜间作业更显示其优越性。如把光电接收靶和自控装置装在一起，还可实现动态定位或自动导向。下面列举几种用法。

1. 利用激光水准仪为自动化顶管施工进行动态导向

目前一些大型管道施工，经常采用自动化顶管施工技术，不仅减少了劳动强度，还可以加快掘进速度，是一种先进的施工技术。如图 11-43 所示，将激光水准仪安置在工作坑内，按照水准仪操作方法，调整好激光束的方向和坡度，用激光束监测顶管的掘进方向。在掘进机头上装置光电接收靶和自控装置。当掘进方向出现偏位时，光电接收靶便给出偏差信号，并通过液压纠偏装置自动调整机头方向，继续掘进。

2. 激光铅垂仪用于高层建筑物的铅直定位

高层建筑的施工，可采用激光铅垂仪向上投测地面控制点。

如图 11-44 所示，首先将激光铅垂仪安置在地面控制点上，进行严格对中，整平，接通激光电源，起辉激光器，即可发射出铅直激光基准线，在楼板的预留孔上放置绘有坐标网的接收靶，激光光斑所指示的位置，即为地面控制点的铅直投影位置。

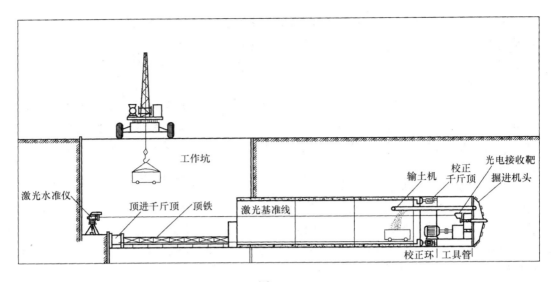

图 11-43

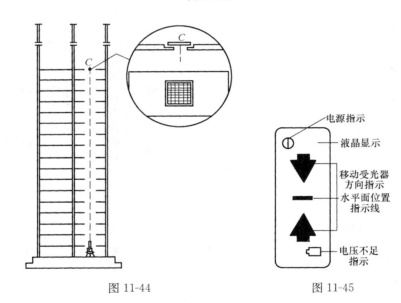

图 11-44   图 11-45

3. 利用激光平面仪进行建筑装饰

使用时，将"LP3A"自动安平激光平面仪安置在三脚架上，调节基座螺旋使圆水准器居中（即仪器粗平），将激光电源开关拨至 ON，几秒钟后即自动产生激光水平面。此时，手持受光器在待测面上上下移动，当受光板接收到的水平面激光束的光信号高（或低）于所选择的受光感应灵敏度，液晶显示屏上则显示出指示受光器移动方向的提示符"↑"（或"↓"），按提示符移动受光器，当接收的光信号正好处于预选的灵敏范围内，则液晶显示屏上显示出一条水平面位置指示线"—"，如图 11-45 所示。此时即可用记号笔沿受光器右侧上的凹槽（即水平面指示线"—"位置）在待测面上作出标记。图 11-46(a)、(b)、(c) 所示，即为用"LP3A"自动安平激光平面仪进行室内装饰时，测护墙装饰板水平线、室内吊顶龙骨架水平面，检测铺设室内地坪的水平度等的示意图。

图 11-46

11-10 建筑物的沉降观测与倾斜观测

一、建筑物的沉降观测

1. 沉降观测的意义

在工业与民用建筑中，为了掌握建筑物的沉降情况，及时发现对建筑物不利的下沉现象，以便采取措施，保证建筑物安全使用，同时也为今后合理的设计提供资料，因此，在建筑物施工过程中和投入使用后，必须进行沉降观测。

下列建筑物和构筑物应进行系统的沉降观测：高层建筑物，重要厂房的柱基及主要设备基础，连续性生产和受震动较大的设备基础，工业炉（如炼钢的高炉等），高大的构筑物（如水塔、烟囱等），人工加固的地基，回填土，地下水位较高或大孔性土地基的建筑物等。

2. 观测点的布置

观测点的数目和位置应能全面正确反映建筑物沉降的情况，这与建筑物的大小、荷重、基础形式和地质条件等有关。一般来说，在民用建筑中，是沿房屋的周围每隔 6～12m 设立一点；另外，在房屋转角及沉降缝两侧也应布设观测点。当房屋宽度大于 15m 时，还应在房屋内部纵轴线上和楼梯间布置观测点。在工业厂房中，除承重墙及厂房转角处设立观测点外，在最容易沉降变形的地方，如设备基础、柱子基础、伸缩缝两旁、基础形式改变处，地质条件改变处等也应设立观测点。高大圆形烟囱、水塔或配煤罐等，可在其周围或轴线上布置观测点，如图 11-47。

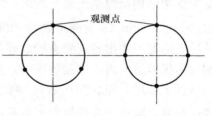

图 11-47

观测点的标志形式，如图 11-48 和图 11-49 所示。图 11-48a 为墙上观测点，图11-48b 为钢筋混凝土柱上的观测点，图 11-49 为基础上的观测点。

3. 观测方法

（1）水准点的布设

建筑物的沉降观测是依据埋设在建筑物附近的水准点进行的，为了相互校核并防止由于某个水准点的高程变动造成差错，一般至少埋设三个水准点。它们埋在建筑物、构筑物基础压力影响范围以外，锻锤、轧钢机、铁路、公路等震动影响范围以外；离开地下管道至少 5m；埋设深度至少要在冰冻线及地下水位变化范围以下 0.5m。水准点离开观测点不

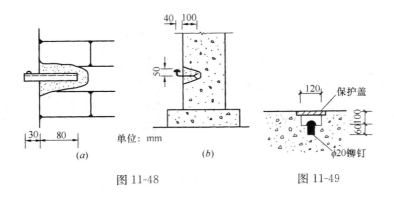

图 11-48 单位：mm

图 11-49

要太远（不应大于 100m），以便提高沉降观测的精度。

（2）观测时间

一般在增加较大荷重之后（如浇灌基础，回填土，安装柱子和厂房屋架，砌筑砖墙，设备安装，设备运转，烟囱高度每增加 15m 左右等）要进行沉降观测。施工中，如果中途停工时间较长，应在停工时和复工前进行观测。当基础附近地面荷重突然增加，周围大量积水暴雨及地震后，或周围大量挖方等，均应观测。竣工后要按沉降量的大小，定期进行观测。开始可隔 1～2 个月观测一次，以每次沉降量在 5～10mm 以内为限度，否则要增加观测次数。以后，随着沉降量的减小，可逐渐延长观测周期，直至沉降稳定为止。

（3）沉降观测

沉降观测实质上是根据水准点用精密水准仪定期进行水准测量，测出建筑物上观测点的高程，从而计算其下沉量。

水准点是测量观测点沉降量的高程控制点，应经常检测水准点高程有无变动。测定时一般应用 S1 级水准仪往返观测。对于连续生产的设备基础和动力设备基础，高层钢筋混凝土框架结构及地基土质不均匀区的重要建筑物，往返观测水准点间的高差，其较差不应超过 $\pm 1\sqrt{n}$ mm（n 为测站数）。观测应在成像清晰、稳定的时间内进行，同时应尽量在不转站的情况下测出各观测点的高程，以便保证精度。前后视观测最好用同一根水准尺，水准尺离仪器的距离不应超过 50m，并用皮尺丈量，使之大致相等。测完观测点后，必须再次后视水准尺，先后两次后视读数之差不应超过 ± 1mm。对一般厂房的基础或构筑物，往返观测水准点的高差较差不应超过 $\pm 2\sqrt{n}$mm，同一后视点先后两次后视读数之差不应超过 ± 2mm。

4. 成果整理

沉降观测应有专用的外业手簿，并需将建筑物、构筑物施工情况详细注明，随时整理，其主要内容包括：建筑物平面图及观测点布置图，基础的长度、宽度与高度；挖槽或钻孔后发现的地质土壤及地下水情况，施工过程中荷重增加情况，建筑物观测点周围工程施工及环境变化的情况，建筑物观测点周围笨重材料及重型设备堆放的情况，施测时所引用的水准点号码、位置、高程及其有无变动的情况；地震、暴雨日期及积水的情况；裂缝出现日期，裂缝开裂长度、深度、宽度的尺寸和位置示意图等等。如中间停止施工，还应将停工日期及停工期间现场情况加以说明。

沉降观测成果表格可参考表 11-1 的格式。

表 11-1

沉 降 观 测 记 录 表

工程名称：某厂办公楼　　　　工程编号：

观测次数	观测日期（年、月、日）	1 高程(m)	1 本次下沉(mm)	1 累计下沉(mm)	2 高程(m)	2 本次下沉(mm)	2 累计下沉(mm)	3 高程(m)	3 本次下沉(mm)	3 累计下沉(mm)	4 高程(m)	4 本次下沉(mm)	4 累计下沉(mm)	5 高程(m)	5 本次下沉(mm)	5 累计下沉(mm)	6 高程(m)	6 本次下沉(mm)	6 累计下沉(mm)	工程施工进展情况	荷载情况(t/m²)
1	1958.7.15	30.126	±0	±0	30.124	±0	±0	30.127	±0	±0	30.126	±0	±0	30.125	±0	±0	30.127	±0	±0	浇底层楼板灌	3.5
2	7.30	30.124	-2	-2	30.122	-2	-2	30.123	-4	-2	30.123	-3	-3	30.124	-1	-1	30.125	-2	-2	浇一楼楼板灌	5.5
3	8.15	30.121	-3	-5	30.119	-3	-5	30.121	-2	-5	30.120	-3	-6	30.122	-2	-3	30.124	-1	-3	浇二楼楼板灌	7.5
4	9.1	30.120	-1	-6	30.118	-1	-6	30.119	-2	-6	30.118	-2	-8	30.120	-2	-5	30.121	-3	-6	屋架上瓦	9.5
5	9.29	30.118	-2	-8	30.115	-3	-9	30.116	-3	-9	30.114	-4	-12	30.117	-3	-8	30.119	-2	-8	竣工	10.0
6	10.30	30.117	-1	-9	30.114	-1	-10	30.114	-2	-11	30.113	-1	-13	30.114	-3	-11	30.118	-1	-9		
7	12.3	30.116	-1	-10	30.113	-1	-11	30.114	±0	-11	30.113	±0	-13	30.113	±0	-12	30.117	-1	-10		
8	1959.1.2	30.116	±0	-10	30.112	-1	-12	30.113	-1	-12	30.111	-2	-15	30.112	-1	-13	30.116	-1	-11		
9	3.1	30.115	-1	-11	30.110	-2	-14	30.112	-1	-14	30.110	-1	-16	30.111	-1	-14	30.116	±0	-11		
10	6.4	30.114	-1	-12	30.108	-2	-16	30.111	-1	-16	30.109	-1	-17	30.111	±0	-14	30.115	-1	-12		
11	9.1	30.114	±0	-12	30.108	±0	-16	30.111	±0	-16	30.108	-1	-18	30.110	-1	-15	30.115	±0	-12		
12	12.2	30.114	±0	-12	30.108	±0	-16	30.111	±0	-16	30.108	±0	-18	30.110	±0	-15	30.115	±0	-12		

注：地栏应说明如下事项：1. 点位略图；2. 水准点号码及高程；3. 基础底面土壤；4. 其他

备

为了预估下一次观测点沉降的大约数值和沉降过程是否渐趋稳定或已经稳定，可分别绘制时间和沉降量关系曲线和时间与荷重的关系曲线，如图 11-50 所示。

时间与沉降量的关系曲线系以沉降量 S 为纵轴，时间 T 为横轴，根据每次观测日期和每次下沉量按比例画出各点位置，然后将各点连接起来，并在曲线一端注明观测点号码，便成为 S（沉降）—T（时间）关系曲线图（图 11-50）。

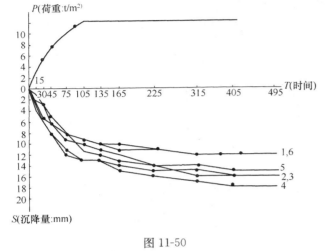

图 11-50

时间与荷重的关系曲线系以荷载的重量 P 为纵轴，时间 T 为横轴。根据每次观测日期和每次荷载的重量画出各点，将各点连接起来便成为 P（荷重）—T（时间）关系曲线图（图 11-50）。

5. 沉降观测的注意事项

（1）在施工期间，经常遇到的是沉降观测点被毁，为此一方面可以适当地加密沉降观测点，对重要的位置如建筑物的四角可布置双点。另一方面观测人员应经常注意观测点变动情况，如有损坏及时设置新的观测点。

（2）建筑物的沉降量一般应随着荷重的加大及时间的延长而增加，但有时却出现回升现象，这时需要具体分析回升现象的原因。

（3）建筑物的沉降观测是一项较长期的系统的观测工作，为了保证获得资料的正确性，应尽可能地固定观测人员，固定所用的水准仪和水准尺，按规定日期、方式及路线从固定的水准点出发进行观测。

二、建筑物的倾斜观测

对圆形建筑物和构筑物（如烟囱、水塔等）的倾斜观测，是在两个垂直方向上测定其顶部中心 O' 点对底部中心 O 点的偏心距，这种偏心距称为倾斜量，如图 11-51 中的 OO'。其具体做法如下：

如图 11-52 所示，在烟囱附近选择两个点 A 和 B，使 AO、BO 大致垂直，且 A、B 两点距烟囱的距离尽可能大于 1.5H，H 为烟囱高度。

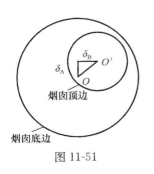

烟囱顶边

烟囱底边

图 11-51

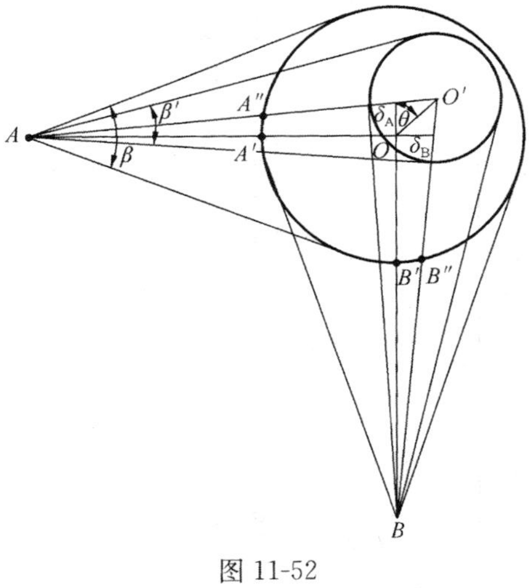

图 11-52

先将经纬仪安置在 A 点上，整平仪器后测出与烟囱底部断面相切的两个方向所夹的水平角 β，平分 β 所得的方向即为 AO 方向，并在烟囱筒身上标出 A' 的位置。

仰起望远镜，同法测出与顶部断面相切的两个方向所夹的水平角 β'，平分 β' 所得的方向即为 AO' 方向，然后将 AO' 方向投影到下部，标出 A'' 的位置。量出 $A'A''$ 的距离，令 $\delta'_A = A'A''$，那么 O' 点的垂直偏差 δ_A 为

$$\delta_A = \frac{L_A + R}{L_A} \cdot \delta'_A$$

同法得到

$$\delta_B = \frac{L_B + R}{L_B} \cdot \delta'_B$$

式中　R——烟囱底部半径，可量出圆周计算 R 值；

$\quad\quad L_A$——A 点至 A' 点的距离；

$\quad\quad L_B$——B 点至 B' 点的距离；

δ_A、BO——同向取 "＋" 号，反之取 "－" 号；

δ_B、AO——同向取 "＋" 号，反之取 "－" 号。

烟囱的倾斜量　$\quad\quad\quad OO' = \sqrt{\delta_A^2 + \delta_B^2}$

烟囱的倾斜度　$\quad\quad\quad\quad i = \frac{OO'}{H}$

根据 δ_A、δ_B 的正负号可计算出倾斜量 OO' 的假定方位角：

$$\theta = \mathrm{tg}^{-1} \frac{\delta_B}{\delta_A}$$

设 α_{BO} 为 BO 的方位角，可用罗盘仪测出，于是烟囱倾斜方向的磁方位角为 $\alpha_{BO} + \theta$。

11-11　竣工总平面图的编绘

竣工总平面图是设计总平面图在施工后实际情况的全面反映，所以设计总平面图不能完全代替竣工总平面图。编绘竣工总平面图的目的在于：（1）在施工过程中可能由于设计时没有考虑到的问题而使设计有所变更，这种临时变更设计的情况必须通过测量反映到竣工总平面图上；（2）它将便于日后进行各种设施的维修工作，特别是地下管道等隐蔽工程的检查和维修工作；（3）为企业的扩建提供了原有各项建筑物、构筑物、地上和地下各种管线及交通线路的坐标、高程等资料。

新建的企业竣工总平面图的编绘，最好是随着工程的陆续竣工相继进行编绘。一面竣工，一面利用竣工测量成果编绘竣工总平面图。如发现地下管线的位置有问题，可及时到现场查对，使竣工图能真实反映实际情况。边竣工边编绘的优点是：当企业全部竣工时，竣工总平面图也大部分编制完成，既可作为交工验收的资料，又可大大减少实测工作量，从而节约了人力和物力。

竣工总平面图的编绘，包括室外实测和室内资料编绘两方面的内容。现分别介绍如下。

一、竣工测量

在每一个单项工程完成后，必须由施工单位进行竣工测量。提出工程的竣工测量成

果。其内容包括以下各方面：

1. 工业厂房及一般建筑物

包括房角坐标，各种管线进出口的位置和高程；并附房屋编号、结构层数、面积和竣工时间等资料。

2. 铁路和公路

包括起止点、转折点、交叉点的坐标，曲线元素，桥涵等构筑物的位置和高程。

3. 地下管网

窨井、转折点的坐标，井盖、井底、沟槽和管顶等的高程；并附注管道及窨井的编号、名称、管径、管材、间距、坡度和流向。

4. 架空管网

包括转折点、结点、交叉点的坐标，支架间距，基础面高程。

5. 其他

竣工测量完成后，应提交完整的资料，包括工程的名称，施工依据，施工成果，作为编绘竣工总平面图的依据。

二、竣工总平面图的编绘

竣工总平面图上应包括建筑方格网点，水准点、厂房、辅助设施、生活福利设施、架空及地下管线、铁路等建筑物或构筑物的坐标和高程，以及厂区内空地和未建区的地形。有关建筑物、构筑物的符号应与设计图例相同，有关地形图的图例应使用国家地形图图式符号。

厂区地上和地下所有建筑物、构筑物绘在一张竣工总平面图上时，如果线条过于密集而不醒目，则可采用分类编图。如综合竣工总平面图，交通运输竣工总平面图和管线竣工总平面图等等。比例尺一般采用1∶1000。如不能清楚地表示某些特别密集的地区，也可局部采用1∶500的比例尺。

如果施工的单位较多，多次转手，造成竣工测量资料不全，图面不完整或与现场情况不符时，只好进行实地施测，这样绘出的平面图，称为实测竣工总平面图。

思 考 题 与 习 题

1. 图11-53中已绘出新建筑物与原建筑物的相对位置关系（墙厚37cm，轴线偏里），试述测设新建筑物的方法和步骤。

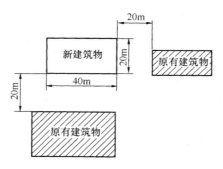

图 11-53

2. 已知某厂金加工车间两个相对房角的坐标为：

$$x_1 = 8551.00\text{m}; \quad x_2 = 8486.00\text{m}$$

$$y_1 = 4332.00\text{m}; \quad y_2 = 4440.00\text{m}$$

放样时顾及基坑开挖范围，拟将矩形控制网设置在厂房角点以外 6m 处，如图 11-54 所示，求出厂房控制网四角点 T、U、R、S 的坐标值。

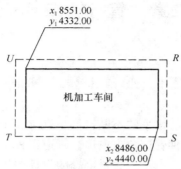

图 11-54

3. 通过 11-4 节所述的例子，试归纳一下，并简述复杂民用建筑物测设工作的一般步骤。

4. 试述工业厂房控制网的测设方法。

5. 试述柱基的放样方法。

6. 在房屋放样中，设置轴线控制桩的作用是什么，如何测设？

7. 如何进行柱子的竖直校正工作，应注意哪些问题？

8. 试述吊车梁的吊装测量工作。

9. 建筑物为什么要进行沉降观测？它的特点是什么？

第十二章　管道工程测量

12-1　管道工程测量概述

随着生产的发展和人民生活水平的不断提高，在城镇和工矿企业中敷设给水、排水、热力、燃气、输电和输油等各种管道愈来愈多。管道工程测量是为各种管道的设计和施工服务的，它的任务有两个方面：一是为管道工程的设计提供地形图和断面图；二是按设计要求将管道位置敷设于实地。其内容包括下列各项工作：

一、收集规划设计区域 1：10000（或 1：5000）、1：2000（或 1：1000）地形图以及原有管道平面图和断面图等资料；

二、利用已有地形图，结合现场勘察，进行规划和纸上定线；

三、地形图测绘　根据初步规划的线路，实地测量管线附近的带状地形图。如该区域已有地形图，需要根据实际情况对原有地形图进行修测；

四、管道中线测量　根据设计要求，在地面上定出管道中心线位置；

五、纵横断面图测量　测绘管道中心线方向和垂直于中心线方向的地面高低起伏情况；

六、管道施工测量　根据设计要求，将管道敷设于实地所需进行的测量工作；

七、管道竣工测量　将施工后的管道位置，通过测量绘制成图，以反映施工质量，并作为使用期间维修、管理以及今后管道扩建的依据。

管道工程多属于地下构筑物，在较大的城镇及工矿企业中，各种管道常常互相上下穿插，纵横交错。如果在测量、设计和施工中出现差错，没有及时发现，一经埋设，以后将会造成严重后果。因此测量工作必须采用城市或厂区的统一坐标和高程系统，严格按设计要求进行测量工作，并要做到"步步有校核"，这样才能保证施工质量。

12-2　管道中线测量

管道的起点、终点和转向点通称为管道的主点，主点的位置及管道方向是设计时确定的。管道中线测量就是将已确定的管道位置测设于实地，并用木桩标定之。其内容包括：管道主点的测设；中桩测设；管线转向角测量以及里程桩手簿的绘制等。

一、管道主点的测设

管道主点的测设可采用直角坐标法、极坐标法、角度交会法和距离交会法等（参见10-2节）。

主点测设数据的采集方法，根据管道设计所给的条件和精度要求可采用图解法或解析法。

1. 图解法

当管道规划设计图的比例尺较大，而且管道主点附近又有明显可靠的地物时，可按图解法来采集测设数据，如图 12-1，A、B 是原有管道检查井位置，Ⅰ、Ⅱ、Ⅲ点是设计管道的主点。欲在地面上定出Ⅰ、Ⅱ、Ⅲ等主点，可根据比例尺在图上量出长度 D、a、b、c、d 和 e，即为测设数据。然后，沿原管道 AB 方向，从 B 点量出 D 即得Ⅰ点；用直角坐标法从房角量取 a，并垂直房边量取 b 即得Ⅱ点，再量 e 来校核Ⅱ点是否正确；用距离交会法从两个房角同时量出 c、d 交出Ⅲ点。图解法受图解精度的限制，精度不高。当管道中线精度要求不高的情况下，可以采用此方法。

2. 解析法

当管道规划设计图上已给出管道主点的坐标，而且主点附近又有控制点时，可用解析法来采集测设数据。图 12-2 中 1、2……等为导线点，A、B……等为管道主点，如用极坐标法测设 B 点，则可根据 1、2 和 B 点坐标，按 10-2 节极坐标法计算出测设数据 $\angle 12B$ 和距离 D_{2B}。测设时，安置经纬仪于 2 点，后视 1 点，转 $\angle 12B$，得出 $2B$ 方向，在此方向上用钢尺测设距离 D_{2B}，即得 B 点。其他主点均可按上述方法进行测设。

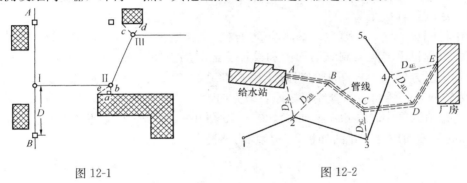

图 12-1   图 12-2

主点测设工作必须进行校核，其校核方法是：先用主点的坐标计算相邻主点间的长度；然后在实地量取主点间距离，看其是否与算得的长度相符。

如果在拟建管道工程附近没有控制点或控制点不够时，应先在管道附近敷设一条导线，或用交会法加密控制点，然后按上述方法采集测设数据，进行主点的测设工作。

在管道中线精度要求较高的情况下，均用解析法测设主点。

二、中桩测设

为了测定管道的长度、进行管线中线测量和测绘纵横断面图，从管道起点开始，需沿管线方向在地面上设置整桩和加桩，这项工作称为中桩测设。从起点开始按规定每隔某一整数设一桩，这个桩叫整桩。根据不同管线，整桩之间距离也不同，一般为 20m、30m，最长不超过 50m。相邻整桩间管道穿越的重要地物处（如铁路、公路、旧有管道等）及地面坡度变化处要增设加桩。

为了便于计算，管道中桩都按管道起点到该桩的里程进行编号，并用红油漆写在木桩侧面，如整桩号为 0+150，即此桩离起点 150m（"+"号前的数为公里数），如加桩号 2+182，即表示离起点距离为 2182m。故管道中线上的整桩和加桩都称为里程桩。

为了避免测设中桩错误，量距一般用钢尺丈量两次，精度为 1/1000。

不同的管道，其起点也有不同规定，如给水管道以水源为起点；煤气、热力等管道以来气方向为起点；电力电讯管道以电源为起点；排水管道以下游出水口为起点。

三、转向角测量

管道改变方向时，转变后的方向与原方向的夹角称为转向角（或称偏角）。转向角有左、右之分，如图12-3所示，以 $\alpha_左$ 和 $\alpha_右$ 表示。测量转向角时，安置经纬仪于点2，盘左瞄准点1，在水平度盘上读数，纵转望远镜瞄准点3，并读数，两读数之差即为转向角；用盘右按上法再观测一次，取盘左、盘右的平均数为转向角的结果。转向角也可以测量转折角 β 计算获得。但必须注意转向角的左、右方向。如管道主点位置均用设计坐标决定时，转向角应以计算值为准。如计算角值与实测角值相差超过限差，应进行检查和纠正。

有些管道转向角要满足定型弯头的转向角的要求，如给水管道使用铸铁弯头时，转向角有 $90°$、$45°$、$22\frac{1}{2}°$、$11\frac{1}{4}°$、$5\frac{5}{8}°$ 等几种类型。当管道主点之间距离较短时，设计管道的转向角与定型弯头的转向角之差不应超过 $1°\sim2°$。排水管道的支线与干线汇流处，不应有阻水现象，故管首转向角不应大于 $90°$。

四、绘制里程桩手簿

在中桩测量的同时，要在现场测绘管道两侧带状地区的地物和地貌，这种图称为里程桩手簿。里程桩手簿是绘制纵断面图和设计管道时的重要参考资料。如图12-4所示，此图是绘在毫米方格纸上，图中的粗直线表示管道的中心线，0＋000 为管道的起点。0＋340 处为转向点，转向后的管线仍按原直线方向绘出，但要箭头表示管道转折的方向，并注明转向角值（图中转向角 $\alpha_右=30°$）。0＋450 和 0＋470 是管道穿越公路的加桩，0＋182 和 0＋265 是地面坡度变化的加桩，其他均为整桩。

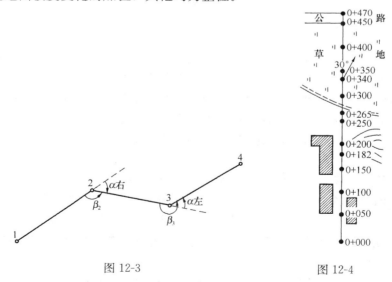

图 12-3   图 12-4

测绘管道带状地形图时，其宽度一般为左右各 20m，如遇到建筑物，则需测绘到两侧建筑物，并用统一图式表示。测绘的方法主要用皮尺以交会法或直角坐标法进行。必要时也用皮尺配合罗盘仪以极坐标法进行测绘。

当已有大比例尺地形图时，应充分予以利用，某些地物和地貌可以从地形图上摘取，以减少外业工作量，也可以直接在地形图上表示出管道中线和中线各桩位置及其编号，如图 12-8 所示。

12-3 管道纵横断面图测绘

一、纵断面图测绘

纵断面图测量的任务，是根据水准点的高程，测量中线上各桩的地面高程，然后根据测得的高程和相应的各桩号绘制纵断面图。纵断面图表示了管道中线方向上高低起伏的情况，是设计管道埋深、坡度及计算土方量的主要依据，其工作内容如下：

1. 水准点的布设

为了保证全线高程测量的精度，在纵断面水准测量之前，应先沿线设置足够的水准点。当管道路线较长时，应沿管道方向每 1～2km 设一个永久性水准点。在较短的管道上和较长管道上的永久性水准点之间，每隔 300～500m，设立一个临时水准点，作为纵断面水准测量分段附合和施工时引测高程的依据。水准点应埋设在不受施工影响、使用方便和易于保存的地方。

为重力自流管道而布设的水准点，其高程按四等水准测量的精度要求进行观测；为一般管道布设的水准点，水准路线闭合差不超过 $\pm 30 \sqrt{L}$mm（L 以公里为单位）。

2. 纵断面水准测量

纵断面水准测量一般是以相邻两水准点为一测段，从一个水准点出发，逐点测量中桩的高程，再附合到另一水准点上，以资校核。纵断面水准测量的视线长度可适当放宽，一般情况下采用中桩作为转点，但也可另设。在两转点间的各桩，通称为中间点。中间点的高程通常用仪高法求得。由于转点起传递高程的作用，所以转点上读数必须读至毫米，中间点读数只是为了计算本点的高程，故可读至厘米。

图 12-5，表 12-1 是由水准点 A 到 0+500 的纵断面水准测量示意和记录手簿，其施测方法如下：

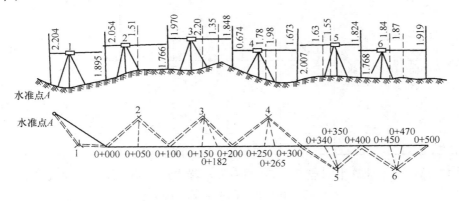

图 12-5

（1）仪器安置于测站 1，后视水准点 A，读数 2.204，前视 0+000，读数 1.895；

（2）仪器搬至测站 2，后视 0+000，读数 2.054，前视 0+100，读数 1.766，此时仪器不搬动，将水准尺立于中间点 0+050 上，读中间视读数 1.51；

（3）仪器搬至测站 3，后视 0＋100，读数 1.970，前视 0＋200，读 1.848，然后再读中间视 0＋150，0＋182，分别读得 2.20，1.35。

以后各站依上法进行，直至附合于另一水准点为止。一个测段的纵断面水准测量，要进行下列计算工作：

（1）高差闭合差的计算。纵断面水准测量一般均起讫于水准点，其高差闭合差，对于重力自流管道不应大于 $\pm 40\sqrt{L}$ mm；对于一般管道，不应大于 $\pm 50\sqrt{L}$ mm。如闭合差在容许范围内，不必进行调整。

（2）用高差法计算各转点的高程。

（3）用仪高法计算各中间点的高程。

纵断面水准测量记录手簿 表 12-1

测站	桩　号	水准尺读值			高差		仪器视线高程	高　程
		后视	前视	中间视	＋	－		
1	水准点 A	2.204						156.800
	0＋000		1.895		0.309			157.109
2	0＋000	2.054					159.163	157.109
	0＋050			1.51				157.65
	0＋100		1.766		0.288			157.397
3	0＋100	1.970					159.367	157.397
	0＋150			2.20				157.17
	0＋182			1.35				158.02
	0＋200		1.848		0.122			157.519
4	0＋200	0.674					158.193	157.519
	0＋250			1.78				156.41
	0＋265			1.98				156.21
	0＋300		1.673			0.999		156.520
5	0＋300	2.007					158.527	156.520
	0＋340			1.63				156.90
	0＋350			1.55				156.98
	0＋400		1.824		0.183			156.703
6	0＋400	1.768					158.471	156.703
	0＋457			1.84				156.63
	0＋470			1.87				156.60
	0＋500		1.919		0.151			156.552
⋮	⋮	⋮	⋮	⋮	⋮	⋮	⋮	⋮

【例 12-1】 为了计算中间点 0＋050 的高程，首先计算测站的仪器视线高程：

$$157.109＋2.054＝159.163m$$

中间点 0＋050 高程＝159.163－1.51＝157.65m

当管道较短时，纵断面水准测量可与测量水准点的高程一起进行，由一水准点开始，按上述纵断面水准测量方法，测出中线上各桩的高程后，附合到高程未知的另一水准点上，然后再以一般水准测量方法（即不测中间点）返测到起始水准点上，以资校核。若往返闭合差在允许范围内，取高差平均数推算下一水准点的高程，然后再进行下一段的测量工作。

在纵断面水准测量中，应特别注意做好与其他管道交叉的调查工作，记录管道的交叉口的桩号，测量原有管道的高程和管径等数据，并在纵断面图上标出其位置，以供设计人员参考。

3. 纵断面图的绘制

绘制纵断面图，一般在毫米方格纸上进行。绘制时，以管道的里程为横坐标，高程为纵坐标。为了更明显地表示地面的起伏，一般纵断面图的高程比例尺要比水平比例尺大10倍或20倍。自流管道和压力管道纵、横断面的比例尺，可按表12-2进行选择，有时可根据实际情况作适当变动。其具体绘制方法如下：

（1）如图12-6所示，在方格纸上适当位置，绘出水平线。水平线以下各栏注记实测、设计和计算的有关数据，水平线上面绘管道的纵断面图。

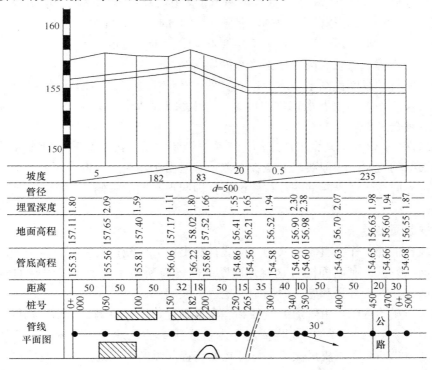

图 12-6

（2）根据水平比例尺，在管道平面图栏内，标明整桩和加桩的位置，在距离栏内注明各桩之间的距离，在桩号栏内标明各桩的桩号；在地面高程栏内注记各桩的地面高程，并凑整到厘米（排水管道技术设计的断面图上高程应注记到毫米）。根据里程桩手簿绘出管道平面图。

（3）在水平线上部，按高程比例尺，根据整桩和加桩的地面高程，在相应的垂直线上确定各点的位置，再用直线连接相邻点，即得纵断面图。

（4）根据设计要求，在纵断面图上绘出管道的设计线，在坡度栏内注记坡度方向，用 / 、＼ 和 — 分别表示上、下坡和平坡。坡度线之上注记坡度值，以千分数表示，线下注记

213

该段坡度的距离。

纵、横断面图的水平、高程比例尺参考表   表 12-2

管 道 名 称	纵 断 面 图		横断面图 (水平、高程比例尺相同)
	水平比例尺	高程比例尺	
自流管道	1：1000 1：2000	1：100 1：200	1：100 1：200
压力管道	1：2000 1：5000	1：200 1：500	1：100 1：200

（5）管底高程是根据管道起点的管底高程、设计坡度以及各桩之间的距离，逐点推算出来的。例如 0+000 的管底高程为 155.31m（管道起点的管底高程一般由设计者决定），管道坡度 i 为 +5‰（+号表示上坡），求得 0+050 的管底高程为

$$155.31+5‰×50=155.31+0.25=155.56m$$

（6）地面高程减去管底高程即是管道的埋深。

在一张完整的纵断面图上，除上述内容外，还应把本管道与旧管道连接处和交叉处，以及与其交叉的地道和地下构筑物的位置在图上绘出，如图 12-8，0+162 处即是本管道与原上水管道交叉处。

图 12-7 和图 12-8 是某城市街道的污水干管纵断面图和污水管道平面图示例。

纵断面图的绘制，一般要求起点在左侧，有时由于管道起点方向不同，为了与管道地形图的注记方向一致，纵断面图往往要倒展（即起点在图的右侧），图 12-7、图 12-8 就是这种情况。

二、横断面测量

在中线各桩处，作垂直于中线的方向线，测出该方向线上各特征点距中线的距离和高程，根据这些数据绘制断面图，这就是横断面图。横断面图表示管线两侧的地面起伏情况，供设计时计算土方量和施工时确定开挖边界之用。

横断面施测的宽度，由管道的直径和埋深来确定，一般每侧为 20m。测量时，横断面的方向可用十字架（图 12-9）定出。用小木桩或测钎插入地上，以标志地面特征点。特征点到管道中线的距离用皮尺丈量。特征点的高程与纵断面水准测量同时施测，作为中间点看待，但分开记录。现以图 12-5 中的测站 3 为例，说明 0+100 横断面水准测量的方法。水准仪安置在 3 点上，后视 0+100，读数为 1.970；前视 0+200，读数为 1.848，此时仪器视线高程为 159.367m。然后逐点测出横断面上各点：左$_{11}$（在管道中线左面，离中线距离 11m）、左$_{20}$、右$_{20}$ 的中间视，记入表 12-3 所示的横断面水准测量手簿中；仪器视线高程减去各点的中间视，即得横断面各点的高程，高程应凑整到厘米。

图 12-10 是 0+100 整桩处的横断面图。横断面图一般在毫米方格纸上绘制。绘制时，以中线上的地面点为坐标原点，以水平距离为横坐标，高程为纵坐标。图 12-10 中，最下一栏为相邻地面特征点之间距离，竖写的数字是特征点的高程。为了计算横断面的面积和确定管道开挖边界的需要，其水平比例尺和高程比例尺应相同。

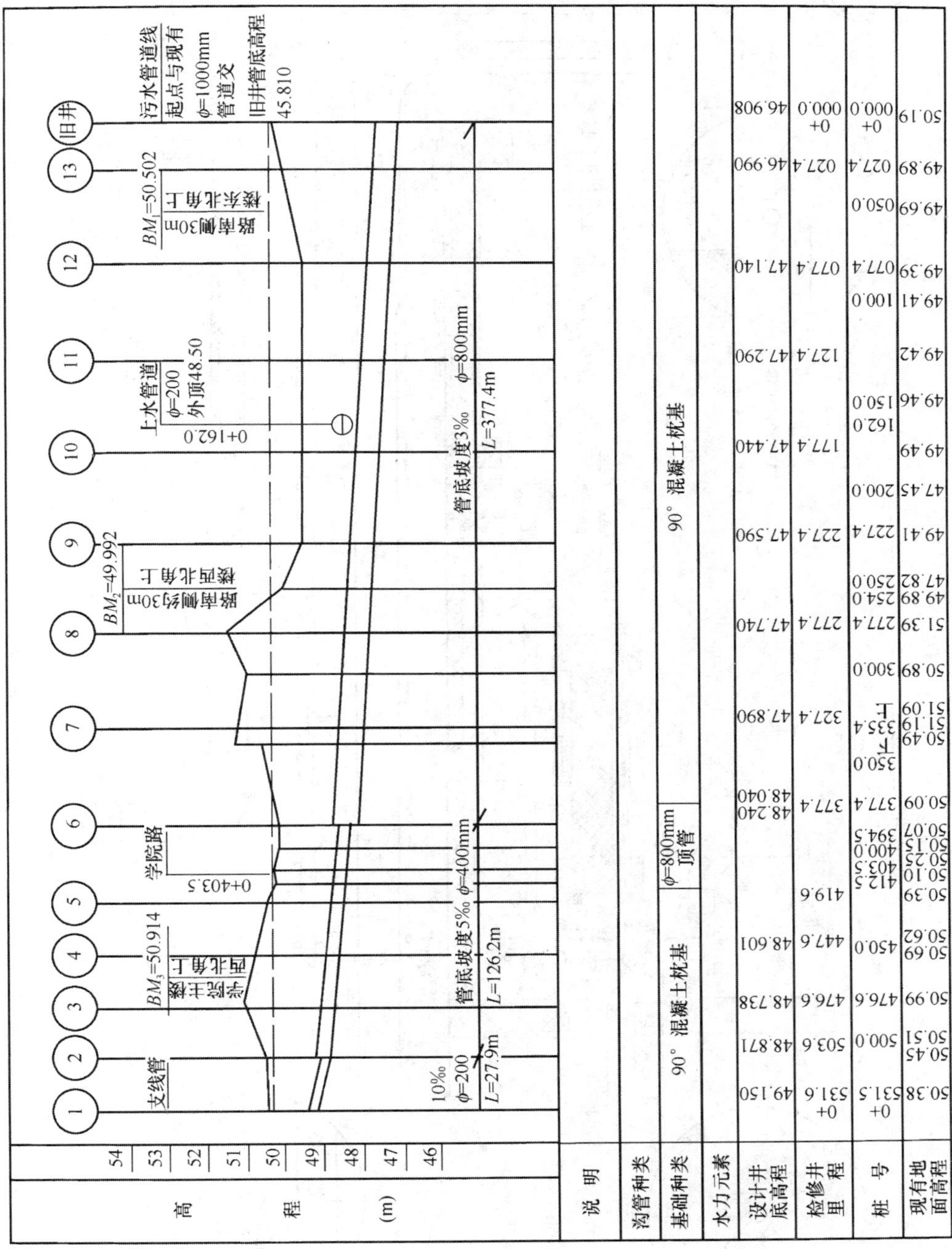

图 12-7

污水管道线 起点与现有管道交 φ=1000mm 旧井管底高程 45.810

上水管道 φ=200 外顶48.50 0+162.0 φ=800mm 管底坡度3‰ L=377.4m

学院路 0+403.5 φ=400mm

支线管 10‰ φ=200 L=27.9m 管底坡度5‰ L=126.2m

$BM_1=50.914$ 石灰厂北角南下口

$BM_2=49.992$ 石灰厂北角南下口

$BM_3=50.502$ 石灰厂北角南下口

高 程 (m): 46 47 48 49 50 51 52 53 54

检修井编号: 1 2 3 4 5 6 7 8 9 10 11 12 13 旧井

说明	—
沟管种类	φ=800mm 顶管
基础种类	90°混凝土枕基
水力元素	—

设计井底高程: 49.150 48.871 48.738 48.601 48.240 48.040 47.890 47.740 47.590 47.440 47.290 47.140 46.990 46.908

检修井里程: 531.6 503.6 476.6 447.6 412.6 403.5 394.5 377.4 335.4 277.4 227.4 177.4 127.4 077.4 027.4

桩号: 0+531.5 500.0 473.6 450.0 419.6 400.0 350.0 327.4 300.0 254.0 250.0 200.0 162.0 150.0 100.0 050.0 0+000

现有地面高程: 50.38 50.45 50.51 50.99 50.69 50.62 50.39 50.25 50.15 50.10 50.07 50.09 51.09 51.19 50.49 50.89 51.39 49.89 47.82 49.41 47.45 49.49 49.46 49.42 49.41 49.39 49.69 49.89 50.19

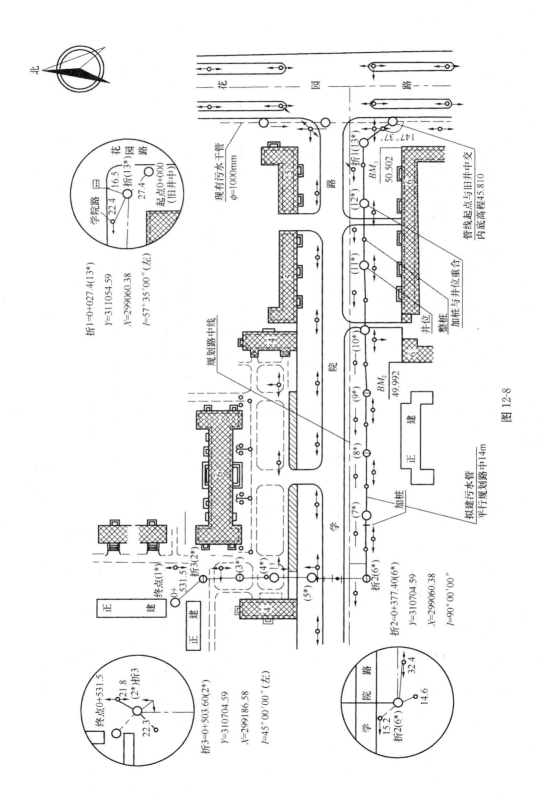

图 12-8

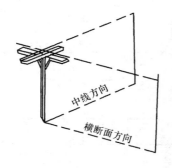

中线方向

横断面方向

图 12-9

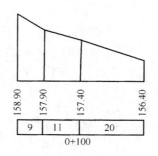

图 12-10

横断面水准测量手簿

表 12-3

测　站	桩　号	水准尺读数			仪器视线高程	高　程	备　注
		后　视	前　视	中间视			
3	0+100	1.970			159.367	157.397	
	左₁₁			1.40		157.97	
	左₂₀			0.40		158.97	
	右₂₀			2.97		156.40	
	0+200		1.848			157.519	

如果管道施工时开挖管槽不宽，管道两侧地势平坦，则横断面测量可不必进行。计算土方量时，横断面上地面高程可视为与中桩高程相同。

当管道穿越河流需要在河底铺设倒虹管时，则需要了解河床断面的情况，因此河床断面图是给排水管网设计和施工中的重要资料之一。河床断面测量的特点：一是沿断面方向地形变化无法看清，不能直接选取地形变化点（即加桩），只能按规定密度均匀选点；二是河床断面各点不能直接立尺，需由人乘船沿断面方向设点测量水深，由水面高程减去该点水深，求得河床断面各点的高程。

河床断面测量的方法依河床宽度而定。河面较窄且航运较少的河流，可在两岸断面之间拉一系有彩色布条表示尺寸的尺绳，尺绳的零点位于河床的起点，然后乘船沿尺绳方向前进，每隔一定间距读出尺绳上读数和测定水深，如图 12-11 所示。

当河床较宽时，则按图 12-12 所示的方法进行。首先在断面方向上竖立高杆大旗于 A、B 处，以示断面方向，并在河岸选一观测点 C，并测出基线长度 b 和 θ 角，然后用船沿断面方向航行，同时在 C 点处安置经纬仪，以度盘 0°方向对准 A 点，转动照准部，跟踪测深船上的标杆，当船行驶至某点施测水深时，立即用旗给岸上

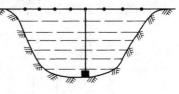

图 12-11

观测者打信号，此时，C 点观测者停止跟踪，立即读水平度盘读数，并计算出 β 角。根据 β、b、θ 用正弦定律计算出点 A 至测深点的距离。

河床断面图的绘制与一般断面图的绘制方法基本一致，不同的是，应在断面图上绘出平均水位和观测日期，如图 12-13 所示。有条件时，还应注明常水位，最高水位和枯水位，供设计管道时参考。

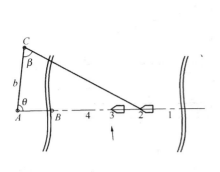

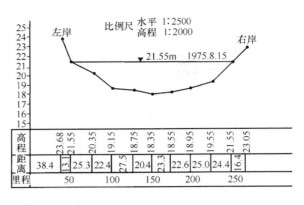

高程	23.68	21.55	20.35	19.15	18.75	18.35	18.55	18.95	19.55	21.55	23.05	
距离	38.4	13.1	25.3	22.4	27.5	20.4	23.3	22.6	25.0	24.4	16.4	
里程		50		100		150		200		250		

图 12-12   图 12-13

12-4 管 道 施 工 测 量

一、地下管道施工测量

1. 校核中线

如果设计阶段在地面上所标定的管道中线位置，与管道施工时所需要的管道中线位置一致，而且主点各桩在地面上完好无损，则只需进行检核，不必重设。否则就需要重新测设管道的主点。

在管道中线方向上，根据检查井的设计数据，用钢尺标定其位置，并钉木桩。

2. 测设施工控制桩

在施工时，管道中线上各桩将被挖掉，为了便于恢复管道中线和检查井的位置，应在管道主点处的中线延长线上设置中线控制桩，在每个检查井处大致垂直于中线方向上设置检查井位控制桩（图 12-14），这些控制桩应设置在不受施工破坏，引测方便，而且容易保存的地方。

3. 槽口放线

根据管径大小、埋置深度以及土质情况，决定开槽宽度，并在地面上定出槽边线的位置。

若横断面上坡度比较平缓，开挖管道宽度可用下列公式计算（图 12-15）。

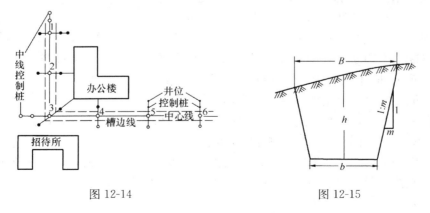

图 12-14   图 12-15

$$B=b+2mh$$

式中 b——槽底宽度；

h——中线上的挖土深度；

$\dfrac{1}{m}$——管槽边坡的坡度。

4. 测设控制管道中线和高程的施工测量标志

管道施工测量的主要任务是根据工程进度的要求，测设控制管道中线和高程位置的施工测量标志。常用的有下列两种方法。

（1）龙门板法

龙门板由坡度板和高程板组成，如图12-16。沿中线每隔10~20m和检查井处皆应设置龙门板。中线测设时，根据中线控制桩，用经纬仪将管道中线投影到各坡度板上，并钉小钉标定其位置，此钉称为中线钉，各龙门板上中线钉的连线标明了管道的中线方向。在连线上挂垂线，可将中线位置投影到管槽内，以控制管道中线。

为了控制管槽开挖深度，应根据附近水准点，用水准仪测出各坡度板顶的高程。根据管道坡度，计算出该处管道设计高程，则坡度板顶与管道设计高程之差即为由坡度板顶往下开挖的深度（实际上管槽开挖深度还应加上管壁和垫层的厚度），通称下返数。由于下返数往往不是一个整数，并且各坡度板的下返数都不一致，施工时检查起来很不方便。为使下返数为一个整数（分米整数）C，必须按下式计算出每一坡度板顶向上或向下量的调整数 δ。

$$\delta = C-(H_{板顶}-H_{管底})$$

式中 $H_{板顶}$——坡度板顶高程；

$H_{管底}$——管底设计高程。

根据计算出的调整数，在高程板上用小钉标定其位置，该小钉称坡度钉（如图12-16）。相邻坡度钉连线即与设计管底坡度相平行，且高差为选定的下返数 C。这样，只需要做一木杆，在木杆上标出 C 的位置，便可用它随时检查槽底是否挖到设计高程。如挖深超过设计高程，绝不允许回填土，只能加高垫层。

现举例说明坡度钉设置的方法，如表12-4先将水准仪测出的各坡度板顶高程列入第5栏内，根据第2栏、第3栏计算出各坡度板处的管底设计高程，列入第4栏内，如0+000 高程为 42.800（图12-17），坡度 $i=-3‰$，0+000 到 0+010 距离为10m，则 0+010 的管底设计高程为：

$$42.800+(-3‰)\times 10 = 42.800-0.030 = 42.770\text{m}$$

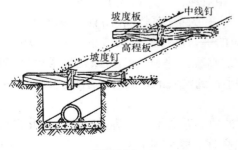

图 12-16

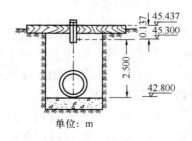

单位：m

图 12-17

219

同法可以计算出其他各处管底设计高程。第 6 栏为坡度板顶高程减去管底设计高程，例如 0+000 为：

$$H_{板顶}-H_{管底}=45.437-42.800=2.637m$$

其余类推。为了施工检查方便，选定下返数 C 为 2.500m，列在第 7 栏内。第 8 栏是每个坡度板顶向下量（负数）或向上量（正数）的调整数 δ，如 0+000 调整数为：

$$\delta=2.500-2.637=-0.137m$$

图 12-17 就是 0+000 处管道高程施工测量的示意图。

坡 度 钉 测 设 手 簿　　　　　　　　　　表 12-4

板号	距离	坡度	管底高程 $H_{管底}$	板顶高程 $H_{板顶}$	$H_{板顶}-H_{管底}$	选定下返数 C	调整数 δ	坡度钉高程
1	2	3	4	5	6	7	8	9
0+000			42.800	45.437	2.637		−0.137	45.300
0+010	10		42.770	45.383	2.613		−0.113	45.270
0+020	10		42.740	45.364	2.624		−0.124	45.240
0+030	10	−3‰	42.710	45.315	2.605	2.500	−0.105	45.210
0+040	10		42.680	45.310	2.630		−0.130	45.180
0+050	10		42.650	45.246	2.596		−0.096	45.150
0+060	10		42.620	45.268	2.648		−0.148	45.120
⋮	⋮		⋮	⋮	⋮		⋮	⋮

高程板上的坡度钉是控制高程的标志，所以在坡度钉钉好后，应重新进行水准测量，检查是否有误。

施工中交通频繁，容易碰动龙门板；尤其在雨后，龙门板还可能有下沉现象，因此要定期进行检查。

（2）平行轴腰桩法

管径较小，坡度较大，精度要求比较低的管道，施工测量时，常采用平行轴腰桩法来控制管道的中线和坡度。

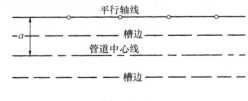

图 12-18

在开工之前，在中线一侧或两侧设置一排平行于管道中线的轴线桩，桩位应落在开挖槽边线外，如图 12-18，平行轴线离管道中线为 a，各桩间距以 10～20m 为宜，各检查井位也相应地在平行轴线上设桩。

为了控制管底高程，在槽沟坡上（距槽底约 1m 左右），打一排与平行轴线上相对应的桩，这排桩称为腰桩（图 12-19）。在腰桩上钉一小钉，并用水准仪测出各腰桩上小钉的高程。小钉高程与该处管底设计高程之差 h，即为下返数，施工时只需要用水准尺量取小钉到槽底的距离与下返数相比，便可检查槽底是否挖到管底设计高程。

腰桩法施工和测量都较麻烦，且各腰桩的下返数不一，容易出错。为此先选定到管底的下返数为某一整数，并计算出各腰桩的高程。腰桩设置可按 10-2 节（三）中的测设已知高程的方法进行，并以小钉标志其位置，此时各桩小钉的连线则与设计坡度平行，并且小钉的高程与管底高程之差为一常数。

排水管道接头一般为承插口，施工精度要求较高，为了保证工程质量，在管道接口前应复测管顶高程（即管底高程加管径和管壁厚度），高程误差不得超过±1cm，如在限差之内，方可接口；接口之后，还需进行竣工测量，然后方可回填土方。

二、架空管道的施工测量

架空管道主点的测设与地下管道相同。架空管道的支架基础开挖中的测量工作和基础模板定位与厂房柱子基础的测设相同，可参阅11-6节。架空管道安装测量与厂房构件安装测量基本相同，参阅11-7节。此处只介绍支架位置控制桩的测设工作。

管道上，每个支架的中心桩在开挖基础时均被挖掉，为此必须将其位置引测到互为垂直方向的四个控制桩上，如图12-20的 a、b、c、d。有了控制桩后，就可确定开挖边线（如图12-20中虚线），进行基础施工。

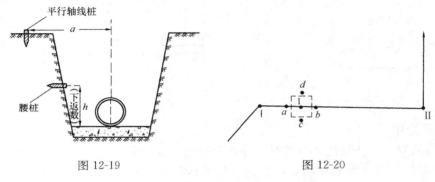

图 12-19　　　　　　　　　　　图 12-20

12-5　顶管施工测量

当管道穿越铁路、公路或重要建筑时，为了避免施工中大量的拆迁工作和保证正常的交通运输，往往不允许开沟槽，而采用顶管施工的方法。这种方法，随着机械化施工程度的提高，已经被广泛的采用。

采用顶管施工时，应事先挖好工作坑，在工作坑内安放导轨（铁轨或方木），并将管材放在导轨上，用顶镐的办法，将管材沿着所要求的方向顶进土中，然后在管内将土方挖出来。顶管施工中测量工作的主要任务，是掌握管道中线方向、高程和坡度。

一、顶管测量的准备工作

1. 顶管中线桩的设置

首先根据设计图上管线的要求，在工作坑的前后钉立两个桩，称为中线控制桩（图12-21），然后确定开挖边界。开挖到设计高程后，将中线引到坑壁上，并钉立大钉或木桩，此桩称为顶管中线桩，以标定顶管的中线位置。

2. 设置临时水准点

为了控制管道按设计高程和坡度顶进，需要在工作坑内设置临时水准点。一般要求设置两个，以便相互检核。

3. 导轨的安装

导轨一般安装在方木或混凝土垫层上。垫层面的高程及纵坡都应当符合设计要求（中线高程应稍低，以利于排水和防止摩擦管壁），根据导轨宽度安装导轨，根据顶管中线桩及临时水准点检查中心线和高程，无误后，将导轨固定。

二、顶进过程中的测量工作

1. 中线测量

如图 12-22 所示，通过顶管中线桩拉一条细线，并在细线上挂两垂球，两垂球的连线即为管道方向。在管内前端横放一木尺，尺长等于或略小于管径，使它恰好能放在管内。木尺上的分划是以尺的中央为零向两端增加的。将尺子在管内放平，如果两垂球的方向线与木尺上的零分划线重合，则说明管子中心在设计管线方向上；如不重合，则管子有偏差。其偏差值可直接在木尺上读出，偏差超过±1.5cm，则需要校正管子。

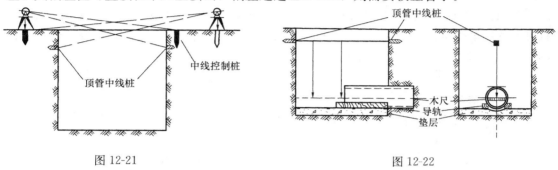

图 12-21　　　　　　　　　　　　　　图 12-22

2. 高程测量

水准仪安置在工作坑内，以临时水准点为后视，以顶管内待测点为前视（使用一根小于管径的标尺）。将算得的待测点高程与管底的设计高程相比较，其差数超过±1cm 时，需要校正管子。

在顶进过程中，每 0.5m 进行一次中线和高程测量，以保证施工质量。表 12-5 所示的手簿是以 0+390 桩号开始进行顶管施工测量的观测数据。第 1 栏是根据 0+390 的管底设计高程和设计坡度推算出来的；第 3 栏是每顶进一段（0.5m）观测的管子中线偏差值；第 4 栏、第 5 栏分别为水准测量后视读数和前视读数；第 6 栏是待测点的应有的前视读数。待测点实际读数与应有读数之差，为高程误差。表中此项误差均未超过限差。

顶 管 施 工 测 量 手 簿 表 12-5

设计高程 （管内壁）	桩　号	中心偏差 （m）	水准点读数 （后视）	待测点实际读数 （前视）	待测点应有读值	高程误差 （m）	备　注
1	2	3	4	5	6	7	8
42.564	0+390.0	0.000	0.742	0.735	0.736	−0.001	
42.566	0+390.5	左 0.004	0.864	0.850	0.856	−0.006	
42.569	0+391.0	左 0.003	0.769	0.757	0.758	−0.001	水 准 点 高 程
42.571	0+391.5	右 0.001	0.840	0.823	0.827	−0.004	为：42.558m
⋮	⋮	⋮	⋮	⋮	⋮	⋮	$i=+5‰$
							0+390 管底高程
42.664	0+410.0	右 0.005	0.785	0.681	0.679	+0.002	为：42.564m
⋮	⋮	⋮	⋮	⋮	⋮	⋮	

短距离顶管（小于 50m）可按上述方法进行测设。当距离较长时，需要分段施工，每100m 设一个工作坑，采用对向顶管施工方法，在贯通时，管子错口不得超过 3cm。

有时，顶管工程采用套管，此时顶管施工精度要求可适当放宽。

当顶管距离太长，直径较大，并且采用机械化施工的时候，可用激光水准仪进行导向，具体方法可参见 11-9 节有关内容。

12-6 管道竣工测量

在管道工程中，竣工图反映了管道施工的成果及其质量，是管道建成后进行管理、维修和扩建时不可缺少的资料。同时它也是城市规划设计的必要依据。

管道竣工图有两个方面的内容：一是管道竣工带状平面图；二是管道竣工断面图。

随着建设的发展，管道种类很多，管道竣工平面图往往与建筑平面图不在一张图上，而需要单独绘制综合竣工带状平面图。为了管理方便，还要编制单项管道竣工带状平面图，其宽度应至道路两侧第一排建筑物外 20m，如无道路，其宽度根据需要确定。带状平面图的比例尺根据需要一般采用 1：500～1：2000 比例尺。

竣工带状平面图主要测绘：管道的主点、检查井位置以及附属构筑物施工后的实际平面位置和高程。如图 12-23 和图 12-24 是管道竣工带状平面图示例，图上除标有各种管道位置外，还根据资料在图上标有：检查井编号、检查井顶面高程和管底（或管顶）的高程，以及井间的距离和管径等。对于管道中的阀门、消火栓、排气装置和预留口等，应用统一符号标明。

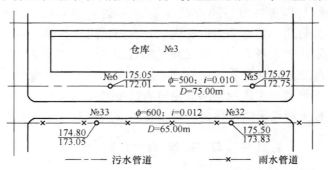

图 12-23

当已有实测详细的大比例尺地形图时，可以利用已测定的永久性的建筑物用图解法来测绘管道及其构筑物的位置。当地下管道竣工测量的精度要求较高时，采用图根导线的技术要求测定管道主点的解析坐标，其点位中误差（指与相邻的控制点）不应大于 5cm。

地下管道平面图的测绘精度要求：地下管线与邻近的地上建筑物、相邻管线、规划道路中心线的间距中误差，如用解析法测绘，1：500～1：2000 图不应大于图上±0.5mm；而用图解法测绘，1：500～1：1000 图不应大于图上±0.7mm。

管道竣工断面图测绘，一定要在回填土前进行，用图根水准测量精度要求测定检查井口顶面和管顶高程，管底高程由管顶高程和管径、管壁厚度算得。但对于自流管道应直接测定管底高程，其高程中误差（指测点相对于邻近高程起始点）不应大于±2cm；井间距离应用钢尺丈量。如果管道互相穿越，在断面图上应表示出管道的相互位置，并注明尺寸。图 12-25 是与图 12-24 同一管道的管道竣工断面图。

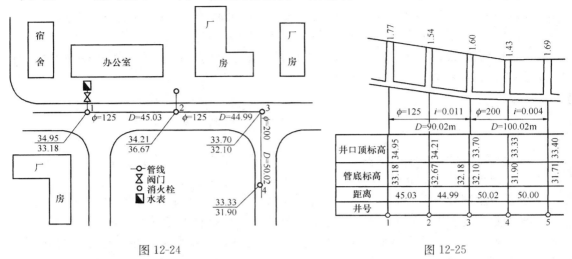

图 12-24   图 12-25

我国很多城市旧有地下管道多数没有竣工图，为此应对原有旧管道进行调查测量。首先向各专业单位收集现有的旧管道资料，再到实地对照核实，弄清来龙去脉，进行调查测绘，无法核实的直埋管道，可在图上画虚线示意。

地下旧有管道调查方法，根据具体情况采用下井调查和不下井调查两种，一般用 2～5m 钢卷尺，皮尺、直角尺、垂球等工具，量取管内直径、管底（或管顶）至井盖的高度和偏距（管道中心线与检查井中心的垂距），以求得管道中心线与检查井处的管道高度。一井中有多个方向的管道，要逐个量取并测量其方向，以便连线，若有预留口也要注明。

下井调查应特别注意人身安全。事前须了解管道情况并采取有效措施，为防止有毒、易燃、窒息气体和腐蚀液体的危害，应打开井盖通风，必要时应戴防毒面具、橡皮手套、穿皮裤衩下井。井下严禁点火，只能用电筒照明以免燃烧爆炸等。

若检查井已被残土埋没无法寻找时，可用管道探测仪配合进行管道的调查测量。

思 考 题 与 习 题

1. 如图 12-26，已知设计管道的主点 A、B、C 的坐标，在此管线附近有导线 1、2……等，其坐标已知，试求出根据 1、2 两点，用极坐标法测设 A、B 两点所需的测设数据，并提出校核方法和所需的校核数据。

1. $\begin{cases} x_1 = 481.11\text{m} \\ y_1 = 322.00\text{m} \end{cases}$ 2. $\begin{cases} x_2 = 562.20\text{m} \\ y_2 = 401.90\text{m} \end{cases}$

$A \begin{cases} x_A = 574.30\text{m} \\ y_A = 328.20\text{m} \end{cases}$ $B \begin{cases} x_B = 586.30\text{m} \\ y_B = 400.10\text{m} \end{cases}$

2. 根据下面管道纵断面水准测量示意图（图 12-27），按本章表 12-1 记录手簿填写观测数据，并计算出各点的高程（0＋000 的高程为 35.150m）。

3. 根据第 2 题计算的成果绘一纵断面图（水平比例尺 1∶1000，高程比例尺 1∶50），并绘出起点的设计高程为 33.50m，坡度为＋7.5‰的管线，并仿照图 12-7 上的各栏进行注记。

4. 如表 12-6，已知管道起点 0＋000 的管底高程为 41.72m，管道坡度为 10‰的下坡，在表中计算出各坡度板处的管底设计高程，并按实测的板顶高程选定下返数 C，再根据选定下返数计算出各坡度顶高

程的调整数 δ 和坡度钉的高程。

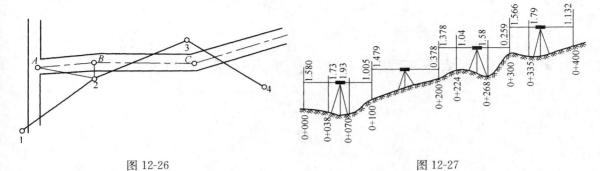

图 12-26   图 12-27

5. 管道施工测量中的腰桩起什么作用？现在No5～No6两井（距离为 50 米）之间，每隔10m在沟槽内设置一排腰桩，已知No5井的管底高程为 135.250m，其坡度为 $-8‰$，设置腰桩是从附近水准点（高程为 139.234m）引测的，选定下返数 C 为 1m。

设置时，以临时水准点为后视读数 1.543m，在表 12-7 中计算出钉各腰桩的前视读数。

6. 管道竣工测量的目的及其内容是什么？简述管道竣工测量的特点以及竣工测量中的基本要求。

坡 度 钉 测 设 手 簿   表 12-6

桩　　号	距离 m	坡　度	管底设计高程 $H_{管底}$	板顶高程 $H_{板顶}$	$H_{板顶} - H_{管底}$	选定下返数 C	调整数 δ	坡度钉高程
1	2	3	4	5	6	7	8	9
0+000			41.72	44.310				
0+020				44.100				
0+040				43.825				
0+060				43.734				
0+080				43.392				
0+100				43.283				
0+120				43.051				

腰 桩 测 设 手 簿   表 12-7

井和腰桩编　号	距离	坡度	管底高程	选定下返数 C	腰桩高程	起始点高程	后视读数	各腰桩前视读数
1	2	3	4	5	6	7	8	9
No5（1）			135.250					
2								
3								
4								
5								
No6（6）								

第十三章　GPS 全球定位系统简介

13-1　概　　述

全球定位系统（GPS）是英文缩写词 NAVSTAR/GPS 的简称，全名应为 Navigation System Timing and Ranging/Global Positioning System，即"授时与测距导航系统/全球定位系统"。

全球定位系统 GPS，于 1973 年由美国政府组织研制，耗费巨资，历经约 20 年，于 1993 年全部建成。该系统是伴随现代科学技术的迅速发展而建立起来的新一代精密卫星导航和定位系统，不仅具有全球性、全天候、连续的三维测速、导航、定位与授时能力，而且具有良好的抗干扰性和保密性。该系统的研制成功已成为美国导航技术现代化的重要标志，被视为本世纪继阿波罗登月计划和航天飞机计划之后的又一重大科技成就。

全球定位系统 GPS 的研制最初主要用于军事目的。如为陆海空三军提供实时、全天候和全球性的导航服务，并用于情报收集、核爆监测、应急通讯和爆破定位等方面，其作用已在 1991 年海湾战争中得到了证实。以美国为首的多国部队所持有的 17000 台 GPS 接收机被认为是作战武器的效率倍增器，是赢得海湾战争胜利的重要技术条件之一。随着 GPS 系统步入试验和实用阶段，其定位技术的高度自动化及所达到的高精度和巨大的潜力，引起了各国政府的普遍关注，同时引起了广大测量工作者的极大兴趣。特别是近几年来，GPS 定位技术在应用基础的研究、新应用领域的开拓、软硬件的开发等方面都取得了迅速发展。目前，GPS 精密定位技术已经广泛地渗透到了经济建设和科学技术的许多领域，尤其是在大地测量学及其相关学科领域，如地球动力学、海洋大地测量学、天文学、地球物理和资源勘探、航空与卫星遥感、精密工程测量、变形监测、城市控制测量等方面的广泛应用，充分显示了这一卫星定位技术的高精度和高效益。这预示测绘界将面临着一场意义深远的变革，从而使测绘领域步入一个崭新的时代。

在我国测绘行业，GPS 的应用起步较晚，但发展速度很快。据不完全统计，至 1992 年底我国已有上百个单位拥有数百台 GPS 接收机。测绘工作者们在 GPS 应用基础研究和实用软件开发等方面取得了大量的成果，从而为 GPS 技术在我国全面推广提供了技术保证。同时，还对 GPS 测量在适合我国国情的可行性研究方面做了大量的试验。例如，在某测量实验场，建立了一个由 16 个点位构成的 GPS 试验网。实测结果表明，其平面点位平均精度为 6.9mm，平均边长精度为 1.19ppm，平均方位精度为 $0.4''$；与常规整体大地测量平差点位相比较，二维位置最大较差为万分之三点七秒；与 ME-5000 光电测距边比较，平均外部符合精度达三十一万分之一。已完成的大量试验表明，GPS 测量不仅达到了较高的精度（一般来讲，在 50km 以内的基线上，其相对定位精度达 $1\sim2\times10^{-6}$；在 100km～500km 之间，相对定位精度可达 $10^{-6}\sim10^{-7}$），而且与常规测量方法相比具有速度快、成本低、全天候作业、操作方便等优点。

目前，我国大部分省份均建立了 GPS 控制网。国家测绘局还决定，拟在"八五"期间或稍长一些时间内，建立一个由 700 个点位构成的全国性的 GPS 大地网，以适应现代科学技术的发展和国家现代化建设的需要。

13-2 GPS 全球定位系统的组成

GPS 全球定位系统主要由三大部分组成，即空间星座部分（GPS 卫星星座）、地面监控部分和用户设备部分，见图 13-1。

一、空间星座部分

1. GPS 卫星星座

全球定位系统的空间星座部分，由 24 颗卫星组成，其中包括 3 颗可随时启用的备用卫星。工作卫星分布在 6 个近圆形轨道面内，每个轨道面上有 4 颗卫星。卫星轨道面相对地球赤道面的倾角为 $55°$，各轨道平面升交点的赤经相差 $60°$，同一轨道上两卫星之间的升交角距相差 $90°$。轨道平均高度为 20200km，卫星运行周期为 11 小时 58 分。同时在地平线以上的卫星数目随时间和地点而异，最少为 4 颗，最多时达 11 颗。

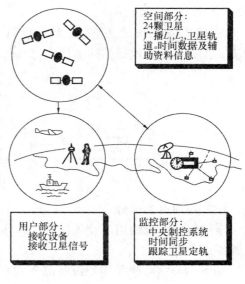

图 13-1

上述 GPS 卫星的空间分布，保障了在地球上任何地点、任何时刻均至少可同时观测到 4 颗卫星，加之卫星信号的传播和接收不受天气的影响，因此 GPS 是一种全球性、全天候的连续实时定位系统。

2. GPS 卫星及功能

GPS 卫星的主体呈圆柱形，设计寿命为 7.5 年。主体两侧配有能自动对日定向的双叶太阳能集电板，为保证卫星正常工作提供电源；通过一个驱动系统保持卫星运转并稳定轨道位置。每颗卫星装有 4 台高精度原子钟（铷钟和铯钟各两台），以保证发射出标准频率（稳定度为 $10^{-12} \sim 10^{-13}$），为 GPS 测量提供高精度的时间信息。

在全球定位系统中，GPS 卫星的主要功能是：接收、储存和处理地面监控系统发射来的导航电文及其他有关信息；向用户连续不断地发送导航与定位信息，并提供时间标准、卫星本身的空间实时位置及其他在轨卫星的概略位置；接收并执行地面监控系统发送的控制指令，如调整卫星姿态和启用备用时钟、备用卫星等。

二、地面监控部分

GPS 的地面监控系统主要由分布在全球的五个地面站组成，按其功能分为主控站（MCS）、注入站（GA）和监测站（MS）三种。

主控站一个，设在美国的科罗拉多的斯普林斯（Colorado Springs）。主控站负责协调和管理所有地面监控系统的工作，其具体任务有：根据所有地面监测站的观测资料推算编制各卫星的星历、卫星钟差和大气层修正参数等，并把这些数据及导航电文传送到注入站；提供全球定位系统的时间基准；调整卫星状态和启用备用卫星等。

注入站又称地面天线站，其主要任务是通过一台直径为 3.6m 的天线，将来自主控站的卫星星历、钟差、导航电文和其他控制指令注入到相应卫星的存储系统，并监测注入信息的正确性。注入站现有 3 个，分别设在印度洋的迭哥加西亚（Diego Garcia）、南太平洋的卡瓦加兰（Kwajalein）和南大西洋的阿松森群岛（Ascencion）。

监测站共有 5 个，除上述 4 个地面站具有监测站功能外，还在夏威夷（Hawaii）设有一个监测站。监测站的主要任务是连续观测和接收所有 GPS 卫星发出的信号并监测卫星的工作状况，将采集到的数据连同当地气象观测资料和时间信息经初步处理后传送到主控站。

图 13-2 是 GPS 地面监控系统示意图，整个系统除主控站外均由计算机自动控制，而勿需人工操作。各地面站间由现代化通讯系统联系，实现了高度的自动化和标准化。

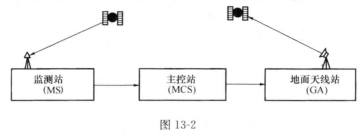

图 13-2

三、用户设备部分

全球定位系统的用户设备部分，包括 GPS 接收机硬件、数据处理软件和微处理机及其终端设备等。

GPS 信号接收机是用户设备部分的核心，一般由主机、天线和电源三部分组成。其主要功能是跟踪接收 GPS 卫星发射的信号并进行变换、放大、处理，以便测量出 GPS 信号从卫星到接收机天线的传播时间；解译导航电文，实时地计算出测站的三维位置，甚至三维速度和时间。GPS 接收机根据其用途可分为导航型、大地型和授时型；根据接收的卫星信号频率，又可分为单频（L_1）和双频（L_1、L_2）接收机等。

在精密定位测量工作中，一般均采用大地型双频接收机或单频接收机。单频接收机适用于 10km 左右或更短距离的精密定位工作，其相对定位的精度能达 5mm＋1ppm·D（D 为基线长度，以 km 计）。而双频接收机由于能同时接收到卫星发射的两种频率（L_1＝1575.42MHz 和 L_2＝1227.60MHz）的载波信号，故可进行长距离的精密定位工作，其相对定位的精度可优于 5mm＋1ppm·D，但其结构复杂，价格昂贵。用于精密定位测量工作的 GPS 接收机，其观测数据必须进行后期处理，因此必须配有功能完善的后处理软件，才能求得所需测站点的三维坐标。

13-3 GPS 坐 标 系 统

任何一项测量工作都离不开一个基准，都需要一个特定的坐标系统。例如，在常规大地测量中，各国都有自己的测量基准和坐标系统，如我国的 1980 年国家大地坐标系

（C80）。由于 GPS 是全球性的定位导航系统，其坐标系统也必须是全球性的；为了使用方便，它是通过国际协议确定的，通常称为协议地球坐标系（Coventional Terrestrial System—CTS）。目前，GPS 测量中所使用的协议地球坐标系统称为 WGS-84 世界大地坐标系（World Geodetic System）。

WGS-84 世界大地坐标系的几何定义是：原点是地球质心，z 轴指向 BIH1984.0 定义的协议地球极（CTP）方向，x 轴指向 BIH1984.0 的零子午面和 CTP 赤道的交点，y 轴与 z 轴、x 轴构成右手坐标系，如图 13-3 所示。

上述 CTP 是协议地球极（Conventional Terrestrial Pole）的简称；由于极移现象的存在，地极的位置在地极平面坐标系中是一个连续的变量，其瞬时坐标（x_p，y_p）由国际时间

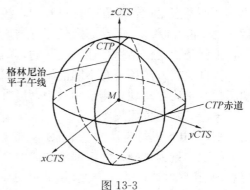

图 13-3

局（Bureau International de I'Heure 简称 BIH）定期向用户公布。WGS-84 世界大地坐标系就是以国际时间局 1984 年第一次公布的瞬时地极（BIH1984.0）作为基准，建立的地球瞬时坐标系，严格来讲属准协议地球坐标系。

除上述几何定义外，WGS-84 还有它严格的物理定义，它拥有自己的重力场模型和重力计算公式，可以算出相对于 WGS-84 椭球的大地水准面差距。现将 WGS-84 世界大地坐标系与我国 1980 年国家大地坐标系的基本大地参数列于表 13-1，以便比较。关于两坐标系之间坐标的互相转换方法，请参阅有关书籍。

在实际测量定位工作中，虽然 GPS 卫星的信号依据于 WGS-84 坐标系，但求解结果则是测站之间的基线向量或三维坐标差。在数据处理时，根据上述结果，并以现有已知点（三点以上）的坐标值作为约束条件，进行整体平差计算，得到各 GPS 测站点在当地现有坐标系中的实用坐标，从而完成 GPS 测量结果向 C80 或当地独立坐标系的转换。

表 13-1

基本大地参数	WGS-84	C80
a（m）	6378137	6378140
ω（rad·s^{-1}）	7.292115×10^{-5}	7.292115×10^{-5}
GM（m^3/s^2）	3.986005×10^{14}	3.986005×10^{14}
f	1/298.257223563	1/298.257

表中：a 为地球椭球长半径；

ω 为地球自转角速度；

GM 为地心引力常数与地球质量的乘积；

f 为地球椭球的极扁率。

13-4 GPS 定 位 原 理

GPS 进行定位的方法，根据用户接收机天线在测量中所处的状态来分，可分为静态

定位和动态定位；若按定位的结果进行分类，则可分为绝对定位和相对定位。

所谓绝对定位，是在 WGS-84 坐标系中，独立确定观测站相对地球质心绝对位置的方法。相对定位同样在 WGS-84 坐标系中，确定的则是观测站与某一地面参考点之间的相对位置，或两观测站之间相对位置的方法。

所谓静态定位，即在定位过程中，接收机天线（待定点）的位置相对于周围地面点而言，处于静止状态。而动态定位正好与之相反，即在定位过程中，接收机天线处于运动状态，也就是说定位结果是连续变化的，如用于飞机、轮船导航定位的方法就属动态定位。

各种定位方法还可有不同的组合，如静态绝对定位、静态相对定位、动态绝对定位、动态相对定位等。现就测绘领域中，最常用的静态定位方法的原理作一简介。

一、基本定位原理

利用 GPS 进行定位的基本原理，是以 GPS 卫星和用户接收机天线之间距离（或距离差）的观测量为基础，并根据已知的卫星瞬时坐标来确定用户接收机所对应的点位，即待定点的三维坐标 (x, y, z)。由此可见，GPS 定位的关键是测定用户接收机天线至 GPS 卫星之间的距离。

1. 伪距的概念及伪距测量

GPS 卫星能够按照星载时钟发射某一结构为"伪随机噪声码"的信号，称为测距码信号（即粗码 C/A 码或精码 P 码）。该信号从卫星发射经时间 Δt 后，到达接收机天线；用上述信号传播时间 Δt 乘以电磁波在真空中的速度 C，就是卫星至接收机的空间几何距离 ρ，即

$$\rho = \Delta t \cdot C \tag{13-1}$$

实际上，由于传播时间 Δt 中包含有卫星时钟与接收机时钟不同步的误差，测距码在大气中传播的延迟误差等等，由此求得的距离值并非真正的站星几何距离，习惯上称之为"伪距"，用 $\tilde{\rho}$ 表示，与之相对应的定位方法称为伪距法定位。

为了测定上述测距码的时间延迟，即 GPS 卫星信号的传播时间，需要在用户接收机内复制测距码信号，并通过接收机内的可调延时器进行相移，使得复制的码信号与接收到的相应码信号达到最大相关，即使之相应的码元对齐。为此，所调整的相移量便是卫星发射的测距码信号到达接收机天线的传播时间，即时间延迟 τ。

假设在某一标准时刻 T_a 卫星发出一个信号，该瞬间卫星钟的时刻为 t_a；该信号在标准时刻 T_b 到达接收机，此时相应接收机时钟的读数为 t_b；于是伪距测量测得的时间延迟 τ，即为 t_b 与 t_a 之差，即

$$\tilde{\rho} = \tau \cdot C = (t_b - t_a) \cdot C \tag{13-2}$$

由于卫星钟和接收机时钟与标准时间存在着误差，设信号发射和接收时刻的卫星和接收机钟差改正数分别为 V_a 和 V_b，则有

$$\left. \begin{array}{c} t_a + V_a = T_a \\ t_b + V_b = T_b \end{array} \right\} \tag{13-3}$$

将式（13-3）代入式（13-2），可得

$$\tilde{\rho} = (T_b - T_a) \cdot C + (V_a - V_b) \cdot C \tag{13-4}$$

式中（$T_b - T_a$）即为测距码从卫星到接收机的实际传播时间 ΔT。由上述分析可知，在 ΔT 中已对钟差进行了改正；但由 $\Delta T \cdot C$ 所计算出的距离中，仍包含有测距码在大气中

传播的延迟误差，必须加以改正。设定位测量时，大气中电离层折射改正数为 $\delta\rho_I$，对流层折射改正数为 $\delta\rho_T$，则所求 GPS 卫星至接收机的真正空间几何距离 ρ 应为

$$\rho = \Delta T \cdot C + \delta\rho_I + \delta\rho_T \tag{13-5}$$

将式（13-4）代入式（13-5），就得到实际距离 ρ 与伪距 $\tilde{\rho}$ 之间的关系式：

$$\rho = \tilde{\rho} + \delta\rho_I + \delta\rho_T - C \cdot V_a + C \cdot V_b \tag{13-6}$$

（13-6）式即为伪距测量的基本观测方程。

伪距测量的精度与测量信号（测距码）的波长及其与接收机复制码的对齐精度有关。目前，接收机的复制码精度一般取 1/100，而公开的 C/A 码码元宽度（即波长）为 293m，故上述伪距测量的精度最高仅能达到 3m（293×1/100≈3m），难以满足高精度测量定位工作的要求。

2. 绝对定位

GPS 绝对定位又称单点定位，其优点是只需用一台接收机即可独立确定待求点的绝对坐标；且观测方便，速度快，数据处理也较简单。主要缺点是精度较低，目前仅能达到米级的定位精度。

在伪距测量的观测方程中，若卫星钟和接收机时钟改正数 V_a 和 V_b 已知；且电离层折射改正和对流层折射改正均可精确求得；那么测定伪距 $\tilde{\rho}$ 就等于测定了站星之间的真正几何距离 ρ，而 ρ 与卫星坐标（x_s，y_s，z_s）和接收机天线相位中心坐标（x，y，z）之间有如下关系：

$$\rho = [(x_s - x)^2 + (y_s - y)^2 + (z_s - z)^2]^{1/2} \tag{13-7}$$

卫星的瞬时坐标（x_s，y_s，z_s）可根据接收到的卫星导航电文求得，故在（13-7）式中仅有三个未知数，即待求点三维坐标（x，y，z）。如果接收机同时对三颗卫星进行伪距测量，从理论上说，就可解算出接收机天线相位中心的位置。因此 GPS 单点定位的实质，就是空间距离后方交会，如图 13-4 所示。

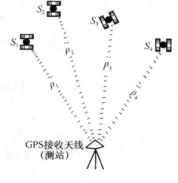

图 13-4

实际上，在伪距测量观测方程中，由于卫星上配有高精度的原子钟，且信号发射瞬间的卫星钟差改正数 V_a 可由导航电文中给出的有关时间信息求得。但用户接收机中仅配备一般的石英钟，在接收信号的瞬间，接收机的钟差改正数不可能预先精确求得。因此，在伪距法定位中，把接收机钟差 V_b 也当作未知数，与待定点坐标在数据处理时一并求解。由此可见，在实际单点定位工作中，在一个观测站上为了实时求解四个未知数 x、y、z 和 V_b，便至少需要四个同步伪距观测值 ρ_i（$i = 1 \sim 4$）。也就是说，至少必须同时观测四颗卫星。

由（13-6）和（13-7）两式，可得伪距法绝对定位原理的数学模型：

$$[(x_{si} - x)^2 + (y_{si} - y)^2 + (z_{si} - z)^2]^{1/2} - C \cdot V_b$$
$$= \tilde{\rho}_i + (\delta\rho_I)_i + (\delta\rho_T)_i - C \cdot V_{ai} \tag{13-8}$$

其中　$i = 1, 2, 3, 4, \cdots\cdots$

二、载波相位测量

载波相位测量顾名思义，是利用 GPS 卫星发射的载波为测距信号。由于，载波的波长（$\lambda_{l_1}=19\text{cm}$，$\lambda_{l_2}=24\text{cm}$）比测距码波长要短得多，因此对载波进行相位测量，就可能得到较高的测量定位精度。

假设卫星 S 在 t_0 时刻发出一载波信号，其相位为 $\Phi(S)$；此时若接收机产生一个频率和初相位与卫星载波信号完全一致的基准信号，在 t_0 瞬间的相位为 $\Phi(R)$。假设这两个相位之间相差 N_0 个整周信号和不足一周的相位 $F_r(\varphi)$，由此可求得 t_0 时刻接收机天线到卫星的距离为：

$$\rho = \lambda[\Phi(R) - \Phi(S)] = \lambda[N_0 + F_r(\varphi)] \qquad (13\text{-}9)$$

载波信号是一个单纯的余弦波。在载波相位测量中，接收机无法判定所量测信号的整周数 N_0，但可精确测定其零数 $F_r(\varphi)$，并且当接收机对空中飞行的卫星作连续观测时，接收机借助于内含多普勒频移计数器，可累计得到载波信号的整周变化数 $I_nt(\varphi)$。因此，$\widetilde{\varphi} = I_nt(\varphi) + F_r(\varphi)$ 才是载波相位测量的真正观测值，见图 13-5。而 N_0 称为整周模糊度，它是一个未知数，但只要观测是连续的，则各次观测的完整测量值中应含有相同的 N_0，也就是说，完整的载波相位观测值应为：

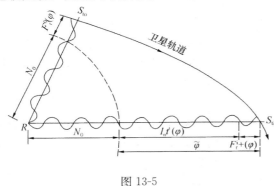

图 13-5

$$\varphi = N_0 + \widetilde{\varphi} = N_0 + I_nt(\varphi) + F_r(\varphi) \qquad (13\text{-}10)$$

图 13-5 所示，在 t_0 时刻首次观测值中 $I_nt(\varphi) = 0$，不足整周的零数为 $F_r^0(\varphi)$，N_0 是未知数；在 t_i 时刻 N_0 值不变，接收机实际观测值 $\widetilde{\varphi}$ 由信号整周变化数 $I_nt^i(\varphi)$ 和其零数 $F_r^i(\varphi)$ 组成。

与伪距测量一样，考虑到卫星和接收机的钟差改正数 V_a、V_b 以及电离层折射改正 $\delta\rho_I$ 和对流层折射改正 $\delta\rho_T$ 的影响，可得到载波相位测量的基本观测方程为：

$$\widetilde{\varphi} = \frac{f}{C}(\rho - \delta\rho_I - \delta\rho_T) - fV_b + fV_a - N_0 \qquad (13\text{-}11)$$

式中 $\widetilde{\varphi} = I_nt(\varphi) + F_r(\varphi)$ 为实际观测值，若在等号两边同乘上载波波长 $\lambda = \dfrac{C}{f}$，并简单移项后，则有：

$$\rho = \widetilde{\rho} + \delta\rho_I + \delta\rho_T - C\cdot V_a + C\cdot V_b + \lambda\cdot N_0 \qquad (13\text{-}12)$$

将式（13-12）与式（13-6）两式比较可看出，载波相位测量观测方程中，除增加了整周未知数 N_0 外，与伪距测量的观测方程在形式上完全相同。

整周未知数 N_0 的确定是载波相位测量中特有的问题，也是进一步提高 GPS 定位精度、提高作业速度的关键所在。目前，确定整周未知数的方法主要有三种：伪距法、N_0 作为未知数参与平差法和三差法。伪距法就是在进行载波相位测量的同时，再进行伪距测量；由两种方法的观测方程可知，将未经过大气改正和钟差改正的伪距观测值 $\widetilde{\rho}$ 减去载波相位实际观测值 $\widetilde{\varphi} = I_nt(\varphi) + F_r(\varphi)$ 与波长 λ 的乘积，便可得到 λN_0 值，从而求出整周

未知数 N_0。N_0 作为未知数参与平差，就是将 N_0 作为未知参数，在测后数据处理和平差时与测站坐标一并求解；根据对 N_0 的处理方式不同，可分为"整数解"和"实数解"。三差法就是从观测方程中消去 N_0 的方法，又称多普勒法，因为对于同一颗卫星来说，每个连续跟踪的观测中，均含有相同的 N_0，因而将不同观测历元的观测方程相减，即可消去整周未知数 N_0，从而直接解算出坐标参数。关于确定 N_0 的具体算法以及对整周跳变（由于种种原因引起的整周观测值的意外丢失现象）的探测和修复的具体方法，这里不再详述，请参阅有关书籍。

三、相对定位

相对定位是目前 GPS 测量中精度最高的一种定位方法，它广泛用于高精度测量工作中。在介绍绝对定位方法时已叙及，GPS 测量结果中不可避免地存在着种种误差；但这些误差对观测量的影响具有一定的相关性，所以利用这些观测量的不同线性组合进行相对定位，便可能有效地消除或减弱上述误差的影响，提高 GPS 定位的精度，同时消除了相关的多余参数，也大大方便了 GPS 的整体平差工作。实践表明，以载波相位测量为基础，在中等长度的基线上对卫星连续观测 1～3 小时，其静态相对定位的精度可达 $10^{-6}\sim10^{-7}$。

静态相对定位的最基本情况是用两台 GPS 接收机分别安置在基线的两端，固定不动；同步观测相同的 GPS 卫星，以确定基线端点在 WGS-84 坐标系中的相对位置或基线向量，参见图 13-6。由于在测量过程中，通过重复观测取得了充分的多余观测数据，从而改善了 GPS 定位的精度。

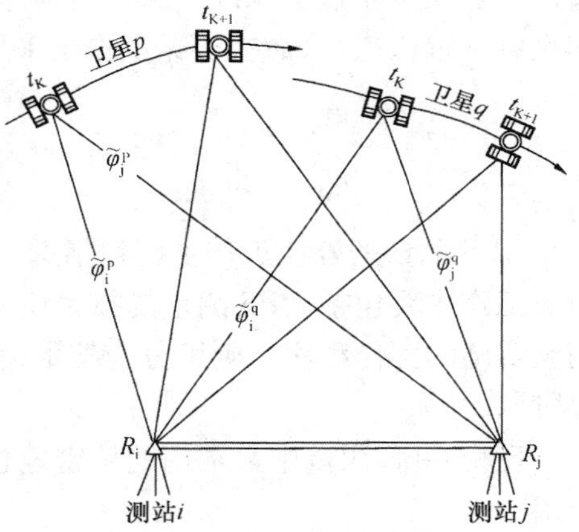

图 13-6

考虑到 GPS 定位时的误差来源，当前普遍采用的观测量线性组合方法称之为差分法，其具体形式有三种，即所谓的单差法、双差法和三差法，现分述如下。

1. 单差法

所谓单差，即不同观测站（测站 i 和 j）同步观测相同卫星 p 所得到的观测量之差，也就是在两台接收机之间求一次差；它是 GPS 相对定位中观测量组合的最基本形式，具体表达式可简写为（见图 13-6）：

$$\Delta\Phi_{ij}^p = \widetilde{\varphi}_j^p - \widetilde{\varphi}_i^p \tag{13-13}$$

单差法并不能提高 GPS 绝对定位的精度，但由于基线长度与卫星高度相比，是一个微小量，因而两测站的大气折光影响和卫星星历误差的影响，具有良好的相关性。因此，当求一次差时，必然削弱了这些误差的影响；同时消除了卫星钟的误差（因两台接收机在同一时刻接收同一颗卫星的信号，则卫星钟差改正数 V_a 相等）。由此可见，单差法只能有效地提高相对定位的精度，其求算结果应为两测站点间的坐标差，或称基线向量。

2. 双差法

双差就是在不同测站上同步观测一组卫星所得到的单差之差，即在接收机和卫星间求二次差。

仍以图 13-6 为例，在 K 时刻测站 i 和 j 两台接收机同时观测卫星 p 和 q；对于卫星 q

同样可得形同式（13-13）的单差观测方程，两式相减便得双差法模型表达式：

$$\Delta\Phi_{ij}^{pq} = \Delta\Phi_{ij}^{q} - \Delta\Phi_{ij}^{p} \tag{13-14}$$

前已叙及，在单差模型中仍包含有接收机时钟误差，其钟差改正数仍是一个未知量。但是由于进行连续的相关观测，求二次差后，便可有效地消除两测站接收机的相对钟差改正数，这是双差模型的主要优点；同时也大大地减小了其他误差的影响。因此在 GPS 相对定位中，广泛采用双差法进行平差计算和数据处理。

3. 三差法

三差法就是于不同历元（t_K 和 t_{K+1}）同步观测同一组卫星所得观测量的双差之差，即在接收机、卫星和历元间求三次差，表达式为：

$$\Delta\Phi_{ij}^{pq}(t_{K,K+1}) = \Delta\Phi_{ij}^{pq}(t_{K+1}) - \Delta\Phi_{ij}^{pq}(t_K) \tag{13-15}$$

引入三差法的目的，就在于解决前两种方法中存在的整周未知数 N_0 和整周跳变待定的问题（前已叙及），这是三差法的主要优点。但由于三差模型中未知参数的数目较少，则独立的观测量方程的数目也明显减少，这对未知数的解算将会产生不良的影响，使精度降低。正是由于这个原因，通常将消除了整周未知数的三差法结果，仅用作前两种方法的初次解（近似值），而在实际工作中采用双差法结果更加适宜。

13-5　GPS 测量的实施

GPS 测量的外业工作主要包括选点、建立观测标志、野外观测以及成果质量检核等；内业工作主要包括 GPS 测量的技术设计、测后数据处理以及技术总结等。如果按照 GPS 测量实施的工作程序，则可分为技术设计、选点与建立标志、外业观测、成果检核与处理等阶段。

现将 GPS 测量中最常用的精密定位方法——静态相对定位方法的工作程序作一简单介绍。

一、GPS 网的技术设计

GPS 网的技术设计是一项基础性的工作。这项工作应根据网的用途和用户的要求来进行，其主要内容包括精度指标的确定和网的图形设计等。

1. GPS 测量的精度指标

精度指标的确定取决于网的用途，设计时应根据用户的实际需要和可以实现的设备条件，恰当地确定 GPS 网的精度等级。精度指标通常以网中相邻点之间的距离误差 m_R 来表示，其形式为：

$$m_R = \delta_0 + pp \times D \tag{13-16}$$

式中 D 为相邻点间的距离（km），现将我国不同类级 GPS 网的精度指标❶列于表 13-2 供参阅。

---

❶ 中华人民共和国测绘行业标准：《全球定位系统（GPS）测量规范》国家测绘局，1992 年。

表 13-2

类　级	测　量　类　型	常量误差 δ_0 (mm)	比例误差 pp (ppm)
A	地壳形变测量或国家高精度 GPS 网	≤10	≤0.5
B	国家基本控制测量	≤15	≤2
C	控制网加密，城市测量，工程测量	≤25	≤5～50

2. 网形设计

GPS 网的图形设计就是根据用户要求，确定具体的布网观测方案，其核心是如何高质量低成本地完成既定的测量任务。通常在进行 GPS 网设计时，必须顾及测站选址、卫星选择、仪器设备装置与后勤交通保障等因素；当网点位置、接收机数量确定以后，网的设计就主要体现在观测时间的确定、网形构造及各点设站观测的次数等方面。

一般 GPS 网应根据同一时间段内观测的基线边，即同步观测边构成闭合图形（称同步环），例如三角形（需三台接收机，同步观测三条边，其中两条是独立边）、四边形（需四台接收机）或多边形等，以增加检核条件，提高网的可靠性；然后，可按点连式、边连式和网连式这三种基本构网方法，将各种独立的同步环有机地连接成一个整体。由不同的构网方式，又可额外地增加若干条复测基线闭合条件（即对某一基线多次观测之差）和非同步图形（异步环）闭合条件（即用不同时段观测的独立基线联合推算异步环中的某一基线，将推算结果与直接解算的该基线结果进行比较，所得到的坐标差闭合条件），从而进一步提高了 GPS 网的几何强度及其可靠性。关于各点观测次数的确定，通常应遵循"网中每点必须至少独立设站观测两次"的基本原则。

现以采用四台接收机为例，建立一个由 17 个点组成的 GPS 网，其布网形式及说明，参见表 13-3。应当指出，布网方案不是唯一的，工作中可根据实际情况灵活布网。

表 13-3

	点　连　式	边　连　式	网　连　式
网　形			
说　明	有 6 个同步四边形，有一个非同步闭合条件，一条复测边	有 8 个同步四边形，有 2 个非同步闭合条件，有 6 条复测边	有 10 个同步四边形，有 14 条复测边

二、选点与建立标志

由于 GPS 测量观测站之间不要求通视，而且网形结构灵活，故选点工作远较常规大地测量简便；并且省去了建立高标的费用，降低了成本。但 GPS 测量又有其自身的特点，因此选点时，应满足以下要求：点位应选在交通方便、易于安置接收设备的地方，且视野开阔，以便于同常规地面控制网的联测；GPS 点应避开对电磁波接收有强烈吸收、反射等干扰影响的金属和其他障碍物体，如高压线、电台电视台、高层建筑、大范围水面等。

点位选定后，应按要求埋置标石，以便保存。最后，应绘制点之记、测站环视图和GPS网选点图，作为提交的选点技术资料。

三、外业观测

外业观测是指利用GPS接收机采集来自GPS卫星的电磁波信号，其作业过程大致可分为天线安置、接收机操作和观测记录。外业观测应严格按照技术设计时所拟定的观测计划进行实施，只有这样，才能协调好外业观测的进程，提高工作效率，保证测量成果的精度。为了顺利地完成观测任务，在外业观测之前，还必须对所选定的接收设备进行严格的检验。

天线的妥善安置是实现精密定位的重要条件之一，其具体内容包括：对中、整平、定向并量取天线高。

接收机操作的具体方法步骤，详见仪器使用说明书。实际上，目前GPS接收机的自动化程度相当高，一般仅需按动若干功能键，就能顺利地自动完成测量工作；并且每做一步工作，显示屏上均有提示，大大简化了外业操作工作，降低了劳动强度。

观测记录的形式一般有两种：一种由接收机自动形成，并保存在机载存储器中，供随时调用和处理，这部分内容主要包括接收到的卫星信号、实时定位结果及接收机本身的有关信息。另一种是测量手簿，由操作员随时填写，其中包括观测时的气象元素等其他有关信息。观测记录是GPS定位的原始数据，也是进行后续数据处理的唯一依据，必须妥善保管。

四、成果检核与数据处理

观测成果的外业检核是确保外业观测质量，实现预期定位精度的重要环节。所以，当观测任务结束后，必须在测区及时对外业观测数据进行严格的检核；并根据情况采取淘汰或必要的重测、补测措施。只有按照《规范》要求，对各项检核内容严格检查，确保准确无误，才能进行后续的平差计算和数据处理。

前已叙及，GPS测量采用连续同步观测的方法，一般15秒钟自动记录一组数据，其数据之多、信息量之大是常规测量方法无法相比的；同时，采用的数学模型、算法等形式多样，数据处理的过程相当复杂。在实际工作中，借助于电子计算机，使得数据处理工作的自动化达到了相当高的程度，这也是GPS能够被广泛使用的重要原因之一。限于篇幅，数据处理和整体平差的方法不作详细介绍，仅将GPS测量数据处理的基本流程，绘于图13-7以供参考。

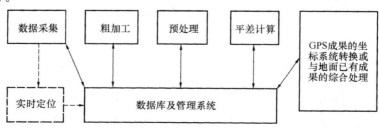

图 13-7

思 考 题 与 习 题

1. GPS 全球定位系统由哪几部分组成？各部分的作用是什么？

2. 什么是静态相对定位？

3. 什么是伪距？简述用伪距法绝对定位的原理。

4. 载波相位测量的观测值是什么？确定整周未知数有哪几种方法？

5. 简述各种差分法的特点。

6. 什么是同步环、异步环和复测基线的闭合条件？

7. 简述 GPS 测量的工作程序。

附录：测量实验与实习

第一部分　测量实验与实习须知

一、实验与实习的目的及有关规定

1. 测量实验与实习的目的一方面是为了验证、巩固在课堂上所学的知识；另一方面是熟悉测量仪器的构造和使用方法，培养学生进行测量工作的基本操作技能，使学到的理论与实践紧密结合。

2. 在实验或实习之前，必须复习教材中的有关内容，认真仔细地预习实验或实习指导书，明确目的要求、方法步骤及注意事项，以保证按时完成实验和实习任务。

3. 实验或实习分小组进行，组长负责组织协调工作，办理所用仪器工具的借领和归还手续。每人都必须认真、仔细地操作，培养独立工作能力和严谨的科学态度，同时要发扬互相协作精神。

实验或实习应在规定的时间和地点进行，不得无故缺席或迟到早退，不得擅自改变地点或离开现场。

在实验或实习过程中或结束时，发现仪器工具有遗失、损坏情况，应立即报告指导教师，同时要查明原因，根据情节轻重，给予适当赔偿和处理。

4. 实验或实习结束时，应提交书写工整、规范的实验报告或实习记录，经指导教师审阅同意后，才可交还仪器工具、结束工作。

二、使用仪器、工具注意事项

以小组为单位到指定地点领取仪器、工具，领借时应当场清点检查，如有缺损，可以报告实验室管理员给予补领或更换。

1. 携带仪器时，注意检查仪器箱是否扣紧、锁好，拉手和背带是否牢固，并注意轻拿轻放。开箱时，应将仪器箱放置平稳。开箱后，记清仪器在箱内安放的位置，以便用后按原样放回。提取仪器时，应用双手握住支架或基座轻轻取出，放在三脚架上，保持一手握住仪器，一手拧连接螺旋，使仪器与三脚架牢固连接。仪器取出后，应关好仪器箱，严禁在箱上坐人。

2. 不可置仪器于一旁而无人看管。应撑伞，严防仪器日晒雨淋。

3. 若发现透镜表面有灰尘或其他污物，须用软毛刷或擦镜头纸拂去，严禁用手帕、粗布或其他纸张擦拭，以免磨坏镜面。

4. 各制动螺旋勿拧过紧，以免损伤，各微动螺旋勿转至尽头，防止失灵。

5. 近距离搬站，应放松制动螺旋，一手握住三脚架放在肋下，一手托住仪器，放置胸前稳步行走。不准将仪器斜扛肩上，以免碰伤仪器。若距离较远，必须装箱搬站。

6. 仪器装箱时，应松开各制动螺旋，按原样放回后先试关一次，确认放妥后，再拧紧各制动螺旋，以免仪器在箱内晃动，最后关箱上锁。

7. 水准尺、标杆不准用作担抬工具，以防弯曲变形或折断。

8. 使用钢尺时，应防止扭曲、打结和折断，防止行人踩踏或车辆碾压，尽量避免尺身着水。携尺前进时，应将尺身提起，不得沿地面拖行，以防损坏刻画。用完钢尺，应擦净、涂油，以防生锈。

三、记录与计算规则

1. 实验所得各项数据的记录和计算，必须按记录格式用 2H 铅笔认真填写。字迹应清楚并随观测随记录。不准先记在草稿纸上，然后誊入记录表中，更不准伪造数据。

观测者读出数字后，记录者应将所记数字复诵一遍，以防听错、记错。

2. 记录错误时，不准用橡皮擦去，不准在原数字上涂改，应将错误的数字划去并把正确的数字记在原数字上方。记录数据修改后或观测成果废去后，都应在备注栏内注明原因（如测错、记错或超限等）。

3. 禁止连续更改数字，例如：水准测量中的黑、红面读数；角度测量中的盘左，盘右读数；距离丈量中的往测与返测结果等，均不能同时更改，否则，必须重测。

简单的计算与必要的检核，应在测量现场及时完成，确认无误后方可迁站。

4. 数据运算应根据所取位数，按"四舍六入、五前单进、双舍"的规则进行数字凑整。

第二部分　测量实验及课堂作业

实验一　水准仪的使用

一、目的和要求

1. 了解 DS3 级水准仪的基本构造，认清其主要部件的名称及作用；
2. 练习水准仪的安置、瞄准与读数；
3. 测定地面两点间高差。

二、仪器和工具

DS3 级水准仪 1，水准尺 1，记录本 1，伞 1。

三、方法和步骤

1. 安置仪器

将脚架张开，使其高度适当，架头大致水平，并将脚尖踩入土中。再开箱取出仪器，将其固连在三脚架上。

2. 认识仪器

指出仪器各部件的名称，了解其作用并熟悉其使用方法，同时弄清水准尺的分划与注记。

3. 粗略整平

先用双手同时向内（或向外）转动一对脚螺旋，使圆水准器气泡移动到中间，再转动另一只脚螺旋使圆气泡居中，通常须反复进行。注意气泡移动的方向与左手拇指或右手食指运动的方向一致。

4. 瞄准水准尺、精平与读数

（1）瞄准

甲立水准尺于某地面点上，乙松开水准仪制动螺旋，转动仪器，用准星和照门粗略瞄准水准尺，固定制动螺旋，用微动螺旋使水准尺大致位于视场中央；

转动目镜对光螺旋进行对光，使十字丝分划清晰，再转动物镜对光螺旋看清水准尺影象；

转动水平微动螺旋，使十字丝纵丝靠近水准尺一侧，若存在视差，则应仔细进行物镜对光予以消除；

（2）精平

转动微倾螺旋使符合水准器气泡两端的影象吻合（即成一圆弧状），也称精平；

（3）读数

用中丝在水准尺上读取 4 位读数，即米、分米、厘米及毫米位。读数时应先估出毫米数，然后按米、分米、厘米及毫米，一次读出 4 位数。

5. 测定地面两点间的高差

（1）在地面选定 A、B 两个较坚固的点；

（2）在 A、B 两点之间安置水准仪，使仪器至 A、B 两点的距离大致相等；

（3）竖立水准尺于点 A 上。瞄准点 A 上的水准尺，精平后读数，此为后视读数，记

入表中测点 A-行的后视读数栏下；

（4）再将水准尺立于点 B，瞄准点 B 上的水准尺，精平后读取前视读数，并记入表中测点 B-行的前视读数栏下；

（5）计算 A、B 两点的高差。

$$h_{AB}＝后视读数－前视读数$$

四、记录格式

日期_____ 天气_____ 班级_____ 小组_____

仪器型号_____ 预测_____ 记录_____

测　　点	后视读数	前视读数	高差（m）	备　注

五、识别下列部件并写出它们的功能

部　件　名　称	功　能	部　件　名　称	功　能
准星和照门		微倾螺旋	
目镜对光螺旋		脚螺旋	
物镜对光螺旋		圆水准器	
制动螺旋		管水准器	
微动螺旋			

实验二　水　准　测　量

一、目的和要求

1. 练习等外水准测量的观测、记录、计算与检核的方法；

2. 由一个已知高程点 BM·A 开始，经待定高程点 B、C、D，进行闭合水准路线测量，求出待定高程点 B、C、D 的高程。高差闭合差的容许值为

$$f_{h容}＝\pm 12\sqrt{n}\,\text{mm}$$

或

$$f_{h容}＝\pm 40\sqrt{L}\,\text{mm}$$

式中　n——测站数；

L——水准路线的公里数。

3. 实验小组由 4 人组成；一人观测、一人记录、二人扶尺。

二、仪器和工具

DS3 级水准仪 1，水准尺 2，尺垫 2，记录本 1，伞 1。

三、方法和步骤

1. 在地面选定 B、C、D 三个坚固点作为待定高程点，BM·A 为已知高程点，其高程值由教师提供。安置仪器于点 A 和转点 TP1（放置尺垫）之间，目估前、后视距离大致相等，进行粗略整平和目镜对光。测站编号为 1；

2. 后视 A 点上的水准尺，精平后读取后视读数，记入手簿；

3. 前视 TP1 上的水准尺，精平后读取前视读数，记入手簿；

4. 升高（或降低）仪器 10cm 以上，重复 2 与 3 步骤；

5. 计算高差：高差等于后视读数减前视读数。两次仪器高测得高差之差不大于 6mm 时，取其平均值作为平均高差；

6. 迁至第 2 站继续观测。沿选定的路线，将仪器迁至 TP1 和点 B 的中间，仍用第一站施测的方法，后视 TP1，前视点 B，依次连续设站，经过点 C 和点 D 连续观测，最后仍回至点 A；

7. 计算检核：后视读数之和减前视读数之和应等于高差之和，也等于平均高差之和的二倍；

8. 高差闭合差的计算与调整（详见本书 2-5 节）；

9. 计算待定点高程：根据已知高程点 A 的高程和各点间改正后的高差计算 B、C、D、A 四个点的高程，最后算得的 A 点高程应与已知值相等，以资校核。

四、注意事项

1. 在每次读数之前，应使水准管气泡严格居中，并消除视差；

2. 应使前、后视距离大致相等；

3. 在已知高程点和待定高程点上不能放置尺垫。转点用尺垫时，应将水准尺置于尺垫半圆球的顶点上；

4. 尺垫应踏入土中或置于竖固地面上，在观测过程中不得碰动仪器或尺垫，迁站时应保护前视尺垫不得移动；

5. 水准尺必须扶直，不得前、后倾斜。

五、记录与计算表

参见本书表 2-1 和表 2-2。

实验三　微倾式水准仪的检验与校正

一、目的和要求

1. 了解微倾式水准仪各轴线间应满足的几何条件；

2. 掌握微倾式水准仪检验与校正的方法；

3. 要求检校后的 i 角不得超过 20″，其他条件检校到无明显偏差为止。

二、仪器和工具

DS3 级水准仪 1，水准尺 2，皮尺 1，木桩（或尺垫）2，斧 1，拨针 1，螺丝刀 1。

三、方法和步骤

1. 一般性检验

安置仪器后，首先检验：三脚架是否牢固，制动和微动螺旋、微倾螺旋、对光螺旋、脚螺旋等是否有效，望远镜成象是否清晰。

2. 圆水准器轴应平行于仪器竖轴的检验与校正

检验：转动脚螺旋，使圆水准器气泡居中，将仪器绕竖轴旋转 180° 以后，如果气泡仍居中，说明此条件满足；如果气泡偏出分划圈之外，则需校正。

校正：先稍旋松圆水准器底部中央的固紧螺旋（见教材图 2-29），然后用拨针拨动圆水准器校正螺丝，使气泡向居中方向退回偏离量之半，再转动脚螺旋使气泡居中，如此反复检校，直到圆水准器转到任何位置时，气泡都在分划圈内为止。最后旋紧固紧螺旋。

3. 十字丝横丝应垂直于仪器竖轴的检验与校正

检验：用十字丝交点瞄准一明显的点状目标 P，转动微动螺旋，若目标点始终不离开横丝，说明此条件满足，否则需校正。

校正：旋下十字丝分划板护罩（有的仪器无护罩），用螺丝刀旋松分划板座三个固定螺丝（见本书图 2-32），转动分划板座，使目标点 P 与横丝重合。反复检验与校正，直到条件满足为止。最后将固定螺丝旋紧，并旋上护罩。

4. 视准轴应平行于水准管轴的检验与校正

检验：在 S_1 处（见本书图 2-33）安置水准仪，用皮尺从仪器向两侧各量距约 40m，定出等距离的 A、B 两点，打桩或放置尺垫。用变动仪器高（或双面尺）法测出 A、B 两点的高差。当两次测得高差之差不大于 3mm 时，取其平均值作为最后的正确高差，用 h_{AB} 表示。

再安置仪器于点 B 附近的 S_2 处，距离 B 点 3m 左右，瞄准 B 点水准尺，读数为 b_2，再根据 A、B 两点的正确高差算得 A 点尺上应有的读数 $a_2 = h_{AB} + b_2$，与在 A 点尺上的实际读数 a_2' 比较，得误差为 $\Delta_h = a_2' - a_2$，由此计算 i 角值

$$i'' = \frac{\Delta_h}{D_{AB}} \cdot \rho''$$

式中　$\rho'' = 206265''$，D_{AB} 为 A、B 两点间的距离。

校正：转动微倾螺旋，使十字丝的中横丝对准 A 点尺上应有的读数 a_2，这时水准管气泡必然不居中，用拨针拨动水准管一端上、下两个校正螺丝，使气泡居中。松紧上、下两个校正螺丝前，先稍微旋松左、右两个校正螺丝，校正完毕，再旋紧。反复检校，直到 $i \leqslant 20''$ 为止。

四、注意事项

1. 检校仪器时必须按上述的规定顺序进行，不能颠倒；
2. 校正用的工具要配套，拨针的粗细与校正螺丝的孔径要相适应；
3. 拨动校正螺丝时，应先松后紧，松紧适当。

五、记录格式

水准仪的检验与校正

日期＿＿＿＿＿　　天气＿＿＿＿＿　　班级＿＿＿＿＿　　小组＿＿＿＿＿

仪器型号＿＿＿＿＿　　　　　　　检验＿＿＿＿＿　　记录＿＿＿＿＿

1. 一般性检验结果：三脚架＿＿＿＿＿，制动与微动螺旋＿＿＿＿＿，微倾螺旋＿＿＿＿＿，对光螺旋＿＿＿＿＿，脚螺旋＿＿＿＿＿，望远镜成像＿＿＿＿＿。

2. 圆水准器轴应平行于仪器竖轴的检验与校正

检验（旋转仪器 180°）次数	气泡偏离情况	检验者

3. 十字丝横丝应垂直于仪器竖轴的检验与校正

检 验 次 数	偏 离 情 况	检验者

4. 视准轴应平行于水准管轴的检验与校正

仪器位置	项　目	第一次	第二次	第三次
在中点 测高差	A 点尺上读数 a_1 B 点尺上读数 b_1 A、B 两点高差 $h_{AB}=a_1-b_1$			
在 B 点附近 检校	B 点尺上读数 b_2 A 点尺上应有读数 $a_2=b_2+h_{AB}$ A 点尺上实际读数 a_2' 误差 $\Delta h=a_2'-a_2$ 两轴不平行误差 $i''=\dfrac{\Delta h}{D_{AB}} \cdot \rho''$			

实验四　经纬仪的使用

一、目的和要求

1. 了解 DJ6 级经纬仪的基本构造及其主要部件的名称及作用；

2. 练习经纬仪对中、整平、瞄准与读数的方法，并掌握基本操作要领；

3. 要求对中误差小于 3mm，整平误差小于一格。

二、仪器和工具

DJ6 级经纬仪 1，本桩 1，斧 1，伞 1。

三、方法和步骤

1. 经纬仪的安置

（1）在地面打一木桩，桩顶钉一小钉或画十字作为测站点；

（2）松开三脚架，安置于测站上，使高度适当，架头大致水平。打开仪器箱，双手握住仪器支架，将仪器取出，置于架头上。一手紧握支架，一手拧紧连接螺旋；

（3）对中挂上垂球，平移三脚架，使垂球尖大致对准测站点，并注意架头水平，踩紧三脚架。稍松连接螺旋，两手扶住基座，在架头上平移仪器，使垂球尖端准确对准测站点，再拧紧连接螺旋；

（4）整平松开水平制动螺旋，转动照准部，使水准管平行于任意一对脚螺旋的连线，两手同时向内（或向外）转动这两只脚螺旋，使气泡居中。将仪器绕竖轴转动 90°，使水准管垂直于原来两脚螺旋的连线，转动第三只脚螺旋，使气泡居中。如此反复调试，直到仪器转到任何方向，气泡中心不偏离水准管零点一格为止。

2. 瞄准目标

（1）将望远镜对向天空（或白色墙面），转动目镜使十字丝清晰；

（2）用望远镜上的概略瞄准器瞄准目标，再从望远镜中观看，若目标位于视场内，可固定望远镜制动螺旋和水平制动螺旋；

（3）转动物镜对光螺旋使目标影象清晰，再调节望远镜和照准部微动螺旋，用十字丝的纵丝平分目标（或将目标夹在双丝中间）；

（4）眼睛微微左右移动，检查有无视差，若有，转动物镜对光螺旋予以消除。

3. 读数

（1）调节反光镜使读数窗亮度适当；

（2）旋转读数显微镜的目镜，使度盘及分微尺的刻画清晰，并区别水平度盘与竖盘读数窗；

（3）读取位于分微尺上的度盘刻划线所注记的度数，从分微尺上读取该刻划线所在位置的分数，估读至0.1分（即6秒的整倍数）。

盘左瞄准目标，读出水平度盘读数，纵转望远镜，盘右再瞄准该目标读数，两次读数之差约为180°，以此检核瞄准和读数是否正确。

四、记录格式

日期＿＿＿＿＿ 天气＿＿＿＿＿ 班级＿＿＿＿＿ 小组＿＿＿＿＿

仪器型号＿＿＿＿＿ 观测＿＿＿＿＿ 记录＿＿＿＿＿

测 点	目 标	盘左读数	盘右读数	备 注

五、识别下列部件并写出它们的功能

部 件 名 称	功 能	部 件 名 称	功 能
水平制动螺旋		竖盘指标水准管	
水平微动螺旋		竖盘指标水准管微动螺旋	
望远镜制动螺旋		照准部水准管	
望远镜微动螺旋		度盘变换器	

实验五　测回法测量水平角

一、目的和要求

1. 掌握测回法测量水平角的方法、记录及计算；

2. 每人对同一角度观测一测回，上、下半测回角值之差不得超过$\pm40''$，各测回角值互差不得大于$\pm24''$。

二、仪器和工具

经纬仪1，记录本1，伞1，木桩1，斧1。

三、方法和步骤

1. 每组选一测站点O安置仪器，对中、整平后，再选定A、B两个目标；

2. 如果度盘变换器为复测式，盘左，转动照准部使水平度盘读数略大于零，将复测扳手扳向下，再去瞄准A目标，将扳手扳向上，读取水平度盘读数a_1，记入手簿。如为拨盘式度盘变换器，应先瞄准目标A，后拨度盘变换器，使读数略大于零；

3. 顺时针方向转动照准部，瞄准B目标，读数b_1并记录，盘左测得$\angle AOB$为

$$\beta_左 = b_1 - a_1$$

4. 纵转望远镜为盘右，先瞄准B目标，读数b_2并记录，逆时针方向转动照准部，瞄准A目标，读数a_2并记录，盘右测得$\angle AOB$为

$$\beta_右 = b_2 - a_2$$

5. 若上、下半测回角值之差不大于$40''$，计算一测回角值$\beta=\frac{1}{2}$（$\beta_左+\beta_右$）;

6. 观测第二测回时，应将起始方向A的度盘读数安置于$90°$附近。各测回角值互差不大于$\pm24''$，则计算平均角值。

四、记录格式（参见表 3-1）

实验六　全圆方向观测法测量水平角

一、目的和要求

1. 练习全圆方向观测法观测水平角的操作方法、记录和计算;

2. 半测回归零差不得超过$\pm18''$;

3. 各测回方向值互差不得超过$\pm24''$。

二、仪器和工具

经纬仪 1，木桩 1，记录本 1，斧 1，伞 1。

三、方法和步骤

1. 在测站点O安置仪器，对中、整平后，选定A、B、C、D四个目标;

2. 盘左瞄准起始目标A，并使水平度盘读数略大于零，读数并记录;

3. 顺时针方向转动照准部，依次瞄准B、C、D、A各目标，分别读取水平度盘读数并记录，检查归零差是否超限;

4. 纵转望远镜，盘右，逆时针方向依次瞄准A、D、C、B、A各目标，读数并记录，检查归零差是否超限;

5. 计算

同一方向两倍视准误差$2C=$盘左读数－（盘右读数$\pm180°$）;各方向的平均读数$=\frac{1}{2}$〔盘左读数＋（盘右读数$\pm180°$）〕;将各方向的平均读数减去起始方向的平均读数，即得各方向的归零方向值。

6. 第二人观测时，起始方向的度盘读数安置于$90°$附近，同法观测第二测回。各测回同一方向归零方向值的互差不超过$\pm24''$，取其平均值，作为该方向的结果。

四、注意事项

1. 应选择远近适中，易于瞄准的清晰目标作为起始方向;

2. 如果方向数只有 3 个时，可以不归零。

五、记录格式（参见表 3-2）

实验七　竖直角测量与竖盘指标差的检验

一、目的和要求

1. 练习竖直角观测、记录及计算的方法;

2. 了解竖盘指标差的计算方法;

3. 同一组所测得的竖盘指标差的互差不得超过$\pm25''$。

二、仪器和工具

经纬仪 1，木桩 1，斧 1，伞 1，记录本 1。

三、方法和步骤

1. 在测站点 O 上安置仪器，对中、整平后，选定 A、B 两个目标；

2. 先观察一下竖盘注记形式并写出竖直角的计算公式：盘左将望远镜大致放平，观察竖盘读数，然后将望远镜慢慢上仰，观察读数变化情况，若读数减小，则竖直角等于视线水平时的读数减去瞄准目标时的读数，反之，则相反；

3. 盘左，用十字丝中横丝切于 A 目标顶端，转动竖盘指标水准管微动螺旋，使竖盘指标水准管气泡居中，读取竖盘读数 L，记入手簿并算出竖直角 α_L；

4. 盘右，同法观测 A 目标，读取盘右读数 R，记录并算出竖直角 α_R；

5. 计算竖盘指标差 $x = \frac{1}{2}(\alpha_R - \alpha_L)$

或
$$x = \frac{1}{2}(L + R - 360°)$$

6. 计算竖直角平增值 $\alpha = \frac{1}{2}(\alpha_L + \alpha_R)$

或
$$\alpha = \frac{1}{2}(R - L - 180°)$$

7. 同法测定 B 目标的竖直角并计算出竖盘指标差。检查指标差的互差是否超限。

四、注意事项

1. 观测过程中，对同一目标应使十字丝中横丝切准目标顶端（或同一部位）；

2. 每次读数前应使竖盘指标水准管气泡居中；

3. 计算竖直角和指标差时，应注意正、负号。

五、记录格式（参见表3-4）

实验八　视　距　测　量

一、目的和要求

1. 练习用视距法测定地面两点间的水平距离和高差；

2. 水平距离和高差要往、返测量，往返测得水平距离的相对误差不大于 $\frac{1}{300}$，高差之差应不大于5cm。

二、仪器和工具

经纬仪1，视距尺1，木桩2，斧1，伞1，记录本1，计算器1，皮尺1。

三、方法和步骤

1. 在地面任意选择 A、B 两点，相距约 100m，各打一木桩；

2. 安置仪器于 A 点，用皮尺量出仪器高 i（自桩顶量至仪器横轴，精确到厘米），在 B 点竖立视距尺；

3. 盘左，用中横丝对准视距尺上仪器高 i 附近，再使上丝对准尺上整分米处，设读数为 b，然后读取下丝读数 a（精确到毫米）并记录，立即算出视距间隔 $l_L = a - b$；

4. 转动望远镜微动螺旋使中横丝对准尺上的仪器高 i 处；转动竖盘指标水准管微动螺旋，使竖盘指标水准管气泡居中，读竖盘读数并记录，算出竖直角 α_L；

5. 盘右，重复步骤3与4，测得视距间隔 l_R 与竖直角 α_R；

6. 用盘左、盘右观测的视距间隔平均值和竖直角的平均值，计算 A、B 两点的水平距离和高差

$$水平距离 \quad D=kl\cos^2\alpha \quad （取至 0.1m）$$
$$高差 \quad h_{AB}=Dtg\alpha \quad （取至 0.01m）$$

如使用 SHARP EL-5812 计算器，按键次序如下：

α ｜DEG｜ ｜x→M｜ ｜cos｜ ｜x²｜ ｜×｜ ｜kl｜ ｜=｜ 显示为 D

｜×｜ ｜RM｜ ｜tan｜ ｜=｜ 显示为 h'

｜+｜ i ｜−｜ v ｜=｜ 显示为 h

7. 将仪器安置于 B 点，重新量取仪器高 i，在 A 点竖立视距尺，由另一观测者于盘左、盘右两个位置，使中丝对准尺上高度 v 处，读记上、中、下三丝读数（上、下丝均读至毫米）和竖盘读数。计算出水平距离和高差。这时，高差 $h_{BA}=Dtg\alpha+（i-v）$。检查往、返测得水平距离和高差是否超限。

四、记录格式

视 距 测 量 手 簿

日期_____ 天气_____ 班级_____ 小组_____ 仪器型号_____

仪器高 $i=$_____ 测站点高程_____ 观测_____ 记录_____

测站	目标	竖盘位置	尺上读数			视距间隔 $l=a-b$	竖盘读数 °′″	竖直角 α °′″	水平距离 D (m)	初算高差 h' (m)	改正数 $i-v$ (m)	高差 h (m)	高程 (m)
			中丝 v	下丝 a	上丝 b								

实验九　经纬仪的检验与校正

一、目的和要求

1. 了解 DJ6 级经纬仪各主要轴线之间应满足的几何条件；

2. 掌握经纬仪检验与校正的操作方法。

二、仪器和工具

经纬仪 1，小钢直尺 1，皮尺 1，拨针 1，螺丝刀 1，记录本 1，伞 1。

三、方法与步骤

1. 一般性检验

安置仪器后，首先检验：三脚架是否牢固，架腿伸缩是否灵活，各种制动螺旋微动螺旋、对光螺旋以及脚螺旋是否有效，望远镜及读数显微镜成象是否清晰。

2. 照准部水准管轴应垂直于仪器竖轴的检验与校正

检验：将仪器大致整平，转动照准部使水准管平行于一对脚螺旋连线，转动该对脚螺旋使气泡严格居中；将照准部旋转 180°，若气泡仍居中，说明条件满足，若气泡中点偏

离水准管零点超过一格，则需校正。

校正：用拨针拨动水准管一端的校正螺丝，应先松后紧，使气泡退回偏离量之半，再转动脚螺旋使气泡居中。如此反复检校，直到水准管在任何位置时气泡都无明显偏离为止。

3. 十字丝竖丝应垂直于仪器横轴的检验与校正

检验：用十字丝交点瞄准一清晰的点状目标 P，上、下微动望远镜，若目标点始终不离开竖丝，该条件满足，否则需校正。

校正：旋下目镜端分划板护盖，松开 4 个压环螺丝（见教材图 3-27），转动十字丝分划板座，使竖丝与目标点重合。反复检校，直到该条件满足为止。校正完毕，应旋紧压环螺丝，并旋上护盖。

4. 视准轴应垂直于横轴的检验与校正

检验：在 O 点安置经纬仪，从该点向两侧量取 $30\sim50m$，定出等距离的 A、B 两点（见教材图 3-29）。于点 A 设置目标，点 B 横置一根有毫米刻画的小钢直尺，尺身与 AB 方向垂直并与仪器大致同高。盘左瞄准 A 目标，固定照准部，纵转望远镜在 B 点尺上读数为 B_1；盘右再瞄准 A 目标，并纵转望远镜在 B 点尺上读数为 B_2。若 $B_1=B_2$，该条件满足。否则，按下式计算出视准轴误差 C

$$C'' = \frac{B_1 B_2}{4 \cdot OB} \cdot \rho''$$

当 $C''>60''$ 时，则需校正

校正：先在 B 点尺上定出一点 B_3，使 $B_2 B_3 = \frac{B_1 B_2}{4}$，旋下分划板护盖，用拨针拨动十字丝左、右两个校正螺丝，一松一紧，使十字丝交点与 B_3 点重合。反复检校，直到 C 角不大于 $60''$ 为止。然后，旋上护盖。

5. 横轴应垂直于仪器竖轴的检验与校正

检验：在距建筑物约 30m 处安置仪器（用皮尺量出该距离 D），盘左瞄准墙上一高目标点 P（竖直角大约 $30°$），观测并计算出竖直角 α，再将望远镜大致放平，将十字丝交点投在墙上定出 P_1 点（见本书图 3-31）；纵转望远镜，盘右，同法又在墙上定出 P_2 点，若 P_1、P_2 重合，该条件满足。否则，按下式计算出横轴误差

$$i'' = \frac{P_1 P_2 \cdot \mathrm{ctg}\alpha}{2D} \cdot \rho''$$

当 $i>1'$ 时，则需校正。

校正：使十字丝交点瞄准 $P_1 P_2$ 的中点 P_m，固定照准部；使望远镜向上仰视 P 点，这时，十字丝交点必然偏离 P 点。取下望远镜右支架盖板，校正偏心轴环，升、降横轴一端，使十字丝交点精确对准 P 点。反复检校，直到 i 角小于 $1'$ 为止。最后，装上盖板。

6. 竖盘指标差的检验与校正

检验：整平仪器，用盘左、盘右观测同一目标点 P，转动竖盘指标水准管微动螺旋使气泡居中后，读记竖盘读数 L 和 R，按下式计算竖盘指标差

$$x = \frac{1}{2}(L + R - 360°)$$

当 $x>1'$ 时，则需校正。

校正：仪器位置不变，仍以盘右瞄准原目标点 P，转动竖盘指标水准管微动螺旋使竖盘读数为 $(R-x)$，这时，气泡必然偏离。用拨针松、紧水准管一端的校正螺旋，使气泡居中。反复检校，直到 x 不超过 $1'$ 为止。

四、注意事项

1. 必须按实验步骤进行检验、校正，顺序不能颠倒；

2. 第五项校正因需要取下支架盖板，故该项校正应由专业维修人员进行。

五、记录格式

经纬仪的检验与校正

日期_____ 天气_____ 班级_____ 小组_____

仪器型号_____ 检验_____ 记录_____

1. 一般性检验结果：三脚架_____，水平制动与微动螺旋_____，望远镜制动与微动螺旋_____，照准部转动_____，望远镜转动_____，望远镜成像_____，脚螺旋_____。

2. 照准部水准管检验与校正

检验（仪器旋转 180°）次数	气泡偏离格数	检验者

3. 十字丝竖丝的检验与校正

检 验 次 数	偏 离 情 况	检验者

4. 视准轴的检验与校正

检验次数	尺上读数		$\dfrac{B_2-B_1}{4}$	正确读数 $B_3=B_2-\dfrac{1}{4}\,(B_2-B_1)$	视准轴误差 $C''=\dfrac{B_2-B_1}{4\times 0B}\cdot\rho''$	观测者
	盘左：B_1	盘右：B_2				

5. 横轴的检验与校正

检验次数	P_1P_2 距离	竖盘读数	竖直角 α	仪器至墙面距离 D	横轴误差 $i''=\dfrac{\overline{P_1P_2}\,\mathrm{ctg}\alpha}{2D}\cdot\rho''$	观测者

6. 竖盘指标差的检验与校正

检验次数	竖盘位置	竖盘读数 ° ′ ″	竖直角 ° ′ ″	指标差 ° ′ ″	盘右正确读数 ° ′ ″	观测者

实验十　距离丈量和磁方位角的测定

一、目的和要求

1. 掌握钢尺量距的一般方法；

2. 学会使用罗盘仪测定直线的磁方位角；

3. 要求往、返丈量距离，相对误差不大于 1/3000，往、返测定磁方位角，误差不大于 1°。

二、仪器和工具

钢尺 1，罗盘仪 1，标杆 3，测钎 6，木桩 2，斧 1，记录本 1。

三、方法和步骤

1. 在地面选择相距约 100m 的 A、B 两点，打下木桩，桩顶钉一小钉或画十字作为点位，在 A、B 两点的外侧竖立标杆；

2. 后尺手执尺零端、插一根测钎于起点 A，前尺手持尺盒（或尺把）并携带其余测钎沿 AB 方向前进，行至一尺段处停下；

3. 一人立于 B 点后 1～2m 处定线，指挥持标杆者将标杆左、右移动，使其插在 AB 方向上；

4. 后尺手将尺零点对准点 A，前尺手沿直线拉紧钢尺，在尺末端刻线处竖直地插下测钎，这样便量完一个尺段。后尺手拔起 A 点测钎与前尺手共同举尺前进。同法继续丈量其余各尺段，每量完一个尺段，后尺手都要拔起测钎；

5. 最后，不足一整尺段时，前尺手将某一整数分划对准 B 点，后尺手在尺的零端读出厘米及毫米数，两数相减求得余长。往测全长 $D_{往} = nl + q$（n——整尺段数，l——钢尺长度，q——余长）；

6. 同法由 B 向 A 进行返测，但必须重新进行直线定线，计算往、返丈量结果的平均值及相对误差，检查是否超限；

7. 安置罗盘仪于 A 点，对中、整平后，旋松磁针固定螺丝，放下磁针，用罗盘仪上的望远镜（或觇板）瞄准 B 点标杆，待磁针静止后，读取磁针北端在刻度盘上的读数，即为 AB 直线的磁方位角。同法测定 BA 直线的磁方位角。两者之差与 180° 相比较，其误差不超过 1° 时，取平均值作为最后结果。

四、注意事项

1. 钢尺拉出或卷入时不应过快，不得握住尺盒来拉紧钢尺；

2. 钢尺必须经过检定后才能使用；

3. 测磁方位角时，应避开铁器干扰。搬迁罗盘仪时要固定磁针。

五、记录格式

日期_____　　天气_____　　班级_____　　小组_____

尺号_____　　尺长_____　　观测_____　　记录_____

测　线	磁方位角 。′″	往测长度 (m)	返测长度 (m)	往返之差 (m)	往返测平均值 (m)	相对误差

实验十一　经纬仪配合小平板仪测绘地形

一、目的和要求

1. 了解小平板仪的构造和用途；

2. 练习用经纬仪配合小平板仪测绘地形图；

3. 掌握选择地形点的要领。

二、仪器和工具

小平板仪 1，经纬仪 1，视距尺 1，皮尺 1，计算器 1，伞 2，记录本 1，木桩 1，斧 1，测图纸 1。

三、方法和步骤

1. 将经纬仪安置在测站点 A 旁的 A' 点上（见教材图 8-12），距 A 点 1.5～2.0m。在 A 点立尺，使望远镜视线水平，用中丝读取尺上读数 l，经纬仪的视线高程为（H_A+l），取位至厘米；

2. 安置小平板仪于 A 点，使东、西图廓线位于实地南北方向，图板概略水平，高度适当。再用对点器将测站点 A 投到图纸上得 a 点，尽量使点 a 在图上的位置适当。借助水准器整平图板，用罗针对东西图廓线进行定向，然后，用照准器瞄准 A' 点，并用皮尺量出 AA' 的距离，依比例尺在该方向线上定出点 A' 在图上的位置 a'；

3. 在碎部点上立尺，司经纬仪者按视距法测出经纬仪至碎部点的水平距离和碎部点的高程。司平板仪者用照准器瞄准碎部点画出方向线，由方向线与经纬仪至碎部点的水平距离在图上交会出碎部点的位置，并注明高程。同法依次测绘点 A 周围的碎部点，要随测随绘随检查，并对照实地绘出地物和等高线。

四、记录格式

参见本书表 8-6。

实验十二　用机械式求积仪量测面积

一、目的和要求

1. 掌握用机械式求积仪测定面积的方法；

2. 掌握测定求积仪分划值的方法。

二、仪器和工具

求积仪 1、图板 1、图纸 1。

三、方法和步骤

1. 用机械式求积仪量测面积

在比例尺为 1：M 的地形图上任意选择一区域画出轮廓线。用求积仪轮左❶、轮右两个位置各测两次、取四次读数差的平均值，可按下式求出该图形的面积 $P_图$：

$$P_图 = (n_2 - n_1)_{平均} \times C$$

式中　n_1——始读数；

---

❶ 在手持描迹针沿图形轮廓绕行一周时，计数轮始终在描迹针的左边，称轮左；计数轮始终在描迹针右边，称轮右。

n_2——终读数；

C——求积仪的分划值（一般在求积仪盒内附有求积仪分划值表）。

按地形图的比例尺换算成实地面积 $P_{地}$：

$$P_{地} = P_{图} \times M^2$$

2. 测定求积仪的分划值

求积仪附有检验杆，其面积 P 为已知，用求积仪轮左、轮右两个位置各测两次，取读数差的平均值得 $(n_2 - n_1)_{平均}$，可按下式求出分划值 C：

$$C = \frac{P}{(n_2 - n_1)_{平均}}$$

四、记录格式

测定地形图上某一图形的面积

描迹臂位置	极点位置	起始读数 n_1	终止读数 n_2	$n_2 - n_1$	分划值 C	图形面积 $P_{图}$	实地面积 $P_{地}$

求积仪分划值 C 的检定

描迹臂位置	极点位置	起始读数 n_1	终止读数 n_2	$n_2 - n_1$	已知图形面积 P	求积仪的分划值 C

五、注意事项

1. 图纸应放在平整的图板上，极点放在图形面积之外，使两臂交角在 $30°\sim150°$ 之间。

2. 量测时使描迹针严格在图形轮廓线上速度均匀地绕行，同时注意计数器的指针是否过零，每过零一次，终读数应加 10000。

3. 当图形面积较大时，可分成若干小块施测面积。

实验十三 测设水平角与水平距离

一、目的和要求

1. 练习用精确法测设已知水平角，要求角度误差不超过 $\pm40''$；

2. 练习测设已知水平距离，测设精度要求相对误差不应低于 1/5000。

二、仪器和工具

经纬仪 1，钢尺 1，木桩 5，测钎 6，斧 1，伞 1，记录本 1，水准仪 1，水准尺 1，温度计 1，弹簧秤 1。

三、方法和步骤

1. 测设角值为 β 的水平角（参见本书 10-1 节）

（1）在地面选 A、B 两点打桩，作为已知方向，安置经纬仪于 B 点，瞄准 A 点并使水平度盘读数为 $0°00'00''$（或略大于 $0°$）；

（2）顺时针方向转动照准部，使度盘读数为 β（或 A 方向读数 $+\beta$），在此方向打桩为 C 点，在桩顶标出视线方向和 C 点的点位，并量出 BC 距离。用测回法观测 $\angle ABC$ 两个测回，取其平均值为 β_1；

（3）计算改正数 $\overline{CC_1} = D_{BC} \cdot \dfrac{(\beta - \beta_1)''}{\rho''} = D_{BC} \cdot \dfrac{\Delta\beta''}{\rho''} \text{m}$，过 C 点作 BC 的垂线，沿垂线向外（$\beta > \beta_1$）或向内（$\beta < \beta_1$）量取 CC_1 定出 C_1 点，则 $\angle ABC_1$ 即为要测设的 β 角。再次检测改正，直到满足精度要求为止。

2. 测设长度为 D 的水平距离

利用测设水平角的桩点，沿 BC_1 方向测设水平距离为 D 的线段 BE。

（1）安置经纬仪于 B 点，用钢尺沿 BC_1 方向概量长度 D，并钉出各尺段桩，用检定过的钢尺按精密量距的方法往、返测定距离，并记下丈量时的温度（估读至 $0.5℃$）；

（2）用水准仪往、返测量各桩顶间的高差，两次测得高差之差不超过 10mm 时，取其平均值作为成果；

（3）将往、返测得的距离分别加尺长、温度和倾斜改正后，取其平均值为 D'，与要测设的长度 D 相比较求出改正数 $\Delta D = D - D'$；

（4）若 ΔD 为负，则应由 E 点向 B 点改正，若 ΔD 为正，则以相反的方向改正。最后再检测 BE 的距离，它与设计的距离之差的相对误差不得低于 1/5000。

四、记录格式

日期＿＿＿＿＿＿　　天气＿＿＿＿＿＿　　班级＿＿＿＿＿＿　　小组＿＿＿＿＿＿

仪器型号＿＿＿＿＿＿　　　　　　观测＿＿＿＿＿＿　　记录＿＿＿＿＿＿

1. 测设水平角手簿

测　站	竖盘位置	目　标	设计角值 $°\ '\ ''$	水平度盘读数 $°\ '\ ''$	测设略图

2. 水平角检测记录（参见本书表 3-1）

3. 精密量距记录计算表（参见本书表 4-1）

实验十四　测设已知高程和坡度线

一、目的和要求

1. 练习测设已知高程点，要求误差不大于 ± 8mm；

2. 练习测设坡度线。

二、仪器和工具

水准仪 1，水准尺 1，木桩 6，斧 1，伞 1，记录本 1，皮尺 1。

三、方法和步骤

1. 测设已知高程 $H_设$

（1）在水准点 A 与待测高程点 B（打一木桩）之间安置水准仪，读取 A 点的后视读数 a，根据水准点高程 H_A 和待测设高程 $H_设$，计算出 B 点的前视读数 $b = H_A + a - H_设$；

（2）使水准尺紧贴 B 点木桩侧面上、下移动，当视线水平，中丝对准尺上读数为 b 时，沿尺底在木桩上画线，即为测设的高程位置；

（3）重新测定上述尺底线的高程，检查误差是否超限。

2. 测设坡度线

欲从 A 至 B 测设距离为 D，坡度为 i 的坡度线，规定每隔 10m 打一木桩。

（1）从 A 点开始，沿 AB 方向量距、打桩并依次编号；

（2）起点 A 位于坡度线上，其高程为 H_A，根据设计坡度及 AB 两点的距离，计算出点 B 的设计高程，并用测设已知高程点的方法将点 B 测设出来；

（3）安置水准仪于 A 点，使一个脚螺旋位于 AB 方向上，另两只脚螺旋连线与 AB 垂直，量取仪器高 i；

（4）用望远镜瞄准点 B 上的水准尺，转动位于 AB 方向上的脚螺旋，使中丝对准尺上读数 i 处；

（5）不改变视线，依次立尺于各桩顶，轻轻打桩，待尺上读数为 i 时，桩顶即位于坡度线上。

若受地形所限，不许可将桩顶打在坡度线上时，可读取水准尺上的读数，然后计算出各中间点桩顶距坡度线的填、挖数值：填（挖）数 $= i -$ 尺上读数，"$-$"为填，即坡度线在桩顶上面；"$+$"为挖，即坡度线在桩顶下面。

四、记录格式

日期_____　天气_____　班级_____　小组_____

仪器型号_____　　　　观测_____　记录_____

1. 测设高程

水准点高程（m）	后视读数（m）	视线高程（m）	设计高程（m）	前视应读数（m）

2. 高程检测

点　号	后视读数	前视读数	高差（m）	高程（m）	备　注

3. 测设已知坡度线

坡线全长	设计坡度	起点高程	终点高程	
桩　号	仪器高（m）	尺上读数（m）	填、挖数（m）	备　注

作业一　经纬仪导线坐标计算

一、目的和要求

1. 掌握导线计算的方法和步骤；

2. 要求每人计算一份。

二、仪器和用具

电子计算器 1、铅笔、橡皮、导线坐标计算表。

三、方法和步骤

1. 将观测和起算数据填入坐标计算表并绘出导线略图。

2. 计算角度闭合差并进行调整

$$f_\beta = \Sigma\beta_测 - (n-2) \cdot 180° \qquad (闭合导线)$$

或
$$\left.\begin{array}{l} f_\beta = \alpha_始 + \Sigma\beta_左 - n \cdot 180° - \alpha_终 \\ f_\beta = \alpha_始 + n \cdot 180° - \Sigma\beta_右 - \alpha_终 \end{array}\right\} \quad (附合导线)$$

$$f_{\beta容} = \pm 40'' \sqrt{n}$$

当 $f_\beta \leqslant f_{\beta容}$ 时，方可进行调整。

改正数
$$\Delta\beta = -\frac{f_\beta}{n}$$

3. 用改正后的角值推算各边的坐标方位角

$$\alpha_前 = \alpha_后 + \beta_左 - 180° \qquad (按左角推算)$$

或
$$\alpha_前 = \alpha_后 + 180° - \beta_右 \qquad (按右角推算)$$

当前两项之和小于减数时，应加 360° 再减。

闭合导线应从起始边的方位角开始计算，最后再回到起始边，二者应完全一致，以资检核；

附合导线从起始边的已知方位角开始，计算至终边，与该边原已知方位角应完全一致，以资检核。

4. 计算坐标增量

$$\Delta x = D \cdot \cos\alpha \qquad \Delta y = D \cdot \sin\alpha$$

坐标增量可利用计算器上由极坐标转换为直角坐标的功能进行计算，取位至厘米，按键次序如下：

如使用 SHARP EL-5812 计算器（在 DEG 状态）

$$D \quad \boxed{\leftrightarrow} \quad \alpha \quad \boxed{\text{DEG}} \quad \boxed{\text{2ndF}} \quad \boxed{\rightarrow xy} \qquad 显示为 \Delta x$$

$$\boxed{\updownarrow} \qquad 显示为 \Delta y$$

如使用 CASIO f_x-120 计算器（在 DEG 状态）

$$D \quad \boxed{\text{inv}} \quad \boxed{\text{P} \rightarrow \text{R}} \quad \alpha \quad \boxed{°'''} \quad \boxed{=} \qquad 显示为 \Delta x$$

$$\boxed{x \leftrightarrow y} \qquad 显示为 \Delta y$$

5. 计算坐标增量闭合差并进行调整

$$\left.\begin{array}{l} f_x = \Sigma\Delta x \\ f_y = \Sigma\Delta y \end{array}\right\} \qquad (闭合导线)$$

$$\left.\begin{array}{l} f_x = x_{始} + \Sigma\Delta x - x_{终} \\ f_y = y_{始} + \Sigma\Delta y - y_{终} \end{array}\right\} \quad （附合导线）$$

导线全长闭合差 $\qquad\qquad\qquad f = \sqrt{f_x^2 + f_y^2}$

导线全长相对闭合差 $\qquad\qquad K = \dfrac{f}{\Sigma D} = \dfrac{1}{\dfrac{\Sigma D}{f}}$

若 $K \leqslant \dfrac{1}{2000}$，方可进行调整。

改正数：

$$V_{xi} = -\frac{f_x}{\Sigma D} \cdot D_i$$

$$V_{yi} = -\frac{f_y}{\Sigma D} \cdot D_i$$

6. 用改正后的坐标增量依次计算出各点坐标

$$x_{前} = x_{后} + \Delta x_{改}$$
$$y_{前} = y_{后} + \Delta y_{改}$$

四、作业题

由教师在第六章思考题与习题中选取。

五、导线坐标计算表（参见本书表6-5）

作业二 地形图的应用

一、目的和要求

1. 练习利用地形图绘制纵断面图，要求水平距离比例尺为 1：2000，高程比例尺为1：500；

2. 应用地形图进行场地平整的土方量概算。有条件的院校，可直接在学生测绘的地形图上进行作业。

二、用具

比例尺，三角板，铅笔，橡皮，分规，毫米方格纸。

三、方法和步骤

1. 绘制从 92.5 高程点至 580 图根点的断面图（第九章思考题与习题 3-(6)）。

（1）在毫米方格纸上选择适当的位置绘一条水平线，过直线的起点作垂线，按规定的高程比例尺在垂线上标注高程。

（2）在地形图上沿 92.5 高程点至 580 方向线量取各条等高线与方向线的交点至 92.5 高程点的距离，按规定的水平比例尺，自 92.5 高程点起将各交点依次截注于水平线上。

（3）再根据各点的高程按高程比例尺在各点作垂线，得到各点在断面图上的位置。

（4）将各相邻点用平滑曲线连接起来。

2. 平整场地

欲在注家凹村（第九章思考题与习题 4）北进行平整场地，要求按土方平衡的原则求出土方工程量。平整场地的位置：以 533 图根点为起点向东 60m，向北 40m。

（1）在拟平整场地范围内绘边长为1cm（相当于实地20m）的方格，各方格顶点按行（A、B、C……）列（1、2、3……）编号，如附图所示。

（2）根据等高线用内插法求出各方格顶点的高程。

（3）计算设计高程（平均高程）

设计高程＝(角点高程之和×1＋边点高程之和×2＋拐点高程之和×3＋中点高程之和×4)÷（4×总方格数）

（4）在地形图上用内插法绘出设计高程等高线（即填、挖边界线）。

（5）计算填、挖高度

填、挖高度＝地面高程－设计高程

正数为挖深、负数为填高。

（6）计算填、挖土方量

角点：填（挖）高度×$\frac{1}{4}$方格面积

边点：填（挖）高度×$\frac{2}{4}$方格面积

拐点：填（挖）高度×$\frac{3}{4}$方格面积

中点：填（挖）高度×方格面积

分别计算填（挖）方量总和。

四、计算表格（参见本书表9-1）

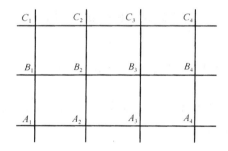

附图

第三部分　测量教学实习

一、实习目的

教学实习是测量教学的组成部分，除验证课堂理论外，也是巩固和深化课堂所学知识有机结合的重要环节，更是培养学生动手能力和训练严格的实践科学态度和工作作风的手段。通过地形图测绘和建筑物、构筑物的测设，可增强测定和测设地面点位的概念，提高应用地形图的能力，为今后解决实际工程中有关测量工作的问题打下基础。

二、任务和要求❶

1. 测绘图幅为 $20 \times 20 cm^2$，比例尺为 1：1 千（或 1：5 百）的地形图一张；

2. 在本组所测的地形图上布设一幢建筑物，并根据建筑物的平面位置设计一条建筑基线，要求计算出测设建筑基线和建筑物外廓轴线交点的数据，将它们测设于实地，并作必要的检核；

3. 完成 400～600m 管道纵、横断面测量工作，掌握其全过程；

4. 识读和应用地形图；在地形图上绘纵断面图；进行场地平整，求填、挖土方量；

5. 了解电磁波测距仪及其他精密测量仪器的构造及使用方法。

三、实习组织

实习期间的组织工作应由主讲教师全面负责，每班除主讲教师外，还应配备一位辅导教师，共同担任实习期间的辅导工作。

实习工作按小组进行，每组 4～5 人，选组长一人，负责组内实习分工和仪器管理。

四、每组配备的仪器和工具

经纬仪 1 台，水准仪 1 台，平板仪 1 台，钢尺 1 盘，皮尺 1 盘，水准尺 2 根，尺垫 2 个，花杆 3 根，测钎 1 组，记录板 1 块，背包 1 个，比例尺 1 支，量角器 1 个，三角板 1 副，手斧 1 把，木桩若干，测伞 1 把，红漆 1 瓶，绘图纸 1 张，有关记录手簿、计算纸，胶带纸，计算器，橡皮及铅笔等。

五、实习内容及时间（以工民建专业为例）

实　习　内　容	时间	备　　注
1. 实习动员、借领仪器工具、仪器检校、踏勘测区	1.0 天	做好出测前的准备工作
2. 控制测量外业工作	3.0 天	经纬仪导线或小三角锁。用四等水准连测高程。图根水准测量
3. 控制测量内业计算与展点	1.0 天	
4. 地形图测绘	3.0 天	碎部测量，地形图检查与整饰
5. 地形图应用	0.5 天	设计建筑基线与建筑物并算出测设数据
6. 测设	1.0 天	
7. 测绘仪器简介与见习	0.5 天	电磁波测距仪，电子经纬仪，DS1 水准仪及自动安平水准仪等
8. 整理实习报告及考查	1.0 天	
9. 机动	1.0 天	每周半天
合计	12.0 天	

---

❶　各校根据实际情况选做。

259

六、实习注意事项

1. 组长要切实负责，合理安排，使每人都有练习的机会，不要单纯追求进度；组员之间应团结协作，密切配合，以确保实习任务顺利完成；

2. 实习过程中应严格遵守《测量实验与实习须知》中的有关规定；

3. 实习前要做好准备，随着实习进度阅读本指导书及教材的有关章节；

4. 每一项测量工作完成后，要及时计算、整理成果并编写实习报告。原始数据、资料、成果应妥善保存，不得丢失。

七、实习报告的编写

要求实习报告在实习期间编写，实习结束时上交。报告应反映学生在实习中所获得的一切知识，编写时要认真，力求完善，参考格式如下：

1. 封面——实习名称、地点、起迄日期，班级、组别、姓名；

2. 目录；

3. 前言——说明实习目的、任务及要求；

4. 内容——实习的项目、程序、方法、精度、计算成果及示意图，按实习顺序逐项编写；

5. 结束语——实习的心得体会，意见和建议。

八、应交作业

实习结束时应交下列作业，否则，不准参加考查。

1. 小组应交作业

（1）经纬仪、水准仪检校成果；

（2）平面和高程控制测量记录及计算表；

（3）碎部测量记录手簿；

（4）1∶1千（或1∶5百）比例尺地形图一张；

（5）测设草图一张。

2. 个人应交作业

（1）平面和高程控制测量的计算成果；

（2）建筑基线及建筑物测设数据计算表；

（3）实习报告。

九、实习内容

1. 大比例尺地形图的测绘

本项实习包括：布设平面和高程控制网，测定图根控制点；进行碎部测量，测绘地形特征点，并依比例尺和图式符号进行描绘，最后拼接整饰成地形图。

（1）平面控制测量

在测区实地踏勘，进行布网选点。平坦地区，一般布设闭合导线，丘陵地区通常布设单三角锁、大地四边形、中点多边形等三角网，对于带状地形可布设附合导线或线形锁。经过观测、计算获得平面坐标。

1）踏勘选点

每组在指定测区进行踏勘，了解测区地形条件，根据测区范围及测图要求确定布网方案进行选点。点的密度，应能均匀地覆盖整个测区，便于碎部测量。控制点应选在土质坚实、便于保存标志和安置仪器的地方，相邻导线点间应通视良好，便于测角量距，边长约 60～100m 左右。布设三角网（锁）时，三角形内角应大于 30°。如果测区内有已知点，所选图根控制点应包括已知点。点位选定之后，立即打桩，桩顶钉一小钉或画一十字作为标志，并编写桩号与组别。

2）水平角观测

用测回法观测导线内角一测回，要求上、下半测回角值之差不得大于 40″，闭合导线角度闭合差不得大于 $\pm 40''\sqrt{n}$，n 为导线观测角数。三角网用全圆方向观测法，三角形角度闭合差的限差为 $\pm 60''$。

3）边长测量

用检定过的钢尺往、返丈量导线各边边长，其相对误差不得大于 1：3000，特殊困难地区限差可放宽为 1：1000。三角网至少量测一条基线边，采取精密量距的方法（即进行尺长、温度和倾斜改正），基线全长相对误差不得大于 1：10000。有条件的情况下，尽量应用光电测距仪测定边长。

4）连测

为了使控制点的坐标纳入本校或本地区的统一坐标系统，尽量与测区内外已知高级控制点进行连测。对于独立测区可用罗盘仪测定控制网一边的磁方位角，并假定一点的坐标作为起算数据。

5）平面坐标计算

首先校核外业观测数据，在观测成果合格的情况下进行闭合差配赋，然后由起算数据推算各控制点的平面坐标。计算方法可根据布网形式查阅教材有关章节。计算中角度取至秒，边长和坐标值取至厘米。

（2）高程控制测量

在踏勘的同时布设高程控制网，高程控制点可设在平面控制点上，网内应包括原有水准点，采用四等水准测量的方法和精度进行观测。布网形式可为附合路线、闭合路线或结点网。图根点的高程，平坦地区采用等外水准测量；丘陵地区采用三角高程测量。

1）水准测量

等外水准测量，用 DS3 水准仪沿路线设站单程施测，可采用双面尺法或变动仪器高法进行观测，视线长度小于 100m，同测站两次高差的差数不大于 6mm，路线容许高差闭合差为 $\pm 40\sqrt{L}$mm（或 $\pm 12\sqrt{n}$mm），式中 L 为路线长度的公里数，n 为测站数。

四等水准测量的技术指标详见教材 6-5 节。

2）三角高程测量

用 DJ6 级经纬仪中丝法观测竖直角一测回，每边对向观测，仪器高和觇标高量至 0.5cm。同一边往、返测高差之差不得超过 4Dcm，式中 D 为以百米为单位的边长；路线高差闭合差的限差为 $\pm 4\Sigma D/\sqrt{n}$厘米，n 为边数。

3）高程计算

对路线闭合差进行配赋后，由已知点高程推算各图根点高程。观测和计算取至毫米，最后成果取至厘米。

（3）碎部测量

首先进行测图前的准备工作，在各图根点设站测定碎部点，同时描绘地物与地貌。

1）准备工作

选择较好的图纸，用对角线法（或坐标格网尺法）绘制坐标格网，格网边长 10（或5）cm，并进行检查（详见本书 8-1 节）。展绘控制点，展点方法详见本书 8-1 节。最后用比例尺量出各控制点之间的距离，与实地水平距离（或按坐标反算长度）之差不得大于图上 0.3mm，否则，应检查展点是否有误。

2）地形测图

测图比例尺为 1：1000（或 1：500），等高距采用 1m（或 0.5m），平坦地区也可采用高程注记法。测图方法可选用大平板仪测绘法、经纬仪（或水准仪）与小平板仪联合测绘法，经纬仪测记法等。

设站时平板仪对中偏差应小于 $0.05 \times M$（mm），M 是测图比例尺分母。以较远点作为定向点并在测图过程中随时检查，再依其他图根点作定向检查时，该点在图上偏差应小于 0.3mm。

经纬仪法测图时，对中偏差应小于 5mm，归零差应小于 $4'$，对另一图根点高程检测的较差应小于 0.2 基本等高距。

跑尺选点方法可由近及远，再由远及近，顺时针方向行进。所有地物和地貌特征点都应立尺。地形点间距为 30m 左右，视距长度一般不超过 80m。高程注记至分米，记在测点右侧或下方，字头朝北。所有地物地貌应在现场绘制完成。

3）地形图的拼接、检查和整饰

拼接：每幅地形图应测出图框外 0.5～1.0cm。与相邻图幅接边时的容许误差为：主要地物不应大于 1.2mm，次要地物不应大于 1.6mm；对丘陵地区或山区的等高线不应超过 1～1.5 根。如果该项实习属无图拼接，则可不进行此项工作。

检查：自检是保证测图质量的重要环节，当一幅地形图测完后，每个实习小组必须对地形图进行严格自检。首先进行图面检查，查看图面上接边是否正确、连线是否矛盾、符号是否正确、名称注记有无遗漏、等高线与高程点有无矛盾，发现问题应记下，便于野外检查时核对。野外检查时应对照地形图全面核对，查看图上地物形状与位置是否与实地一致，地物是否遗漏，注记是否正确齐全，等高线的形状、走向是否正确，若发现问题，应设站检查或补测。

整饰：整饰则是对图上所测绘的地物、地貌、控制点、坐标格网、图廓及其内外的注记，按地形图图式所规定的符号和规格进行描绘，提供一张完美的铅笔原图，要求图面整洁，线条清晰，质量合格。

整饰顺序：首先绘内图廓及坐标格网交叉点（格网顶点绘长 1cm 的交叉线，图廓线上则绘 5mm 的短线）；再绘控制点、地形点符号及高程注记，独立地物和居民地，各种道路、线路，水系，植被，等高线及各种地貌符号，最后绘外图廓并填写图廓外注记（见本书 7-3 节）。

2. 地形图的应用

测图结束后，每组在自绘地形图上进行设计。

（1）在图上布设民用建筑物一幢，并注出四周外墙轴线交点的设计坐标及室内地坪标高。

（2）为了测设建筑物的平面位置，需要在图上平行于建筑物的主要轴线布设一条三点一字形的建筑基线，用图解法求出其中一点的坐标，另外两点的坐标根据设计距离和坐标方位角推算出来。

（3）在自绘的地形图或另外选定的地形图上绘纵断面图一张，要求水平距离比例尺与地形图比例尺相同，高程比例尺可放大 5～10 倍。

（4）在自绘的地形图或另外选定的地形图上进行场地平整，要求按土方平衡的原则分别算出图上某一格网（$10 \times 10cm^2$）内填、挖土方工程量（方法见本书 9-6 节）。

3. 测设

（1）测设建筑基线

1）根据建筑基线 A、O、B 三点的设计坐标和控制点坐标算出所需要的测设数据❶，并绘测设略图。

2）安置经纬仪于控制点上，根据选定的测设点位的方法将 A、O、B 三点标定于地面上。

3）检查：在 O 点安置仪器，观测 $\angle AOB$，与 180°之差不得超过 $\pm 24''$，再丈量 AO 及 OB 距离，与设计值之差的相对误差不得大于 1/10000，否则，应进行改正，改正的方法详见 11-2 节。

（2）测设民用建筑物

1）根据已测设的建筑基线以及基线与欲测设的建筑物之间的相互关系，即可采用直角坐标法将建筑物外墙轴线的交点测设到地面上（详见本书 11-2 节）。

2）检查：建筑物的边长相对误差不得低于 1/5000，角度误差不得大于 $\pm 1'$，否则，应改正。

4. 管道纵、横断面测量

（1）管道中线测量

---

❶　注：根据两点的坐标反算两点之间的距离和坐标方位角时，可用计算器上直角坐标转换为极坐标的功能进行计算，其按键次序如下：

如使用 SHARP EL-5812 计算器（在 DEG 状态）

Δx ｜ Δy 2ndF →rθ　　　显示为距离 D 值

｜　　　显示为以度为单位的

方位角值（如显示为负值

应加＋360°＝的操作）

2ndF D. M. S　　　显示为以度、分、秒表示的

方位角值

如使用 CASIO f_x-120 计算器（在 DEG 状态）

Δx INV R→P Δy ＝　　　显示为距离 D 值

x↔y　　　显示以度为单位的方位

角值（如显示为负值，应

加"＋ 360°＝"的操作

INV °′″　　　显示为以度、分、秒表示

的方位角值

1) 在地面选定总长为 200～400m 的 A、B、C 三点，各打一木桩，作为管道的起点、转向点和终点；

2) 从 A 点（桩号为 0+000）开始，沿中线每隔 20m 打一里程桩，各里程桩的桩号分别为 0+020、0+040……，并在沿线坡度变化较大及有重要地物的地方增钉加桩；

3) 在 B 点用测回法观测转向角一测回，盘左、盘右测得角值之差不得超过 $\pm 40''$。

（2）纵断面水准测量

1) 将水准仪安置于已知高程（由教师提供）点 A 与转向点 B 之间进行水准测量，用高差法求出点 B 的高程，再用仪高法计算出各中间点的高程；

2) 搬站后，同法测定 C 点高程及 B、C 两点间中间点的高程，最后附合到另一已知高程点（或闭合于 A 点），高差闭合差不得超过 $\pm 40\sqrt{L}$mm。

（3）横断面水准测量

横断面水准测量可与纵断面水准测量同时进行，分别记录。

1) 将欲测横断面的中线桩的桩号、高程和该站对中线桩的后视读数与算得的视线高程均转记于横断面测量手簿中的相应栏内；

2) 量出横断面上地形变化点至中线桩的距离并注明该点在中线桩左、右的位置；

3) 用纵断面水准测量时的水平视线分别读取横断面上各点水准尺上的中间视读数，用视线高程减各点中间视读数得横断面上各点高程。

（4）纵、横断面图的绘制

在方格纸上绘制纵、横断面图。纵断面图的比例尺：水平距离为 1∶1000，高程为 1∶100；横断面图的水平距离和高程比例尺均为 1∶100。

5. 测绘仪器简介与见习

为了扩大知识面，可根据各校现有仪器的情况向学生介绍光电测距仪，DJ2 经纬仪，电子经纬仪，激光经纬仪，DS1 水准仪，自动安平水准仪，激光水准仪，激光铅垂仪，激光平面仪以及全站型速测仪等测绘仪器的构造与使用，并组织学生参观学习。

6. 考查

（1）考查的依据是：实习中的表现，出勤情况，对测量知识的掌握程度，实际作业技术的熟练程度，分析问题和解决问题的能力，完成任务的质量，所交成果资料以及对仪器工具爱护的情况，实习报告的编写水平等。

（2）考查方式：在实习中了解学生操作情况，进行口试质疑、笔试或操作演示等。

（3）成绩评定可分为优、良、中、及格、不及格。凡违反实习纪律、缺勤天数超过实习天数的三分之一、未交成果资料和实习报告甚至伪造成果者，均作不及格处理。